Kalkulus med flere variabler

John Haugan

Pearson

Harlow, England • London • New York • Boston • San Francisco • Toronto • Sydney • Dubai • Singapore • Hong Kong
Tokyo • Seoul • Taipei • New Delhi • Cape Town • São Paulo • Mexico City • Madrid • Amsterdam • Munich • Paris • Milan

Pearson Education Limited
Edinburgh Gate
Harlow
Essex CM20 2JE
England

and Associated Companies throughout the world

Visit us on the World Wide Web at:
www.pearsoned.co.uk

First published 2011

The author has received support from Det faglitterære fond
Forfatteren har mottatt støtte fra Det faglitterære fond

ISBN: 978-0-273-73476-5

British Library Cataloguing-in-Publication Data

A catalogue record for this book is available from the British Library

Typeset in Times Roman 10/12 by 73

Innhold

Om å bruke denne boka

Denne boka har blitt til som et resultat av forelesningsserier i matematikk i ingeniørutdanningen ved Norges Informasjonsteknologiske Høgskole og ved Høgskolen i Oslo, avdeling for ingeniørutdanning. Gjennom tilbakemeldinger fra studenter og kolleger har boka blitt gradvis utvidet, omskrevet og forbedret.

Tilbakemeldingene har gjort at framstillingen i boka er slik at den skal passe for dem som skal *bruke* matematikk innen tekniske og naturvitenskapelige fag.

Innholdet i boka

Boka tar opp de sentrale temaene som hører med i et kurs om funksjoner med flere variabler og vektoranalyse:

- Maksimums- og minimumsproblemer knyttet til funksjoner med flere variabler.
- Skalar- og vektorfelt.
- Linjeintegraler, multiple integraler og flateintegraler.
- Gauss', Greens og Stokes' setninger.

Særtrekk ved boka

Boka har en del særtrekk som skiller den fra mange andre bøker som omhandler disse temaene:

1. Begreper og metoder er introdusert og forklart på en beskrivende måte, i stedet for ved en streng matematisk oppbygning av stoffet.
2. Setninger og definisjoner er skrevet inn som en del av teksten for å skape flyt i framstillingen. Allikevel er de framhevet ved at de er plassert i rammer. Setningene og definisjonene er nummererte.
3. Matematikere har gjort en stor jobb med å bevise de setningene som er med i denne boka. Siden matematikere er hyggelige, seriøse og snille, stoler vi på at bevisene er gyldige, og at setningene gjelder. Derfor er bevisene (stort sett) utelatt. I stedet kan vi som leser denne boka konsenterre oss om hvordan vi kan *bruke* setningene.
4. Framstillingen tar utgangspunkt i det studentene skal kunne fra før. I praksis vil det si at de trenger kunnskap om derivasjon, integrasjon og vektorregning fra videregående skole og fra grunnleggende kurs i analyse på bachelornivå.
5. I eksempler og oppgaver er det nødvendig å derivere og integrere. For å kunne beholde fokus på de *nye* begrepene og metodene som tas opp i denne boka, vil det regnetekniske ligge på et nokså elementært nivå. Kan man derivere og

integrere potensfunksjoner, trigonometriske funksjoner og eksponentialfunksjoner, samt enkel bruk av produktregel, brøkregel og kjerneregel for derivasjon, kommer man langt:

Vi skal bruke kreftene på det som er nytt, ikke på å trene på vanskelig regneteknikk knyttet til det vi har lært før.

I praktiske situasjoner vil det være mulig å bruke dataverktøy for å utføre kompliserte beregninger.

6. Kunnskapsdepartementet omtaler den såkalte *Bologna-prosessen* på denne måten:

   "I 1999 møttes utdanningsministre fra 29 land og universitetsledere fra hele Europa for å drøfte den videre utviklingen av høyere utdanning i Europa. Visjonen om utvikling av et europeisk område for høyere utdanning innen 2010 ble nedfelt i ministrenes erklæring fra møtet, den såkalte Bologna-erklæringen. Utviklingen kalles Bologna-prosessen."

   Et viktig element i arbeidet med utvikling av høyere utdanning i Europa, er at det skal settes fokus på å beskrive det læringsutbyttet studentene skal ha oppnådd etter at de har fullført studiet. I denne boka tar vi hensyn til dette ved å innlede hvert kapittel med *læringsmål*. Disse læringsmålene beskriver hva studentene skal kunne *gjøre* etter at de har arbeidet seg gjennom kapitlet. Læringsmålene gir også en oversikt over hva kapitlet inneholder.

   Etter hvert læringsmål er det skrevet en referanse til hvilket avsnitt som omhandler målet. Referansen er skrevet i parentes, for eksempel slik: (Avsn. 4.3).

7. Læringsmålene til hvert kapittel beskriver som oftest ferdigheter på et nokså høyt nivå. Disse ferdighetene er ofte av kvalitativ art, og forutsetter at studentene skal kunne gi utfyllende beskrivelser, forklaringer og redegjørelser.

   For å beskrive målene bruker vi blant annet uttrykkene "gjøre rede for", "forklare" og "generalisere". Disse uttrykkene har denne betydningen:

   Gjøre rede for
   Du skal *blant annet* kunne gjengi setningen/definisjonen/regelen/..., fortelle hvilke forutsetninger som skal være oppfylt for å bruke den, lage illustrasjoner, lage et eksempel på bruk, ...

   Forklare
   Du skal kunne gjøre det samme som når du skal "gjøre rede for", men i tillegg skal du kunne påpeke sammenhenger med andre setninger/definisjoner/regler/..., gi eksempler på anvendelser, løse relevante problemer, ...

   Generalisere
   Du skal kunne ta utgangspunkt i et spesialtilfelle av en setning/definisjon/regel/... og argumentere for hvordan denne kan utvides og tilpasses til å gjelde mer generelle tilfeller. Elementer fra det du skal gjøre når du "forklarer" kan komme inn i argumentasjonen.

   I tillegg til læringsmålene til hvert kapittel, er det lagt inn beskrivelser av *nøkkelkunnskaper* i teksten (se neste avsnitt). Målene som er beskrevet i nøkkelkunnskapene er enklere enn kapittelmålene, men er nødvendige forutsetninger for at studentene skulle kunne nå kapittelmålene.

I tråd med intensjonene i *kvalifikasjonsrammeverket*, har vi i denne boka lagt til grunn at *ferdigheter* ligger på et høyere nivå enn *kunnskaper*.

8. Når man arbeider med funksjoner av flere variabler, må man opparbeide seg en viss "romsans": Man må kunne se for seg flater og legemer i rommet. Ved hjelp av moderne dataverktøy er det enkelt å lage tredimensjonale grafer. Disse kan roteres og betraktes fra ulike vinkler, noe som gir oss muligheten til å forstå hvordan flaten ser ut. Mange av figurene i denne boka er lagd på denne måten.

   Men noen ganger er man henvist til å håndtegne skisser av flater og legemer i rommet. Å få til dette krever trening. Linjer som kan sees fra den posisjonen man betrakter figuren, bør da tegnes som hele streker. Linjer man ikke kan se, er tegnet som prikkete linjer.

   Studer figurene, og prøv å finne ut hvordan tegneren har gått fram når de er lagd.

Brukertips

Når du skal bruke denne boka, er det noen tips som kan være nyttige å ta med seg:

1. Flere steder i teksten er det lagt inn små oppgaver som tester *nøkkelkunnskaper*. Med nøkkelkunnskaper mener vi grunnleggende regneteknikker og/eller ferdighet i å kunne gjøre rede for grunnleggende begreper. Svar på oppgaven som tester nøkkelkunnskapen er skrevet rett etter oppgaveteksten. Hvis du ikke klarer å svare på oppgaven, er det *nødvendig* å arbeide mer med stoffet som er tatt opp rett før nøkkelkunnskapen. Hver nøkkelkunnskap blir innledet med et *læringsmål* som forteller hva du skal kunne.

   Rent typografisk er nøkkelkunnskapene markert slik:

   ✓ Nøkkelkunnskap 0.1

   Mål: Du skal kunne . . .

   (Oppgavetekst.)

   Svar: (Svar på oppgaven)

2. Når matematiske "Setninger" er skrevet opp, er ikke alle antagelsene som er gjort, nevnt eksplisitt. Vi antar for eksempel at

   - funksjoner er kontinuerlige og deriverbare, dersom ikke annet er nevnt
   - funksjoner er integrerbare, dersom ikke annet er nevnt

3. Når vi lærer om linjeintegraler, multiple integraler og flateintegraler, er tankegangen bak oppbygningen av integralene alltid den samme:

   Vi deler opp "det vi skal integere" i små biter.
   Vi bestemmer et uttrykk for biten.
   Vi legger sammen alle bitene ved å integrere.

Dette kjenner vi igjen fra tidligere, da vi lærte å regne ut bestemte integraler. Matematisk sett forstår vi betydningen av bestemte integraler ved å regne ut *riemannsummer*.

4. Skrivemåten man bruker på vektorer varierer litt fra fagområde til fagområde. For å få øvelse i å bruke disse skrivemåtene, er det brukt to forskjellige notasjoner på vektorer, for eksempel:

$$\vec{v} = [\, v_x,\ v_y,\ v_z \,] = v_x \vec{i} + v_y \vec{j} + v_z \vec{k}$$

$$\vec{F} = [\, P,\ Q,\ R \,] = P\vec{i} + Q\vec{j} + R\vec{k}$$

Skrivemåtene med hakeparenteser ([, ,]) og enhetsvektorene ($\vec{i}$, $\vec{j}$ og $\vec{k}$) brukes litt om hverandre. Ofte utelater vi å skrive de variable, det vil si at vi for eksempel bare skriver P i stedet for $P(x,\ y, z)$.

5. De aller fleste likningene er nummerert. Det gjør det lettere å referere, men gjør sidene *litt* mer uryddige, rent visuelt.

6. Nye begreper er skrevet i **halvfet skrift**. Disse begrepene finner du også bak i stikkordregisteret.

Studiemetodikk

Vi anbefaler at du arbeider på denne måten:

1. Når du begynner å arbeide med et nytt kapittel, leser du raskt gjennom målene for kapitlet. Bla deretter gjennom hele kapitlet. Forsøk å skaffe deg en *oversikt* over stoffet.
2. Les grundig gjennom stoffet. Gå fram på denne måten:
   - Les teorien.
   - Lær definisjonene, og forstå hva de betyr.
   - Les gjennom eksemplene. Følg utregningene steg for steg.
   - Gjenta utregningene på egen hånd, helst uten å se på løsningen.
   - Når du møter et nytt begrep skrevet i **halvfet skrift**, skriver du det opp i et eget dokument på pc-en, i en egen bok eller i et hefte, og skriver din egen forklaring, stikkord e.l. Du må kunne begrepene for å kunne kommunisere om de matematiske emnene. Begrepene er matematikkspråkets "gloser".
   - Studer målet som står i nøkkelkunnskapen. Regn den tilhørende oppgaven.
   - Når du har gått gjennom et avsnitt i et kapittel, sjekker du om det er egne oppgaver som hører med til avsnittet. Oppgavene er plassert bakerst i kapitlet. Gjør så mange oppgaver som mulig.
3. Når du har gjennomgått et kapittel på denne måten, går du tilbake til målene for kapitlet. Sjekk at du har nådd målene. Diskuter dem gjerne med en medstudent eller hold et "foredrag" for deg selv. Husk: Det du ikke kan forklare for andre, har du ikke forstått!

Kapittel 1
Funksjoner med flere variabler

Når du skal finne ut hvor stor nettoinntekten din er, må du først vite hvor mye du har tjent brutto, og så trekke fra det du må betale i skatt. Nettoinntekten avhenger av to størrelser. Vi sier at nettoinntekten er en funksjon av to variabler.

I teknologi og naturvitenskap er det mange eksempler på størrelser som avhenger av flere variabler. Det er derfor viktig å kunne beskrive og analysere slike funksjoner. Det skal vi lære i dette kapitlet.

1.1 Læringsmål i dette kapitlet

Flere steder i dette kapitlet er det skrevet opp *nøkkelkunnskaper*. Til hver nøkkelkunnskap er det et *mål*. I tillegg til å beherske nøkkelkunnskapene, skal du kunne

1. beskrive forskjellige måter å framstille en funksjon av to variabler grafisk på, og diskutere fordeler og ulemper ved disse metodene (Avsn. 1.2, 1.6)
2. forklare hva verdien av den **første ordens partielt deriverte** betyr (Avsn. 1.3, 1.7)
3. forklare hva verdien av df/dt betyr (Avsn. 1.4, 1.7)
4. forklare hva det vil si å **linearisere en funksjon**, anvende linearisering til å anslå **usikkerheter**, og gi en geometrisk tolkning av lineariseringer av funksjoner med to variable (Avsn. 1.5)
5. gjøre rede for hva **gradienten** til en funksjon uttrykker, og forklare hvorfor gradienten kan brukes til å bestemme normalvektorer (Avsn. 1.6, 1.7)
6. gjøre rede for forskjellen mellom gradient og **retningsderivert** (Avsn. 1.6)
7. sammenlikne ulike størrelser som brukes til å beskrive hvordan en funksjon av flere variable endrer seg (Avsn. 1.7)
8. forklare metoden som brukes for å bestemme og klassifisere **stasjonære punkter**, og forklare ekstremalverdisetningen (Avsn. 1.8)
9. forklare **Lagranges metode** (Avsn. 1.9)

1.2 Funksjoner med flere variabler. Grafer

I dette avsnittet skal vi diskutere hvordan vi kan framstille funksjoner med flere variable grafisk. La det være sagt med en gang: Det er *ikke* mulig å tegne grafen til en funksjon som har tre eller flere variable, selv om det fins måter å visualisere deler av grafen på.

1.2.1 Funksjoner med to eller flere variable

Fra tidligere er vi kjent med funksjoner med én variabel. Vi vet at en slik funksjon er en "regel som til enhver verdi av x i definisjonsmengden til funksjonen tilordner én, og bare én, verdi y". Dette er vi vant til å skrive som $y = f(x)$. Eksempler på slike funksjoner er $f(x) = x^3 + 2x^2 - 1$, $f(x) = \sin(x + \pi)$ og $f(x) = \ln(x + 1) + e^{2x}$.

Vi kan også definere funksjoner av to variable:

DEFINISJON 1.1

En **funksjon av to variable** er en regel som til hvert tallpar (x, y) i definisjonsmengden til funksjonen tilordner én, og bare én, verdi z.

Dette betyr at vi trenger to verdier å sette inn i uttrykket for funksjonen for å regne ut funksjonsverdien. Eksempler på funksjoner av to variable er:

$$f(x, y) = 2x + 3y \quad f(x, y) = \sin(x^2 + y^2) \quad f(x, y) = \frac{x + y}{x^2 + y^2 + 2} \tag{1.1}$$

Når vi skal regne ut funksjonsverdien, setter vi verdier for både x og y inn i funksjonsuttrykket. Et eksempel på dette er:

$$f(x, y) = 3x^2 + xy - 4y^2 \qquad f(1, 2) = 3 \cdot 1^2 + 1 \cdot 2 - 4 \cdot 2^2 = -11$$

Det er ingen ting i veien for å utvide dette til å gjelde funksjoner med så mange variable vi ønsker. En funksjon av fem variable kan for eksempel være:

$$f(x_1, x_2, x_3, x_4, x_5) = x_1x_2 + x_3x_4 + x_5 + \ln(x_1 - 2x_2) \tag{1.2}$$

Eksempel 1

Funksjonen f er definert ved uttrykket $z = f(x, y) = x^2 + xy + 2y^2$.
Regn ut funksjonsverdien i punktet $(1, 2)$.

Løsning

For å regne ut funksjonsverdien setter vi inn $x = 1$ og $y = 2$ i uttrykket for f. Vi får:

$$z = f(1, 2) = 1^2 + 1 \cdot 2 + 2 \cdot 2^2 = 11$$

■

Definisjonsmengde

Ofte er funksjonene definert slik at vi kan sette inn hvilke som helst verdier av de variable. Dersom vi ikke sier noe spesielt om definisjonsmengden, antar vi at den er størst mulig. Men noen ganger *må* vi begrense definisjonsmengden. Det kan hende dersom de variable uttrykker et antall, for eksempel antall varer som er produsert. Da må de variable være større eller lik null, $x \geq 0$, $y \geq 0, \ldots$.

Når funksjonen f er definert ved et uttrykk, kan det hende vi må begrense definisjonsmengden. Det skjer for eksempel dersom vi må unngå at det står null i nevneren i en brøk, at det blir et negativt tall under en kvadratrot, eller at tallet vi skal ta logaritmen til blir mindre enn eller lik null. I slike tilfeller kan vi ikke sette inn alle tenkelige kombinasjoner av de variable. Et par eksempler vil belyse dette.

Eksempel 2

Bestem den størst mulige definisjonsmengden til funksjonene.
Beskriv i hvert tilfelle definisjonsmengden geometrisk.

a. $f(x, y) = \dfrac{1}{y - x + 1}$

b. $f(x, y) = \sqrt{y - x^2}$

c. $f(x, y) = \ln(x^2 + y^2 - 4)$

Løsning

a. I uttrykket for f må vi kreve at nevneren ikke er lik null. Definisjonsmengden er alle de tallpar (x, y) som er slik at $y - x + 1 \neq 0$. Dette er alle punkter i xy-planet som *ikke* ligger på den rette linja $y = x - 1$.

b. Vi må kreve at det som står under rottegnet ikke er et negativt tall. Det betyr at definisjonsmengden er alle de tallpar (x, y) som er slik at $y - x^2 \geq 0$. Dette er alle punkter i xy-planet som ligger *på eller over* parabelen $y = x^2$.

c. Logaritmefunksjonen er definert for alle tall større enn null. Det betyr at vi må kreve at $x^2 + y^2 - 4 > 0$. Dette svarer til alle de punktene i xy-planet som ligger *utenfor* sirkelen $x^2 + y^2 = 4$. ■

✓ Nøkkelkunnskap 1.1

Mål: Du skal kunne regne ut funksjonsverdier til funksjoner med flere variable.

Regn ut $f(1, 2)$ når $f(x, y) = 3 - x + y^2$.

Svar: 6

1.2.2 Grafen til en funksjon med to variable

Når vi tegner grafen til en funksjon med én variabel, velger vi x-verdiene og regner ut y-verdiene ved å bruke uttrykket $y = f(x)$. En verdi av x blir *avbildet* på en verdi y. Vi kan framstille dette grafisk ved å tegne punktet (x, y) i et rettvinklet koordinatsystem der y er "høyden" over (eller under) x-aksen. Samlingen av alle punktene (x, y) der x hentes fra definisjonsmengden, utgjør grafen til $y = f(x)$. Grafen vil framstille en sammenhengende kurve i et todimensjonalt koordinatsystem hvis funksjonen er kontinuerlig.

For å tegne grafen til en funksjon med *to* variable, går vi fram på en tilsvarende måte. Vi velger da verdiene for x og y, og regner ut den tilsvarende funksjonsverdien $z = f(x, y)$. Tallparet (x, y) blir avbildet på verdien z, som er høyden loddrett over (eller under) punktet (x, y) i xy-planet når vi bruker et rettvinklet, tredimensjonalt koordinatsystem. Funksjonsverdien bestemmer vi ved å sette inn verdier for x og y i funksjonsuttrykket.

Grafen til en funksjon $z = f(x, y)$ finner vi ved å regne ut z-verdiene for alle punktene (x, y) i definisjonsmengden. Deretter tegner vi punktene (x, y, z) i et tredimensjonalt koordinatsystem. Grafen vil framstille en sammenhengende *flate i rommet* når funksjonen er kontinuerlig.

Eksempel 3

En funksjon er definert ved uttrykket $z = f(x, y) = x^2 + 3xy$.
Hvor blir punktene $(1, 1)$ og $(1, -3)$ avbildet?

Løsning

Vi regner ut funksjonsverdiene og får:

$$f(1, 1) = 1^2 + 3 \cdot 1 \cdot 1 = 1 + 3 = 4 \qquad f(1, -3) = 1^2 + 3 \cdot 1 \cdot (-3) = 1 - 9 = -8$$

Punktene $A\ (1, 1, 4)$ og $B\ (1, -3, -8)$ ligger på grafen til f. Punktet A ligger 4 enheter over xy-planet, loddrett over punktet $(1, 1, 0)$. Punktet B ligger 8 enheter under xy-planet, loddrett under punktet $(1, -3, 0)$. ■

Ved hjelp av et dataprogram går det an å lage figurer som viser grafene til funksjoner av to variable. Programmer som egner seg utmerket til å tegne slike grafer er Mathematica, Maple, MathCAD og Matlab. Med slike programmer er det enkelt å tegne grafen til en funksjon av to variable. Figur 1.1 viser grafen til funksjonen $f(x, y) = x^3 - x^2 + 10xy + y^3$ tegnet i et av disse dataprogrammene. På figuren er det også tegnet inn **nivåkurver**, se avsnitt 1.2.3. Nivåkurvene er linjer som går gjennom punkter med samme verdi av z. De markerer altså punkter som ligger like høyt over xy-planet. I figur 1.2 er det tegnet et "rent" nivåkurvediagram.

Funksjoner kan også ha mer enn to variable. Når antall variable er mer enn to, kan vi ikke tegne noen graf. Den skulle i så fall vært tegnet i et rom med mer enn tre dimensjoner, og det er ikke mulig.

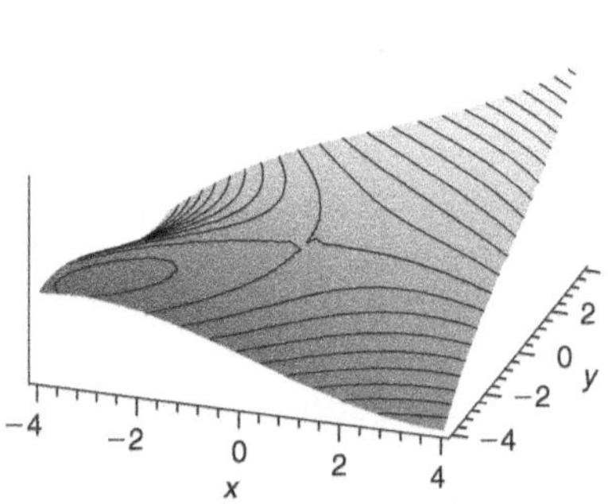

Figur 1.1 Grafen til funksjonen $z = f(x, y) = x^3 - x^2 + 10xy + y^3$. På flaten er det tegnet linjer gjennom de punktene som har samme avstand fra xy-planet. Dette er nivåkurver som er "løftet" opp fra xy-planet til flaten.

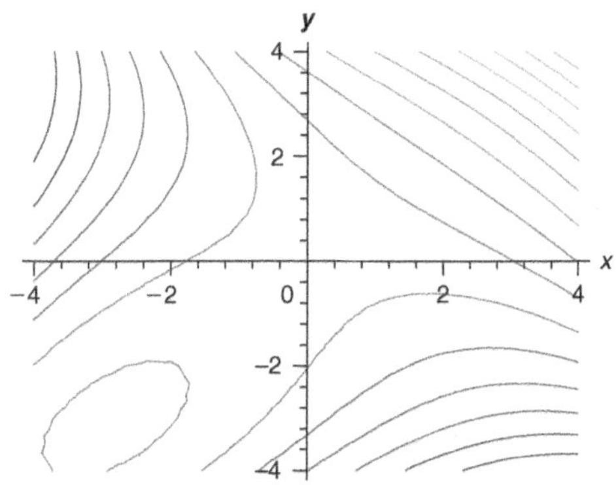

Figur 1.2 Nivåkurver til funksjonen $z = f(x, y) = x^3 - x^2 + 10xy + y^3$ tegnet i xy-planet.

1.2.3 Nivåkurver og nivåflater

Grafen til funksjonen $z = f(x, y)$ kan tegnes som en flate i rommet. Det går også an å illustrere en funksjon av to variable ved å tegne **nivåkurvene** til funksjonen.

DEFINISJON 1.2

En nivåkurve til en funksjon $z = f(x, y)$ av to variable er en kurve i xy-planet definert ved likningen $f(x, y) = c$, der c er en konstant.

Nivåkurvene blir tegnet som kurver i xy-planet. En nivåkurve $f(x, y) = c$ har den egenskapen at den viser alle de punktene (x_0, y_0) i planet som gir funksjonsverdien c når vi regner ut $f(x_0, y_0)$. Nivåkurvene svarer til kotene på et kart. På kartet viser kotene de stedene som har samme høyde over havet.

Noen ganger kan vi finne et eksplisitt uttrykk for nivåkurvene på formen $y = f(x)$. Andre ganger må vi oppfatte at kurven er gitt implisitt ved likningen $f(x, y) = c$.

▼

Eksempel 4

En funksjon er definert ved uttrykket $f(x, y) = x^2 + y^2$. Beskriv nivåkurvene.

Løsning

For å bestemme nivåkurvene må vi sette $f(x, y) = c$. Dette gir uttrykket:

$$x^2 + y^2 = c = (\sqrt{c})^2 \tag{1.3}$$

Nivåkurvene er altså sirkler med sentrum i origo og radius $\sqrt{c}$.

Figurene 1.3a og 1.3b illustrerer funksjonen $f(x, y) = x^2 + y^2$. Funksjonen er gjengitt både som et nivåkurvediagram og som en tredimensjonal graf. I den tredimensjonale grafen er det også tegnet inn nivåkurver. ■

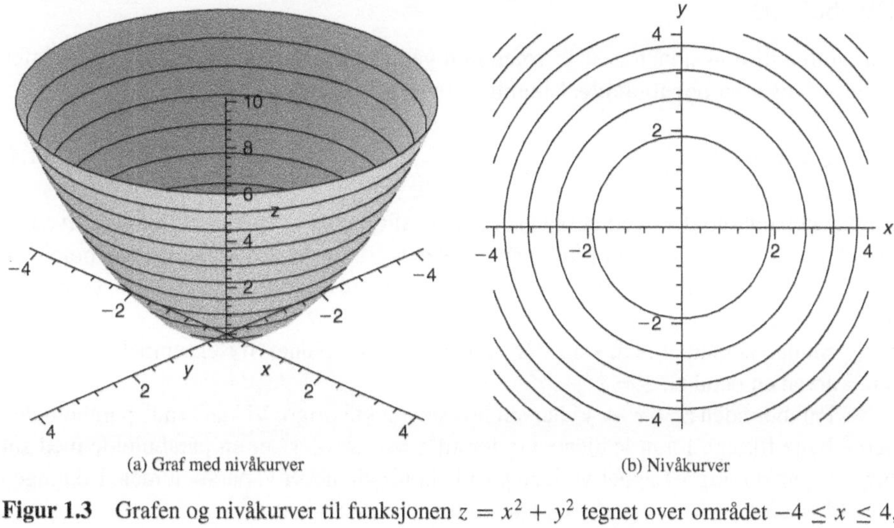

Figur 1.3 Grafen og nivåkurver til funksjonen $z = x^2 + y^2$ tegnet over området $-4 \leq x \leq 4$, $-4 \leq y \leq 4$.

Hvis f er en funksjon av tre variable, $f = f(x, y, z)$, vil likningen $f(x, y, z) = c$ beskrive alle de punkter (x, y, z) i *rommet* som har samme funksjonsverdi. Disse punktene danner en flate. Vi kaller denne flaten en **nivåflate**.

DEFINISJON 1.3

En nivåflate til en funksjon $z = f(x, y, z)$ av tre variable er en flate i xyz-rommet definert ved likningen $f(x, y, z) = c$, der c er en konstant.

Hvis funksjonen f er definert ved uttrykket $f(x, y, z) = z - x^2 - y^2$, er nivåflaten $f = 0$ definert ved uttrykket

$$z - x^2 - y^2 = 0$$

Denne nivåflaten er grafen til funksjonen $z = x^2 + y^2$, og er den samme som grafen vist i figur 1.3a.

✓ Nøkkelkunnskap 1.2

Mål: Du skal kunne bestemme uttrykk for nivåkurvene til en funksjon av to variable.

Regn ut likningen til nivåkurven $f(x, y) = 2$ når $f(x, y) = 2x + y - 2$.

Svar: $y = -2x + 4$

1.2.4 Grafen til noen spesielle funksjoner

Det er en del grafer som ofte går igjen i lærebøker. På de neste sidene beskriver vi noen av dem, samt viser grafene.

Paraboloide

Når grafen til funksjonen $z = x^2$ roterer én gang rundt z-aksen, blir flaten som grafen "sveiper" over en **paraboloide**. Likningen for denne paraboloiden er:

$$z = x^2 + y^2 \tag{1.4}$$

Snitter vi paraboloiden med et plan som er parallelt med xy-planet, blir snittkurven en sirkel. Det ser vi når vi setter likningen for planet $z_1 = a$ lik likningen for paraboloiden, $z = z_1$. Da får vi likningen for en sirkel med radius $\sqrt{a}$ i avstand a fra xy-planet: $x^2 + y^2 = a, \quad z = a$.

Snitter vi med et plan som står vinkelrett på xy-planet, for eksempel $y = b$, blir snittkurven en parabel: $z = x^2 + b^2$.

Paraboloiden $z = x^2 + y^2$ har sitt laveste punkt i origo. Vi kan "snu" paraboloiden ved å bytte fortegn foran leddene. Grafen til $z = -x^2 - y^2$ er en paraboloide med sitt høyeste punkt i origo. Legger vi til en positiv konstant, hever vi paraboloiden. Likningen $z = 12 - x^2 - y^2$ har en graf som har sitt høyeste punkt i (0, 0, 12).

Figur 1.4 viser paraboloiden $z = x^2 + y^2$, og figur 1.5 viser paraboloiden $z = 12 - x^2 - y^2$.

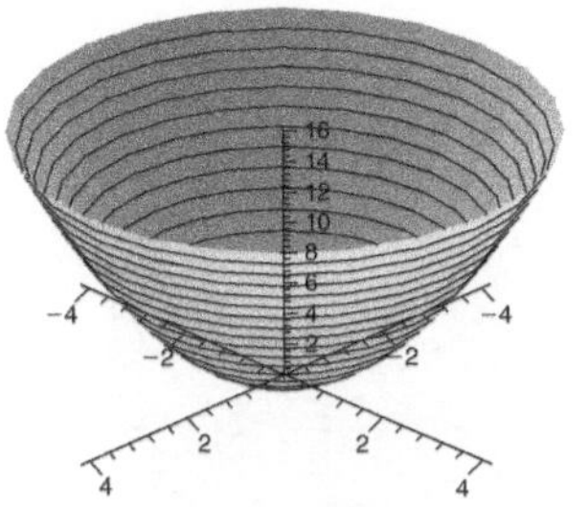

Figur 1.4 Paraboloiden $z = x^2 + y^2$.

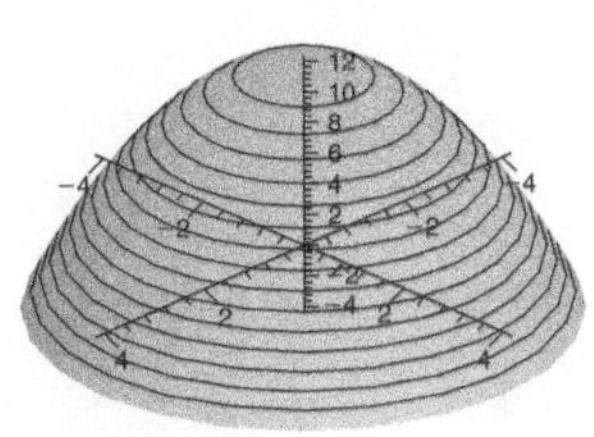

Figur 1.5 Paraboloiden $z = 12 - x^2 - y^2$.

Elliptisk paraboloide

Når vi snitter grafen til $z = x^2 + y^2$ med et plan som er parallelt med xy-planet, $z_1 = a$, er snittkurven en sirkel. Grafen til funksjonen

$$z = ax^2 + by^2 \tag{1.5}$$

framstiller derimot en **elliptisk paraboloide**. Grunnen til at vi kaller den det, er at når vi snitter med et plan $z_1 = c$, gir likningen $z = z_1$ likningen for en ellipse, $ax^2 + by^2 = c$.

Figur 1.6 viser den elliptiske paraboloiden $z = x^2 + 2y^2$.

Kjegle

En **kjegle** med toppunkt i origo og med "spissen" ned, har likningen

$$z = \sqrt{x^2 + y^2} \tag{1.6}$$

Bytter vi fortegn foran rottegnet, "snur" vi kjeglen sånn at spissen kommer opp. Vi kan heve og senke kjeglen ved å legge til en konstant, akkurat som for paraboloiden. Kjeglen $z = -\sqrt{x^2 + y^2} + 9$ har spissen opp, og toppunktet har koordinater (0, 0, 9). Kjeglen skjærer xy-planet langs sirkelen $x^2 + y^2 = 9^2$. Det ser vi ved å sette $z = 0$ i likningen for kjeglen.

I figur 1.7 har vi tegnet kjeglen $z = \sqrt{x^2 + y^2}$.

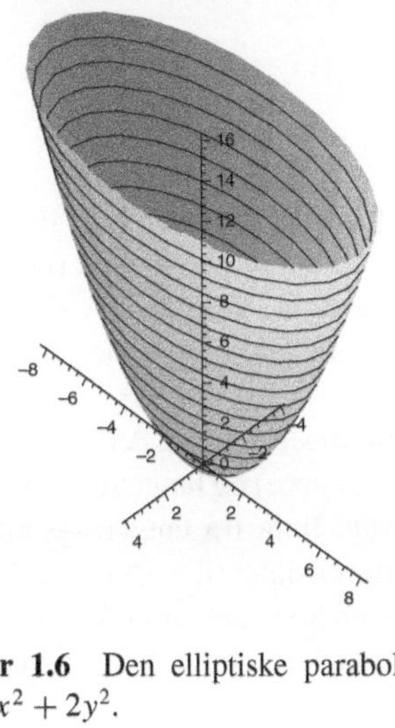

Figur 1.6 Den elliptiske paraboloiden $z = x^2 + 2y^2$.

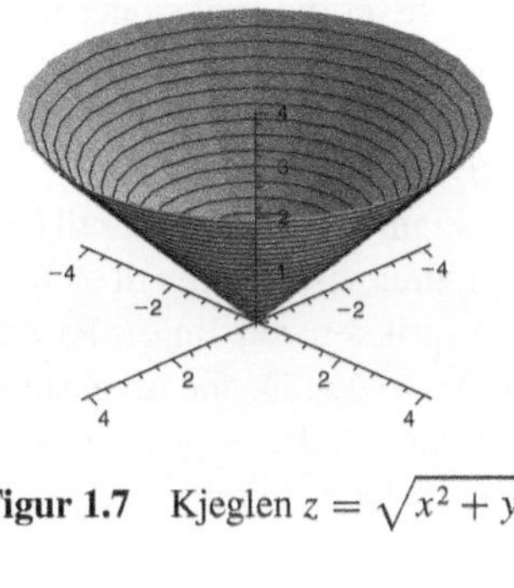

Figur 1.7 Kjeglen $z = \sqrt{x^2 + y^2}$.

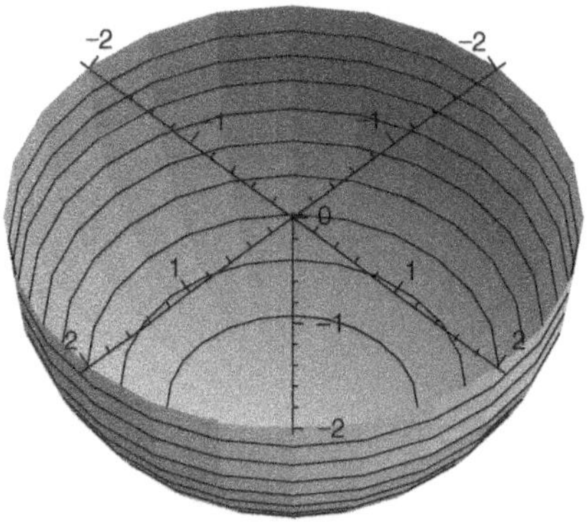

Figur 1.8 Halvkula $z = -\sqrt{1 - x^2 - y^2}$.

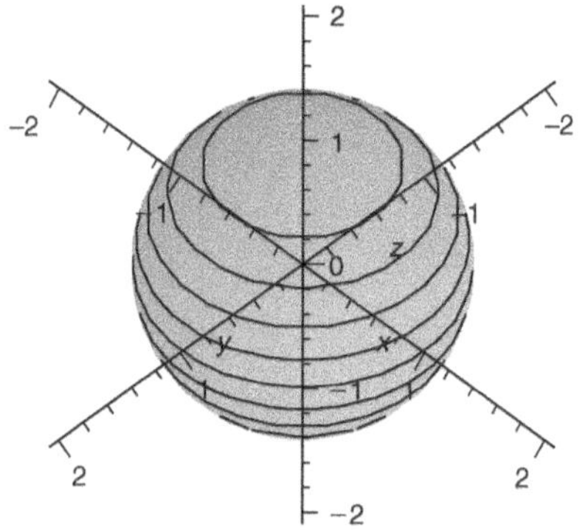

Figur 1.9 Kula $x^2 + y^2 + z^2 = 1$.

Kule

Likningen for ei **kule** med sentrum i origo og radius r er

$$x^2 + y^2 + z^2 = r^2 \tag{1.7}$$

Når vi løser dette uttrykket med hensyn på z, får vi $z = \pm\sqrt{r^2 - x^2 - y^2}$. Hvert fortegn svarer til én funksjon, og utgjør hver sin **halvkule**.

I figur 1.8 har vi tegnet halvkula $z = -\sqrt{1 - x^2 - y^2}$. I figur 1.9 har vi tegnet kula $x^2 + y^2 + z^2 = 1$.

1.3 Partiell derivasjon

Når vi bruker matematikk til å lage modeller av "virkeligheten", er det ofte behov for å kunne beskrive hvordan funksjoner endrer seg. Da er det ofte hensiktsmessig å regne ut **den deriverte**. I dette avsnittet skal vi se hvordan vi knytter begrepet derivasjon til funksjoner med flere variable.

1.3.1 Funksjoner med én variabel: Derivasjon

Som en introduksjon til stoffet om derivasjon av funksjoner med flere variable tar vi for oss det vi vet om funksjoner med én variabel. Vi starter med å se på **tilvekst** (betegnet ved den greske bokstaven delta, Δ) og **differensial**. Tilveksten i størrelsen x skriver vi Δx, og differensialet til x skriver vi dx. Merk at tilveksten kan være både positiv og negativ.

Figur 1.10 kan brukes til å vise sammenhengen mellom størrelsene Δx, dx, Δf og df. Figuren viser grafen til en funksjon f (heltrukket, buet kurve) og tangenten i punktet (1, 3) (prikket, rett linje). På figuren lar vi den vannrette linja fra tangeringspunktet (1, 3) være Δx. Denne tilveksten er den samme som differensialet til x: $\Delta x = dx$.

Når x endrer seg, vil f også endre seg. Er funksjonen konstant, er endringen null. Dersom x får en tilvekst Δx, vil f få en tilvekst Δf. På figur 1.10 svarer denne tilveksten

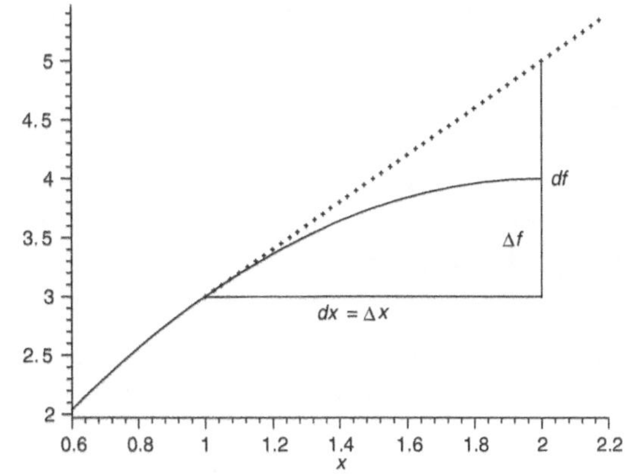

Figur 1.10 Grafen til en funksjon (heltrukket), tangenten (prikket) og tilvekstene Δx og Δf.

til den delen av den vertikale linja som går fra punktet (2, 3) til skjæringspunktet med grafen. Vi kan skrive:

$$\Delta f = f(x + \Delta x) - f(x) \tag{1.8}$$

Fra teorien om funksjoner med én variabel vet vi at

$$df = f'(x)\Delta x \tag{1.9}$$

der $f'(x)$ betyr den deriverte til f. Den deriverte i et punkt svarer til stigningstallet til tangenten i punktet. Da blir sammenhengen i likning 1.9 forhåpentligvis klar hvis vi ser på figur 1.10: På figuren er df den delen av den vertikale linja som går fra punktet (2, 3) til skjæringspunktet med tangenten (prikket linje).

Dersom Δx er liten, ser vi at $\Delta f \approx df$. Avstanden mellom grafen og tangenten blir mindre jo nærmere vi kommer tangeringspunktet. Vi kan skrive:

$$\Delta f = f(x + \Delta x) - f(x) \approx df = f'(x)\Delta x \tag{1.10}$$

Husk at den deriverte i et punkt uttrykker hvor raskt funksjonen endrer seg i punktet. Når vi regner ut verdien av den deriverte i et punkt, finner vi en verdi som forteller hvor stor **den momentane endringen** er.

1.3.2 Funksjoner med to variable: Partiell derivasjon

En funksjon med to variable vil endre verdi dersom den ene, eller begge, variable endrer seg. Vi skal se hvordan vi kan beregne disse endringene, og vi skal se at derivasjon er et fruktbart begrep også når vi studerer slike funksjoner.

Når vi deriverer en funksjon med to (eller flere) variable, oppfatter vi den ene variable som en konstant mens vi deriverer med hensyn på den andre (og vice-versa). Dette betyr at vi finner ut hvordan funksjonen endrer seg når vi endrer én variabel samtidig med at vi holder den andre variable konstant. Når vi regner på denne måten, sier vi at vi regner ut **den partielt deriverte** til funksjonen. Når vi regner ut verdien av den partielt deriverte i et punkt, bestemmer vi **den momentane endringen** i punktet, når én av de variable endrer seg.

DEFINISJON 1.4

Den partielt deriverte til en funksjon $f = f(x_1, x_2, \cdots, x_n)$ med hensyn på x_i er den funksjonen vi får når vi regner ut den ordinært deriverte av f med hensyn på x_i mens de andre variable holdes konstant.

Vi bruker flere ulike skrivemåter for dette. Dersom $f(x, y)$ er en funksjon, vil den deriverte med hensyn på x (den første av de to variable) kunne skrives på disse måtene:

$$\frac{\partial f}{\partial x} = f_x(x, y) = f_1(x, y) = D_x[f(x, y)] = D_1[f(x, y)] \tag{1.11}$$

Ett-tallet (skrevet som indeks) viser til den første av de to variable, i dette tilfellet x.

Rent regneteknisk bruker vi de samme reglene som vi kjenner fra funksjoner med én variabel. Når vi regner ut den partielt deriverte med henysn på x, oppfatter vi y som en konstant.

Eksempel 5

En funksjon er definert ved uttrykket $f(x,\ y) = 2x^2 + 3xy - y^2$. Regn ut f_x og f_y.

Løsning

Vi bruker derivasjonsreglene som er kjent fra funksjoner med én variabel, og får:

$$f_x = 2 \cdot 2x + 2 \cdot 1 \cdot y - 0 = 4x + 3y \qquad f_y = 0 + 3x \cdot 1 - 2y = 3x - 2y$$

Her ser vi at $\frac{\partial}{\partial x}\left(y^2\right) = 0$ siden y holdes konstant ved derivasjon med hensyn på x. Tilsvarende er $\frac{\partial}{\partial y}\left(x^2\right) = 0$. ∎

Når vi regner ut *verdien* av den partielt deriverte med hensyn på x i et punkt, finner vi et mål på hvor raskt funksjonen endrer seg i x-retningen i punktet. Det svarer til at vi regner ut stigningstallet til tangenten i punktet, når tangenten er trukket vinkelrett på y-aksen. Dette har vi vist i figur 1.11. På figuren har vi tegnet grafen til funksjonen $z = f(x, y)$, tangenten vinkelrett på y-aksen, og de to linjene x = konstant og y = konstant som ligger på grafen til z.

Som for funksjoner med én variabel, svarer verdien av den deriverte i et punkt til tangens til vinkelen mellom tangenten og en horisontal linje: $f_x(x_0, y_0) = \tan\alpha$. Dersom for eksempel $f_x(x_0, y_0) = 1$, vil tangenten vi trekker vinkelrett på y-aksen danne vinkelen $\alpha = \arctan(1) = \frac{\pi}{4}$ med horisontalplanet.

Eksempel 6

En funksjon av to variable er definert ved uttrykket $f(x, y) = -x^2 - y^2$.
Regn ut $\frac{\partial f}{\partial x}$ i punktet $(1, 1, -2)$. Hva forteller dette svaret om funksjonen?

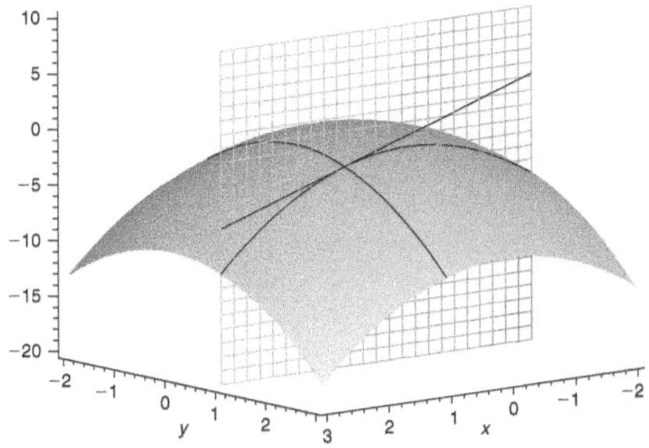

Figur 1.11 Figuren viser tangenten vinkelrett på y-aksen i et punkt på grafen til z. Stigningstallet til tangenten i punktet er verdien av den partielt deriverte med hensyn på x : f_x.

Løsning

Grafen til funksjonen er tegnet i figur 1.11, og punktet $(1, 1, -2)$ er markert ved tangeringspunktet. Legg merke til at grafen er tegnet slik at x-aksen har positiv retning mot venstre.

Når vi regner ut den partielt deriverte med hensyn på x, betrakter vi y som en konstant. Da blir den deriverte:

$$\frac{\partial f}{\partial x} = \frac{\partial}{\partial x}(-x^2 - y^2) = -2x \tag{1.12}$$

Den partielt deriverte i punktet $(1, 1, -2)$ regner vi ut ved å sette inn $x = 1$, $y = 1$ og $z = -2$ i uttrykket. Vi får $\frac{\partial f}{\partial x} = -2 \cdot 1 = -2$. Tallet -2, som er verdien av den partielt deriverte i punktet, forteller oss at den momentane endringen til f i punktet er -2 når vi endrer x mens y blir holdt konstant. ■

1.3.3 Høyere ordens partielt deriverte

Vi kan regne ut høyere ordens partielt deriverte. Da følger vi samme framgangsmåte som når vi regner ut den første ordens deriverte: Vi deriverer "på vanlig måte" med hensyn på én variabel, mens vi holder de andre konstante.

Skrivemåten for den andrederiverte med hensyn på x er:

$$\frac{\partial^2 f}{\partial x^2} = f_{xx}(x, y) = f_{11}(x, y) = D_{xx}[f(x, y)] = D_{11}[f(x, y)] \tag{1.13}$$

Legg merke til at for en funksjon med to variable vil vi ha fire andrederiverte: f_{xx}, f_{yy}, f_{xy} og f_{yx}. Det går an å vise at to av dem er *alltid* like.

Setning 1.1

For en funksjon av to variable, er to av de andre ordens partielt deriverte alltid like:

$$\frac{\partial^2 f}{\partial x \partial y} = \frac{\partial^2 f}{\partial y \partial x} \tag{1.14}$$

På venstre side av likhetstegnet i likning 1.14 deriverer vi først med hensyn på y, deretter med hensyn på x. På høyre side gjør vi det i motsatt rekkefølge, men får altså samme svar. Rekkefølgen vi skriver ∂x og ∂y har med andre ord betydning.

Dersom vi bruker skrivemåten med indekser, må vi passe på rekkefølgen av indeksene:

$$\frac{\partial^2 f}{\partial y \partial x} = (f_x)_y = f_{xy} \tag{1.15}$$

Dette uttrykket betyr at vi *først* deriverer med hensyn på x og *deretter* med hensyn på y. Når vi bruker "indeks-skrivemåten", kommer bokstavene altså i motsatt rekkefølge i forhold til i uttrykket der vi bruker "krøll-d-ene".

Eksempel 7

Regn ut de første og andre ordens partielt deriverte til funksjonen
$z = f(x, y) = x^2 + 3xy + 5y^2$.

Løsning

Vi bruker de derivasjonsreglene vi kjenner fra funksjoner med én variabel. Når vi deriverer med hensyn på den ene variable, betrakter vi den andre som konstant. Vi får:

$$\frac{\partial f}{\partial x} = f_x = 2x + 3y \qquad \frac{\partial f}{\partial y} = f_y = 3x + 10y$$

$$\frac{\partial^2 f}{\partial x^2} = f_{xx} = \frac{\partial}{\partial x}(2x + 3y) = 2 \qquad \frac{\partial^2 f}{\partial y^2} = f_{yy} = \frac{\partial}{\partial y}(3x + 10y) = 10$$

$$\frac{\partial^2 f}{\partial x \partial y} = f_{yx} = \frac{\partial}{\partial x}(3x + 10y) = 3 \qquad \frac{\partial^2 f}{\partial y \partial x} = f_{xy} = \frac{\partial}{\partial y}(2x + 3y) = 3$$

■

✓ Nøkkelkunnskap 1.3

Mål: Du skal kunne regne ut første og andre ordens partielt deriverte.

Regn ut f_x og f_{xy} når $f(x, y) = 2x^2 + 3xy + 1$.

Svar: $f_x = 4x + 3y$, $f_{xy} = 3$

1.4 Kjerneregelen

For funksjoner med én variabel kan vi bruke *kjerneregelen* når vi deriverer *sammensatte* funksjoner. I en sammensatt funksjon $f(x) = g(u(x))$ vil en endring i x føre til en endring i u. Endringen i u fører i sin tur til at f endrer seg.

For å bestemme den momentane endringen, må vi kunne regne ut den deriverte av f med hensyn på x. Hvis vi skal derivere funksjonen $f(x) = g(u(x))$, bruker vi kjerneregelen slik:

$$f'(x) = g'(u) \cdot u'(x) \tag{1.16}$$

Dersom vi skriver denne regelen ved hjelp av differensialer, får vi:

$$\frac{df}{dx} = \frac{dg}{du} \cdot \frac{du}{dx} \tag{1.17}$$

Eksempel 8

Deriver funksjonen $f(x) = e^{2x+1}$.

Løsning

Vi setter $u(x) = 2x + 1$ og $f = e^u$. Da får vi:

$$f'(x) = (e^u)' \cdot u'(x) = e^u \cdot (2x+1)' = e^{2x+1} \cdot 2 = 2e^{2x+1} \tag{1.18}$$

■

Også funksjoner av to variable kan være sammensatte. For slike sammensatte funksjoner av to (eller flere) variable gjelder også en kjerneregel.

Setning 1.2

Dersom $z = f(x, y)$, og dersom x og y er funksjoner av t, kan vi skrive $z = f(x, y) = f(x(t), y(t))$. Den deriverte av z med hensyn på t blir da:

$$\frac{dz}{dt} = \frac{\partial f}{\partial x}\frac{dx}{dt} + \frac{\partial f}{\partial y}\frac{dy}{dt} = f_x\frac{df}{dt} + f_y\frac{dy}{dt} \tag{1.19}$$

Vi ser at uttrykket i likning 1.19 har mye til felles med uttrykket i likning 1.17. Forskjellen er at vi nå får to ledd, ett for hver av de to partiellderivasjonene.

Uttrykket i likning 1.19 forteller hvordan z varierer når t endrer seg. En endring i t fører til en endring i $x(t)$ og i $y(t)$, som igjen gjør at z endrer seg. Vi skal se hvordan vi tolker dette geometrisk, men ser først på et eksempel som viser regneteknikken.

Eksempel 9

En funksjon w er definert ved $w = xy$ der $x = x(t) = \cos t$ og $y = y(t) = \sin t$. Regn ut $\frac{dw}{dt}$.

Løsning

Vi bruker kjerneregelen og får:

$$\frac{dw}{dt} = \frac{\partial w}{\partial x}\frac{dx}{dt} + \frac{\partial w}{\partial y}\frac{dy}{dt} \tag{1.20}$$

$$= \frac{\partial}{\partial x}(xy) \cdot \frac{d}{dt}(\cos t) + \frac{\partial}{\partial y}(xy) \cdot \frac{d}{dt}(\sin t) \tag{1.21}$$

$$= y \cdot (-\sin t) + x \cdot (\cos t) \tag{1.22}$$

$$= (\sin t) \cdot (-\sin t) + (\cos t) \cdot (\cos t) \tag{1.23}$$

$$= \cos^2 t - \sin^2 t \tag{1.24}$$

Vi kunne også ha kommet fram til dette svaret ved å sette inn for x og y i uttrykket for w. Da får vi $w = xy = \cos t \cdot \sin t$, som gir:

$$\frac{dw}{dt} = -\sin t \cdot \sin t + \cos t \cdot \cos t = \cos^2 t - \sin^2 t \tag{1.25}$$

■

For en sammensatt funksjon $z = f(x(t), y(t))$ vil x- og y-verdiene vi setter inn i uttrykket for f avhenge av parameteren t. Vi velger en verdi for t, regner ut x og y, og setter disse verdiene inn i uttrykket for f. Geometrisk betyr dette at vi bare setter inn noen utvalgte verdier av x og y: Punktene vi setter inn er de punktene i xy-planet som ligger på kurven C som er slik at:

$$x = x(t), \quad y = y(t), \quad a \leq t \leq b \tag{1.26}$$

Når t varierer, vil x og y variere slik at vi følger kurven C. Vi sier at uttrykket i likning 1.26 er en *parametrisering* av kurven C, eller at kurven er gitt på *parameterform*. Vi skal komme nærmere inn på parametrisering av kurver i kapittel 2.

Når vi regner ut $z = f(x(t), y(t))$, vil punktene $(x(t), y(t), f(x(t), y(t))$ følge en kurve i rommet. Denne kurven ligger på grafen til funksjonen $z = f(x(t), y(t))$. Et eksempel vil vise dette.

Eksempel 10

En funksjon f er definert ved uttrykket $f(x, y) = x^2+y^2$ der $x(t) = t^2+1$, $y(t) = t^3-t$ og $-1,5 \leq t \leq 1,5$.

a. Skisser kurven C gitt ved parameterframstillingen

$$x(t) = t^2 + 1, \quad y(t) = t^3 - t, \quad -1,5 \leq t \leq 1,5$$

b. Skisser grafen til $f(x(t), y(t))$.

Løsning

a. Vi velger t-verdier som er slik at $-1,5 \leq t \leq 1,5$, og regner ut x og y ved å sette inn i uttrykkene $x(t) = t^2 + 1$ og $y(t) = t^3 - t$. Kurven er vist i figur 1.12. Vi har også tegnet inn nivåkurver til funksjonen $z = x^2+y^2$, $-4 \leq x \leq 4$, $-4 \leq y \leq 4$.

b. Vi velger t-verdier som er slik at $-1,5 \leq t \leq 1,5$, og regner ut x og y. Deretter regner vi ut $f = x^2 + y^2$.

Så tegner vi punktene $(x(t), y(t), x(t)^2 + y(t)^2)$ i et tredimensjonalt koordinatsystem. Grafen vi får er kurven K som vist i figur 1.13. Vi har også tegnet grafen til $f(x, y)$ når vi ikke har noen "begrensning" på hvilke x-er og y-er vi kan velge. Vi ser at kurven K ligger på grafen til $f(x, y)$. ■

Når vi deriverer $f(x(t), y(t))$ med hensyn på t, får vi et mål på hvor raskt f endrer seg når t endrer seg. Det betyr at når vi regner ut verdien av $\frac{df}{dt}$ i et punkt, finner vi den momentane endringen i f *når vi flytter oss langs kurven C definert ved parametriseringen*. Hvis f for eksempel er temperaturen i forskjellige områder i

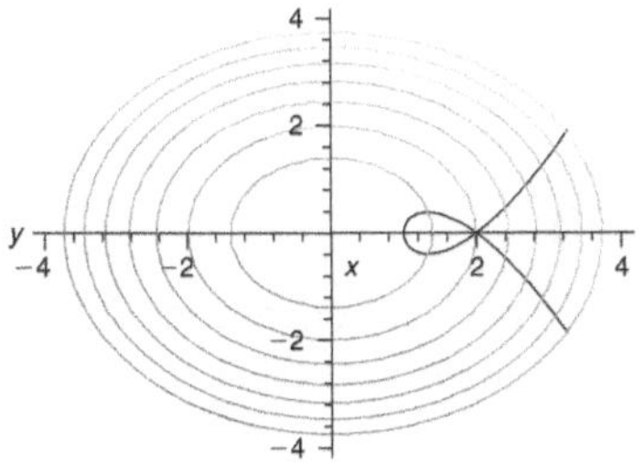

Figur 1.12 Kurven C definert ved parametriseringen $x(t) = t^2 + 1$, $y(t) = t^3 - t$, $-1,5 \leq t \leq 1,5$

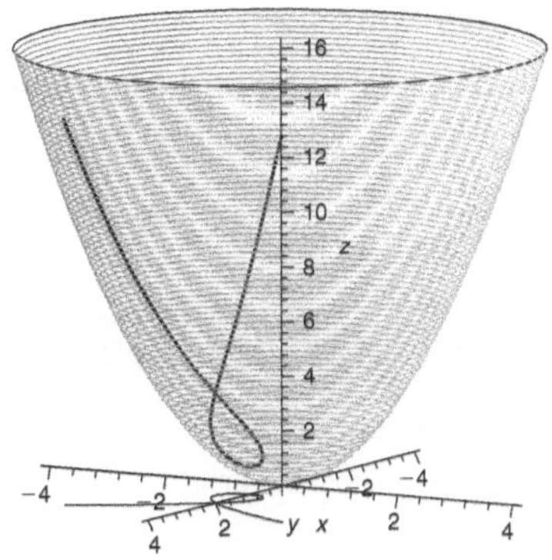

Figur 1.13 Den heltrukne linja er grafen til $f(x, y) = x^2 + y^2$ når x og y er definert som funksjoner av t, se figur 1.12. På figuren er også en del av grafen til $f(x, y) = x^2 + y^2$, $D_f = \mathbb{R}^2$ tegnet inn.

xy-planet, vil $\frac{df}{dt}$ fortelle hvor mye temperaturen endrer seg per enhet når vi flytter oss langs C. Hvis f er en modell av et terreng, og C er en sti på kartet som viser terrenget, er K stien slik den er i terrenget. Den deriverte $\frac{df}{dt}$ i et punkt forteller da hvor bratt stien K er i punktet.

Funksjoner med to parametre

Dersom x og y er funksjoner av *to* variable s og t, er $f = f(x(s, t), y(s, t))$.

Setning 1.3

Hvis $z = f(x(s, t), y(s, t))$, kan vi skrive kjerneregelen når vi deriverer med hensyn på s slik:

$$\frac{\partial f}{\partial s} = \frac{\partial f}{\partial x}\frac{\partial x}{\partial s} + \frac{\partial f}{\partial y}\frac{\partial y}{\partial s} \tag{1.27}$$

Tilsvarende uttrykk gjelder for derivasjon med hensyn på t.

Eksempel 11

Regn ut $\frac{\partial f}{\partial s}$ når $f = \sin(x + y)$, $x = st$ og $y = 3s + 2t$.

Løsning

Vi bruker uttrykket i likning 1.27 og får:

$$\frac{\partial f}{\partial s} = \frac{\partial f}{\partial x}\frac{\partial x}{\partial s} + \frac{\partial f}{\partial y}\frac{\partial y}{\partial s} = \cos(x + y) \cdot t + \cos(x + y) \cdot 3 = (t + 3)\cos(x + y) \tag{1.28}$$

■

✓ Nøkkelkunnskap 1.4

Mål: Du skal kunne bruke kjerneregelen til å regne ut df/dt når $f = f(x(t), y(t))$.

Bruk kjerneregelen til å regne ut $\frac{df}{dt}$ når $f(x, y) = x - 2y,\ x(t) = t^2,\ y(t) = t^3$.

Svar: $2t - 6t^2$

1.5 Tilvekstformelen og linearisering

Å kunne vurdere hvor mye funksjonsverdien endrer seg når én av eller begge de variable i en funksjon av to variable endrer seg, er nyttig. I dette avsnittet skal vi se nærmere på det.

1.5.1 Tilvekstformelen

Når vi arbeider med funksjoner med to variable, og vi skal bestemme hvor mye funksjonen endrer seg når de to variable endrer seg, kan vi endre én av de to variable av gangen. Trekker vi parallellen med uttrykk i likning 1.10, får vi:

$$f(x + \Delta x, y) - f(x, y) \approx f_x(x, y)\Delta x = \frac{\partial f}{\partial x}\Delta x \tag{1.29}$$

$$f(x, y + \Delta y) - f(x, y) \approx f_y(x, y)\Delta y = \frac{\partial f}{\partial y}\Delta y \tag{1.30}$$

I likning 1.29 varierer x mens y er konstant. I likning 1.30 varierer y, men da er x konstant.

Dersom både x og y endrer seg *samtidig*, er det ikke urimelig at endringen i funksjonsverdien blir summen av endringene i likningene 1.29 og 1.30. Derfor kan vi sette:

$$f(x + \Delta x, y + \Delta y) - f(x, y) \approx f_x(x, y)\Delta x + f_y(x, y)\Delta y = \frac{\partial f}{\partial x}\Delta x + \frac{\partial f}{\partial y}\Delta y \tag{1.31}$$

DEFINISJON 1.5

Det **totale differensialet** df til funksjonen f definerer vi ved uttrykket:

$$df = f_x(x, y)\Delta x + f_y(x, y)\Delta y \tag{1.32}$$

Når vi setter $\Delta x = dx$ og $\Delta y = dy$, kan vi skrive:

$$df = f_x(x, y)dx + f_y(x, y)dy = \frac{\partial f}{\partial x}dx + \frac{\partial f}{\partial y}dy \tag{1.33}$$

Uttrykkene 1.32 og 1.33 kaller vi ofte **tilvekstformelen**.

Tilvekstformelen kan blant annet brukes til å regne ut usikkerheter når vi beregner en størrelse ut fra målte verdier. Usikkerhetene i de målte størrelsene x og y er da dx og dy, og usikkerheten i f blir beregnet til å være df. Vi sier også at df er den **absolutte usikkerheten** i størrelsen f.

DEFINISJON 1.6

Den **relative usikkerheten** er definert ved uttrykket:

$$\frac{df}{f} = \frac{f_x}{f}df + \frac{f_y}{f}dy \tag{1.34}$$

og oppgis ofte i prosent.

Eksempel 12

Et sylinderformet spann skal ha radius $r_0 = 1,0$ dm og høyde $h_0 = 5,0$ dm. På grunn av en produksjonsfeil kan radien bli inntil 0, 03 dm for stor og høyden inntil 0, 1 dm for liten.

Regn ut den absolutte og den relative usikkerheten i volumet av spannet.

Løsning

For å bestemme usikkerheten i volumet til spannet bruker vi tilvekstformelen. Vi vet at volumet av spannet er $V = \pi r^2 h$. Usikkerheten dV i volumet blir (symbolet $V_r(r,h)|_{(r,h)=(r_0,h_0)}dr$ betyr at vi setter inn verdiene r_0 og h_0 i uttrykket *etter* at vi har derivert med hensyn på r):

$$dV = V_r(r,h)|_{(r,h)=(r_0,h_0)}dr + V_h(r,h)|_{(r,h)=(r_0,h_0)}dV \tag{1.35}$$

$$= 2\pi r_0 h_0 dr + \pi r_0^2 dh \tag{1.36}$$

$$= 2\pi \cdot 1,0 \cdot 5,0 \cdot 0,03 + \pi \cdot 1,0^2 \cdot (-0,1) = 0,63 \tag{1.37}$$

Usikkerheten i volumet er altså 0, 63 dm^3.

Den relative usikkerheten finner vi ved å dividere usikkerheten i volumet med volumet $V = \pi r_0^2 h_0$. Vi får:

$$\frac{dV}{V} = \frac{0,63}{\pi \cdot 1,0^2 \cdot 5,0} = 0,04 \tag{1.38}$$

Svaret over viser at den relative usikkerheten er 0,04 = 4 % ∎

✓ Nøkkelkunnskap 1.5

Mål: Du skal kunne regne ut det totale differensialet til en funksjon av flere variable.

Regn ut det totale differensialet til $f(x,y) = x^2 + 2xy - y^2$.

Svar: $df = (2x + 2y)dx + (2x - 2y)dy$

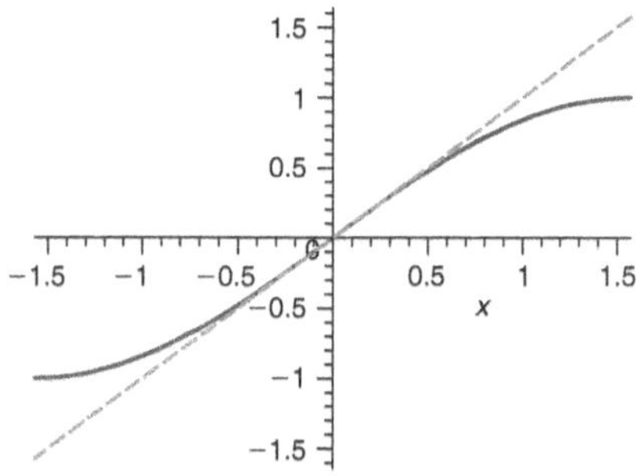

Figur 1.14 Grafen til funksjonen $y = \sin x$ og tangenten i origo. Nær origo er det liten forskjell på grafen til funksjonen og tangenten.

1.5.2 Linearisering. Tangentplan

Noen ganger er det vanskelig å gjøre beregninger fordi funksjonene vi ser på er kompliserte, og leder til "stygge" uttrykk. Da kan det være fornuftig å erstatte funksjonen med en som er enklere, men som er tilnærmet lik den opprinnelige funksjonen. I dette avsnittet skal vi se hvordan vi kan erstatte funksjoner med **lineære funksjoner**.

Funksjoner med én variabel

Vi ser først på tilfellet der vi har en funksjon med én variabel. Når en slik funksjon ikke endrer seg for raskt omkring et punkt, kan vi gå ut fra at tangentlinja i punktet er en god tilnærming til funksjonen, se figur 1.14. Dette betyr at så lenge vi er nær punktet, vil forskjellen mellom funksjonsverdien og verdien vi finner når vi bruker tangentlikningen, være liten. Vi sier at vi **lineariserer** funksjonen. Vi kaller dette også for å lage en **lineær approksimasjon** til funksjonen.

Det er ofte gunstig å linearisere fordi det er enkelt å regne med lineære funksjoner. Forutsetningen er selvsagt at avviket mellom den virkelige og den tilnærmede verdien ikke er for stort. Ofte er det vi selv som må avgjøre hva som er akseptabelt avvik i denne sammenhengen.

Vi kan bruke likningen for en rett linje som går gjennom et gitt punkt (x_0, y_0) til å finne et uttrykk for lineariseringen. Hvis funksjonen vi skal linearisere er $f(x)$, lar vi lineariseringen være tangenten $y = y(x)$ til f gjennom punktet. Når vi bruker uttrykket for en rett linje, får vi:

$$y \approx f(x_0) + f'(x_0)(x - x_0) \tag{1.39}$$

Figur 1.14 viser grafen til sinusfunksjonen og tangenten i origo. Vi ser at forskjellen mellom tangenten og grafen er liten så lenge vi er nær $x_0 = 0$. Nær x_0 kan vi erstatte grafen til f med ei rett linje.

Funksjoner med to variable

I likning 1.31 regnet vi ut endringen av funksjonsverdien til en funksjon av to variable når vi gjorde små endringer Δx og Δy i de variable. Vi kan bruke dette uttrykket til å lage en lineær approksimasjon til funksjonen f.

Setning 1.4

Vi lar f være en funksjon av to variable. En **lineær approksimasjon** $L(x, y)$ til funksjonen $f = f(x, y)$ omkring punktet (x_0, y_0) er:

$$L(x, y) \approx f(x_0, y_0) + f_x(x_0, y_0)(x - x_0) + f_y(x_0, y_0)(y - y_0) \qquad \textbf{(1.40)}$$

Grunnen til at dette er en *lineær* approksimasjon, er at $L(x, y)$ er en lineær funksjon av x og y.

Eksempel 13

Bestem en lineær approksimasjon til funksjonen $f(x, y) = x^3 - xy + y^2$ omkring punktet $(1, 1)$.

Løsning

Vi bruker likning 1.40. Da må vi først regne ut de partielt deriverte. Vi får:

$$f_x = 3x^2 - y \qquad f_y = -xy + 2y \qquad \textbf{(1.41)}$$

$$f_x(1, 1) = 2 \qquad f_y(1, 1) = 1 \qquad \textbf{(1.42)}$$

Videre er $f(1, 1) = 1$. Da blir appoksimasjonen:

$$L(x, y) = 1 + 2(x - 1) + 1(y - 1) = 2x + y - 2 \qquad \textbf{(1.43)}$$

■

Eksempel 14

Funksjonen f er definert ved uttrykket $f(x, y) = x^3 + y^2$.
Regn ut hvor stor feil vi gjør hvis vi beregner $f(2{,}1,\ 1{,}9)$ ved en lineær approksimasjon i punktet $(2, 2)$ i stedet for å regne med funksjonsuttrykket.

Løsning

For å regne ut en tilnærmet verdi ved hjelp av en lineær approksimasjon i punktet (2, 2), regner vi ut $f((2+0,1),\ (2-0,1))$. Da ser vi at vi kan sette $x - x_0 = 0,1$ og $y - y_0 = -0,1$ i likning 1.40. Videre er $f_x = 3x^2$ og $f_y = 2y$. Vi får:

$$f(2,1,\ 1,9) \approx f(2,2) + f_x(2,2) \cdot 0,1 + f_y(2,2) \cdot (-0,1) \qquad \textbf{(1.44)}$$

$$= 12 + 3 \cdot 2^2 \cdot 0,1 + 2 \cdot 2 \cdot (-0,1) = 12,800 \qquad \textbf{(1.45)}$$

Når vi regner ut $f(2{,}1,\ 1{,}9)$ direkte, får vi $f(2{,}1,\ 1{,}9) = 2,1^3 + 1,9^2 = 12,871$. Vi ser at feilen vi gjør er 0,071, noe som svarer til en relativ feil på 0,6 %. ■

✓ Nøkkelkunnskap 1.6

Mål: Du skal kunne regne ut en tilnærmet funksjonsverdi for en funksjon av to variable ved å bruke en lineær approksimasjon.

Regn ut en tilærmet verdi av $f(x, y) = e^{x+y}$ i punktet (0,1, 0,1) ved å bruke en lineær approksimasjon.

Svar: 1,2

Grafiske betraktninger. Tangentplan

For en funksjon med én variabel tilnærmer vi grafen til funksjonen med en rett linje som tangerer grafen. For en funksjon med to variable kan vi på tilsvarende måte tilnærme funksjonen med et plan som tangerer grafen i et punkt, et **tangentplan**.

Likningen for et plan kan vi allment skrive $z = p(x, y) = ax + by + c$. Dersom vi skal bestemme likningen for tangentplanet i et punkt (x_0, y_0), må vi regne ut de tre størrelsene a, b og c i uttrykket. Når vi gjør det, kommer vi fram til resultatet i likning 1.46.

Setning 1.5

Likningen for et plan som tangerer grafen til funksjonen $z = f(x, y)$ i punktet (x_0, y_0) er bestemt ved likningen

$$p(x, y) = f(x_0, y_0) + f_x(x_0, y_0)(x - x_0) + f_y(x_0, y_0)(y - y_0) \quad \mathbf{(1.46)}$$

Når funksjonen ikke endrer seg for raskt omkring punktet (x_0, y_0), kan vi erstatte funksjonen med planet: $f(x, y) \approx p(x, y)$. Vi sier vi har *linearisert* funksjonen $f = f(x, y)$, og at $p(x, y)$ er en **linær approksimasjon** til $f(x, y)$.

I figur 1.15 har vi tegnet grafen til funksjonen $f(x, y) = \frac{1}{2}(x^2 + y^2) + 4$ og tangentplanet i punktet $\left(\frac{1}{2}, \frac{1}{2}\right)$.

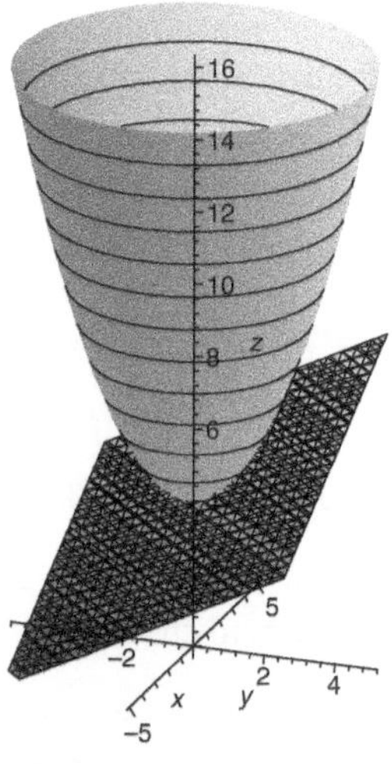

Figur 1.15 Grafen til funksjonen $z = f(x, y) = \frac{1}{2}(x^2 + y^2) + 4$ og tangentplanet i punktet $\left(\frac{1}{2}, \frac{1}{2}\right)$.

Med et dataprogram (for eksempel Mathematica eller Maple) er det lett å tegne grafer og tangentplan, og med programmenes mulighet til å "vri" på grafen kan vi betrakte grafene fra ulike vinkler.

Eksempel 15

Bestem likningen for tangentplanet til grafen til funksjonen $z = f(x, y) = \frac{1}{2}(x^2 + y^2) + 4$ i punktet $(x_0, y_0) = \left(\frac{1}{2}, \frac{1}{2}\right)$, se figur 1.15.

Løsning

Vi bruker likning 1.46 og får:

$$p(x, y) = f(x_0, y_0) + f_x(x_0, y_0)(x - x_0) + f_y(x_0, y_0)(y - y_0) \quad \textbf{(1.47)}$$

$$= \left[\frac{1}{2}\left(x_0^2 + y_0^2\right) + 4\right] + x_0(x - x_0) + y_0(y - y_0) \quad \textbf{(1.48)}$$

$$= \left[\frac{1}{2}\left(\left(\frac{1}{2}\right)^2 + \left(\frac{1}{2}\right)^2\right) + 4\right] + \frac{1}{2}\left(x - \frac{1}{2}\right) + \frac{1}{2}\left(y - \frac{1}{2}\right) \quad \textbf{(1.49)}$$

Når vi "rydder opp" i dette uttrykket, ser vi at likningen for planet blir:

$$p(x, y) = z = \frac{1}{2}x + \frac{1}{2}y + \frac{15}{4}$$ ■

✓ Nøkkelkunnskap 1.7

Mål: Du skal kunne bestemme likningen til tangentplanet til en flate som er grafen til en funksjon av to variable.

Regn ut likningen til tangentplanet til grafen til funksjonen $f(x, y) = x^3 + y^3$ i punktet $(1, 1)$.

Svar: $p(x, y) = 3x + 3y - 4$

1.6 Gradient og retningsderivert

Når vi bruker matematikk til å modellere for eksempel fysiske-, tekniske- eller økonomiske systemer, er det som regel viktig å kunne bruke modellen til å beregne endringer. **Gradient** og **retningsderivert** forteller oss noe om slike endringer. Vi skal se nærmere på disse begrepene.

1.6.1 Gradient

Vi tenker oss at A og B er to punkter som ligger på grafen til funksjonen $z = f(x, y)$. De to punktene ligger altså i det tredimensjonale rommet. *Endringen* Δf i verdien til funksjonen $z = f(x, y)$ når vi flytter oss fra punktet $A(x, y, z)$ til punktet $B(x + \Delta x, y + \Delta y, z + \Delta z)$, kan skrives:

$$\Delta f = f(x_B, y_B) - f(x_A, y_A) \quad \textbf{(1.50)}$$

Vi kan skrive dette ved hjelp av *det totale differensialet* df til f, se likning 1.32:

$$\Delta f \approx df = \frac{\partial f}{\partial x}dx + \frac{\partial f}{\partial y}dy = \left(\frac{\partial f}{\partial x}\vec{i} + \frac{\partial f}{\partial y}\vec{j}\right) \cdot \left(dx\vec{i} + dy\vec{j}\right)$$
$$= [f_x, f_y] \cdot [dx, dy] \qquad \textbf{(1.51)}$$

Her har vi skrevet summen $\frac{\partial f}{\partial x}dx + \frac{\partial f}{\partial y}dy$ som et **skalarprodukt** mellom de to vektorene $\frac{\partial f}{\partial x}\vec{i} + \frac{\partial f}{\partial y}\vec{j}$ og $dx\,\vec{i} + dy\,\vec{j}$. Vektoren $\frac{\partial f}{\partial x}\vec{i} + \frac{\partial f}{\partial y}\vec{j} = [f_x, f_y]$ kaller vi **gradienten** til funksjonen f.

DEFINISJON 1.7

Gradienten til en funksjon $z = f(x, y)$ er definert som vektoren $[f_x, f_y]$. Vi bruker som regel denne skrivemåten:

$$\text{grad } f = \nabla f = \frac{\partial f}{\partial x}\vec{i} + \frac{\partial f}{\partial y}\vec{j} = [f_x, f_y] \qquad \textbf{(1.52)}$$

Tegnet ∇ leser vi "dell". Uttrykket over viser skrivemåtene vi bruker for vektorer.

Dersom f er en funksjon av tre variable, blir gradienten:

$$\nabla f(x, y) = \frac{\partial f}{\partial x}\vec{i} + \frac{\partial f}{\partial y}\vec{j} + \frac{\partial f}{\partial z}\vec{k} = [f_x, f_y, f_z] \qquad \textbf{(1.53)}$$

Dette er det mulig å generalisere videre til funksjoner med flere variable.

Gradienten kan vi bruke til å "holde orden på" de partielt deriverte. I gradienten $\nabla f = [f_x, f_y]$ forteller den første komponenten hvordan funksjonen f varierer når x endrer seg mens y er konstant. Andrekomponenten forteller om endringen i f når y varierer.

Eksempel 16

Regn ut gradienten til funksjonen $f(x, y) = x^3 - xy + y^2$ i punktet $(1, 2)$.

Løsning

Vi bruker definisjonen av gradient og får:

$$\nabla f(x, y) = [f_x, f_y] = [3x^2 - y, -x + 2y] \qquad \textbf{(1.54)}$$
$$\nabla f(1, 2) = [3 \cdot 1^2 - 2, -1 + 2 \cdot 2] = [1, 3]$$

■

Vi har sett at grafen til en funksjon f av to variable er en flate i rommet. Nå har vi lært at gradienten til f er en vektor med to komponenter, og den kan vi tegne i xy-planet. Dette har vi vist i figur 1.16 der vi har tegnet grafen til funksjonen $f(x, y) = 16 - x^2 - y^2$ og gradienten til f, $\nabla f = [-2x, -2y]$ i en del punkter. Ser vi på punktet $(x, y) = (1, 2)$ som et eksempel, er $f(1, 2) = 16 - 1^2 - 2^2 = 11$ og $\nabla f(1, 2) = [-2, -4]$. Vi tegner gradienten i dette punktet som en vektor som starter i $(1, 2)$ og har komponenter -2 og -4.

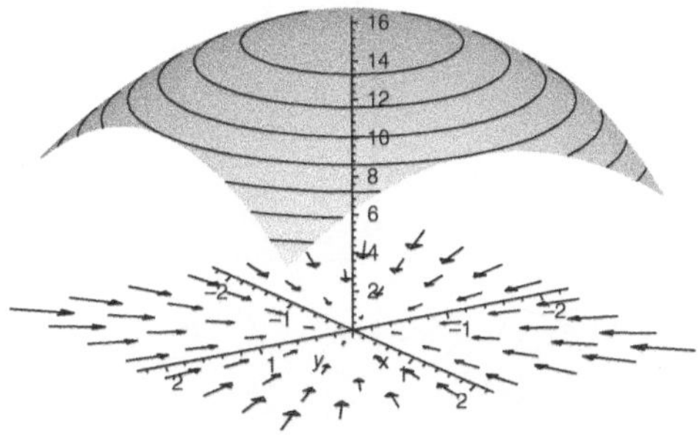

Figur 1.16 Grafen til funksjonen $f(x, y) = 16 - x^2 - y^2$ og gradienten til f i en del punkter. Figuren viser at gradienten i et punkt er en vektor som tegnes i xy-planet.

✓ Nøkkelkunnskap 1.8

Mål: Du skal kunne regne ut gradienten til en funksjon av flere variable.

Bestem uttrykket for gradienten til $f(x, y) = 2x^2 + 2xy - y^3$.

Svar: $\nabla f = [4x + 2y, 2x - 3y^2]$

1.6.2 Gradient og kjerneregelen

I likning 1.19 skrev vi opp kjerneregelen for funksjoner med to variable, $z = f(x, y)$. Vi kan omforme uttrykket ved å bruke gradienten.

Setning 1.6

Hvis $z = f(x(t), y(t))$, kan kjerneregelen skrives:

$$\frac{dz}{dt} = \frac{\partial f}{\partial x}\frac{dx}{dt} + \frac{\partial f}{\partial y}\frac{dy}{dt} = [f_x, f_y] \cdot \left[\frac{dx}{dt}, \frac{dy}{dt}\right] = \nabla f \cdot \frac{d\vec{r}}{dt} \tag{1.55}$$

der $d\vec{r} = [dx, dy]$.

Vektoren $\frac{d\vec{r}}{dt}$ er fartsvektoren til en partikkel som beveger seg langs en bane beskrevet ved vektoren $\vec{r}(t)$. Fra grunnleggende fysikkurs vet vi at fartsvektoren *alltid* er tangent til banen.

✓ Nøkkelkunnskap 1.9

Mål: Du skal kunne uttrykke kjerneregelen ved hjelp av gradienten.

Regn ut $\frac{dz}{dt}$ uttrykt ved gradienten til z når $z = x^2 + y,\ x(t) = 2t,\ y(t) = t^2$.

Svar: $dz/dt = [2x, 1] \cdot [2, 2t]$

1.6.3 Gradienten som normalvektor

Vi kan bruke gradienten til å regne ut en normalvektor til en kurve og til en flate.

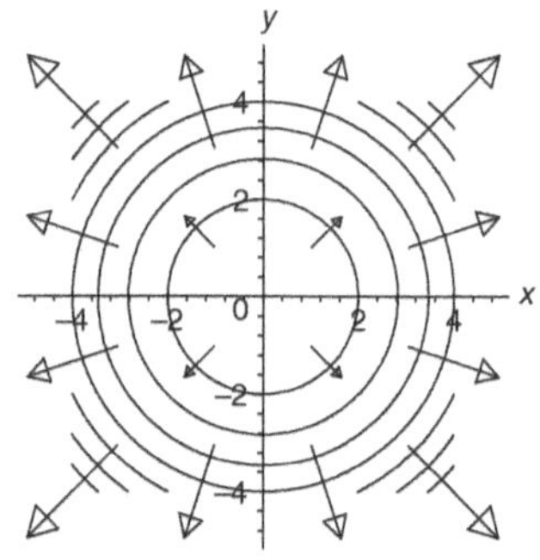

Figur 1.17 Figuren viser nivåkurver og gradienter til funksjonen $z = x^2 + y^2$. Legg merke til at gradienten står vinkelrett på nivåkurvene.

Normalvektor til en kurve i planet

Vi har lært at en nivåkurve til en funksjon av to variable er beskrevet ved uttrykket $f(x, y) = c$ der c er en konstant. Nivåkurven er en kurve i xy-planet. Denne kurven kan vi også beskrive ved vektorfunksjonen (parametriseringen) $\vec{r}(t) = [x(t), y(t)]$ der t er en parameter. Når vi flytter oss langs en nivåkurve, er funksjonsverdien til f konstant. Det betyr at $\frac{df}{dt} = 0$. Dersom vi bruker kjerneregelen, får vi da:

$$\frac{df}{dt} = \nabla f \cdot \frac{d\vec{r}}{dt} = 0 \qquad \textbf{(1.56)}$$

Vi lar P være et punkt på en nivåkurve til f. Videre antar vi at $\nabla f(P) \neq 0$. Siden fartsvektoren $\frac{d\vec{r}}{dt}$ er tangent til nivåkurven, ser vi at gradientvektoren ∇f står vinkelrett på en tangent til nivåkurven, siden prikkproduktet er lik null. Vi konkluderer:

Setning 1.7

Gradientvektoren i et punkt står vinkelrett på tangenten til nivåkurven i punktet. Vi sier mer kortfattet at "gradienten i et punkt står vinkelrett på nivåkurven i punktet".

I figur 1.17 har vi tegnet noen nivåkurver til funksjonen $f(x, y) = x^2 + y^2$. Nivåkurvene er sirkler med sentrum i origo. Vi har også tegnet inn gradienten i noen punkter. Gradienten er $\nabla f = [2x, 2y]$, og er rettet radielt vekk fra sentrum i sirklene. Gradienten står vinkelrett på nivåkurven i punktet.

Eksempel 17

Bestem en vektor som står vinkelrett på nivåkurven $x^2 - y^2 = 3$ i punktet (2, 1).

Løsning

Vi vet at gradienten til f, $\nabla f(x, y) = \nabla(x^2 - y^2) = [2x, -2y]$, i punktet (2, 1) står vinkelrett på nivåkurven gjennom punktet. Det betyr at en normalvektor blir:

$$\nabla f(2, 1) = [4, -2] \qquad \textbf{(1.57)}$$

■

Normalvektor til en flate i rommet

Vi kan bruke gradienten til å regne ut en vektor som står vinkelrett på en *flate i rommet*.

Anta at en flate S i rommet er definert implisitt ved uttrykket $f(x, y, z) = 0$. Et eksempel kan være kula $x^2 + y^2 + z^2 - 4 = 0$. Flaten S er altså en nivåflate til funksjonen f. Anta videre at en kurve K er definert ved $\vec{r}(t) = [x(t), y(t), z(t)]$. Vi lar kurven K være slik at den ligger på flaten S. Da må koordinatene til kurven passe inn i uttrykket for flaten S for alle mulige verdier av parameteren t. Kurven ligger altså på flaten dersom den oppfyller likningen $f(x(t), y(t), z(t)) = 0$ for alle verdier av t.

Vektoren $\frac{d\vec{r}}{dt}$ er en tangentvektor til kurven K, se kapittel 2. Siden K ligger på flaten S, vil $\frac{d\vec{r}}{dt}$ være tangent til flaten. Videre vil $f(\vec{r}(t)) = 0$ for alle t siden $f(x, y, z) = 0$. Hvis vi bruker kjerneregelen til å regne ut df/dt, får vi:

$$\frac{df}{dt} = \nabla f \cdot \frac{d\vec{r}(t)}{dt} = 0 \tag{1.58}$$

Av dette ser vi at gradienten og $\frac{d\vec{r}}{dt}$ står vinkelrett på hverandre. Det betyr at gradienten står vinkelrett på en tangent til flaten. Da er gradienten vinkelrett på flaten $f(x, y, z) = 0$. Vi har vist:

Setning 1.8

Gradienten ∇f i et punkt på en nivåflate $f(x, y, z) = 0$ står vinkelrett på en tangent til nivåflaten i punktet.

Hvis vi tenker på grafen til $f(x, y, z) = 0$ som et terreng, har vi vist at gradienten $\nabla f = [f_x, f_y, f_z]$ i et punkt i terrenget er en vektor som står vinkelrett på terrenget i dette punktet.

Eksempel 18

Bestem en vektor som står normalt på nivåflaten $f(x, y, z) = 2x + y^2 + z^2 - 7 = 0$ i punktet $A(1,\ 1,\ 2)$.

Løsning

Gradienten er en vektor som står vinkelrett på en nivåflate. Ved å regne ut gradienten til f i punktet, finner vi normalvektoren vi er ute etter.

$\nabla f(x, y, z) = [2, 2y, 2z]$ som gir $\nabla f(1, 1, 2) = [2, 2, 4]$ ■

Eksempel 19

En funksjon er definert ved uttrykket $f(x, y) = x^2 + y^2$.
Regn ut normalvektoren til grafen til f i punktet $(2, 2, 8)$.

Løsning

Grafen til f er en flate i rommet. Denne er bestemt ved uttrykket $z = f(x, y) = x^2 + y^2$. Dersom vi definerer funksjonen $H = H(x, y, z) = x^2 + y^2 - z = 0$, ser vi at vi skal

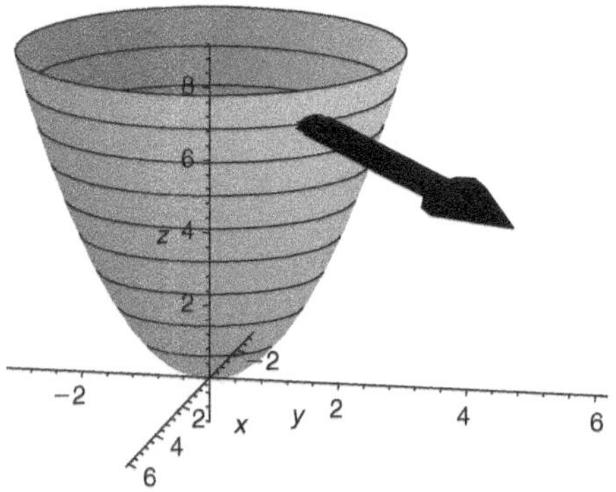

Figur 1.18 Grafen til funksjonen $f(x, y) = x^2 + y^2$ og normalvektoren i punktet (2, 2, 8), se eksempel 1.6.3.

bestemme en normalvektor til nivåflaten $H(x, y, z) = 0$. Dette gjør vi på samme måte som i eksempel 18. Vi får:

$$\nabla H(x, y, z) = 2x\vec{i} + 2y\vec{j} - 1\vec{k} \text{ som gir } \nabla H(2, 2, 8) = 4\vec{i} + 4\vec{j} - 1\vec{k}$$

I figur 1.18 har vi tegnet grafen til $f = f(x, y)$ og normalvektoren i punktet (2, 2, 8). ■

Generelt uttrykk for normalvektoren til en flate i rommet

Vi vet at grafen til funksjonen $z = f(x, y)$ er en flate i rommet. Vi vet også at gradienten til en funksjon står vinkelrett på en nivåflate. Dette kan vi bruke til å bestemme et uttrykk for normalvektoren til flaten $z = f(x, y)$.

Vi definerer flaten implisitt ved uttrykket

$$H(x, y, z) = f(x, y) - z = 0$$

Gradienten til H står vinkelrett på nivåflaten $H = 0$. Denne nivåflaten er grafen til $z = f(x, y)$. Vi får da:

Setning 1.9

Hvis S er nivåflaten $H(x, yz) = f(x, y) - z = 0$ der $z = f(x, y)$, vil

$$\nabla H = [H_x, H_y, H_z] = [f_x, f_y, -1] \quad \textbf{(1.59)}$$

være en **normalvektor** til flaten S, det vil si grafen til $z = f(x, y)$.

Normalvektoren ∇H er en vektor i *rommet*. Den normalvektoren vi har regnet ut her, peker nedover fordi z-komponenten til $\vec{n}$ er negativ. Skal vi ha en normalvektor som peker oppover, kan vi sette

$$\vec{n}_{\text{opp}} = -\vec{n} = [-f_x, -f_y, 1] \quad \textbf{(1.60)}$$

✓ Nøkkelkunnskap 1.10

Mål: Du skal kunne regne ut en normalvektor til en nivåkurve.

Bestem et uttrykk for en normalvektor til nivåkurven $x^3 - 2xy - 3 = 0$.

Svar: $\vec{n} = [3x^2 - 2y, -2x]$

✓ Nøkkelkunnskap 1.11

Mål: Du skal kunne regne ut en normalvektor til en flate i rommet.

Bestem et uttrykk for en normalvektor til flaten $z = 2x - 3y$.

Svar: $\vec{n} = [2, -3, -1]$

1.6.4 Retningsderivert

Komponentene i gradientvektoren forteller oss hvordan funksjonen endrer seg når vi flytter oss i retninger som er parallelle med koordinataksene. Ofte er det behov for å bestemme hvordan funksjonen endrer seg når vi flytter oss i en vilkårlig retning. Da endrer flere av de variable seg samtidig. Da er **retningsderivert** et fruktbart begrep.

DEFINISJON 1.8

Vi lar $\vec{u} = [u_x, u_y]$ være en enhetsvektor i en vilkårlig retning. Videre er $f = f(x, y)$ en funksjon av to variable. Den retningsderiverte $D_{\vec{u}} f$ av f i punktet (a, b) i retningen $\vec{u}$ er definert ved:

$$D_{\vec{u}} f(a, b) = \lim_{h \to 0} \frac{f(a + hu_x, b + hu_y) - f(a, b)}{h} \qquad \textbf{(1.61)}$$

For funksjoner med flere enn to variable utvider vi definisjonen ved å ta med flere komponenter.

Det er upraktisk å gå tilbake til definisjonen hver gang vi skal regne ut den retningsderiverte. Det går an å vise at den retningsderiverte $D_{\vec{u}} f(a, b)$ til f i punktet (a, b) i retning $\vec{u}$ kan skrives ved hjelp av gradienten.

Setning 1.10

Den retningsderiverte i et punkt (a, b) i retning $\vec{u}$ er

$$D_{\vec{u}} f(a, b) = \nabla f(a, b) \cdot \vec{u} \qquad \textbf{(1.62)}$$

Vi bruker dette uttrykket når vi skal regne ut den retningsderiverte.

I figur 1.19 har vi tegnet noen nivåkurver til funksjonen $f(x, y) = x^2 + y^2$. Vi har også tegnet gradienten $\nabla f(2, 1) = [4, 2]$ i punktet $(2, 1)$, vektoren $\vec{v} = [2, 3]$ og enhetsvektoren $\vec{u}$ i den retningen $\vec{v}$ peker. Når vi skal regne ut den retningsderiverte

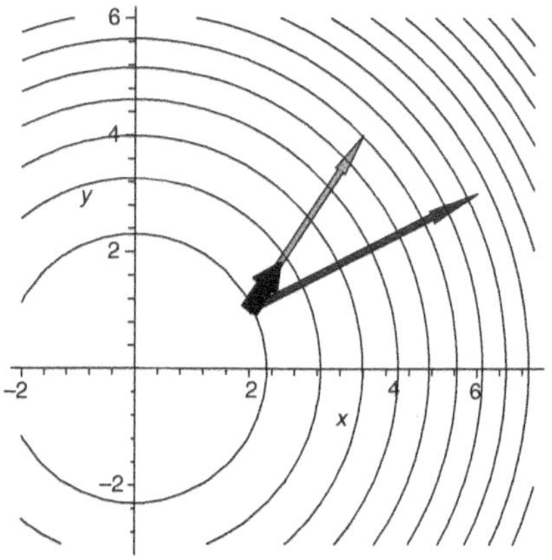

Figur 1.19 Nivåkurver til funksjonen $f(x, y) = x^2 + y^2$, gradienten i punktet (2, 1) og vektorene $\vec{v} = [2, 3]$ og enhetsvektoren $\vec{u} = \vec{v}/|\vec{v}|$. Figuren viser sammenhengen mellom gradienten i et punkt og den retningen vi skal regne ut den retningsderiverte i.

i punktet (2, 1) i den retningen $\vec{v} = [2, 3]$ peker, bruker vi uttrykket i likning 1.62. Det gir:

$$D_{\vec{u}} f(2, 1) = [4, 2] \cdot \frac{[2, 3]}{\sqrt{2^2 + 3^2}} = \frac{14}{\sqrt{13}} \tag{1.63}$$

Fra det vi vet om skalarprodukt ser vi at likning 1.62 viser at den retningsderiverte svarer til komponenten av gradientvektoren langs retningsvektoren $\vec{u}$. I de neste avsnittene skal vi se mer på tolkningen av gradient og retningsderivert.

Legg merke til at *gradienten er en vektor*, mens *den retningsderiverte er en skalar*. Når vi regner ut den retningsderiverte i et punkt, får vi altså et tall. Dette tallet forteller hvor raskt funksjonen endrer seg når vi flytter oss én enhet i retningen definert av $\vec{u}$. Er for eksempel $D_{\vec{u}} f(a, b) = 0{,}1$, vil f øke med 0,1 enheter når vi beveger oss fra punktet (a, b) i $\vec{u}$'s retning.

Eksempel 20

En funksjon f er definert ved uttrykket $f(x, y) = x^2 + y^2$.

a. Regn ut gradienten til f i punktet A (1, 1).
b. Regn ut den retningsderiverte i A i retning mot punktet B (2, 1).

Løsning

a. Vi bruker definisjonen av gradient og får:

$$\nabla f(x, y) = \frac{\partial f}{\partial x}\vec{i} + \frac{\partial f}{\partial y}\vec{j} = 2x\vec{i} + 2y\vec{j} = [2x, 2y] \tag{1.64}$$

$$\nabla f(1, 1) = 2\vec{i} + 2\vec{j} = [2, 2] \tag{1.65}$$

b. For å regne ut den retningsderiverte fra A mot B, må vi bestemme en enhetsvektor i denne retningen og multiplisere med gradienten i A. Vi får:

$$D_{\vec{u}} f(A) = \nabla f(A) \cdot \vec{u} = \nabla f(A) \cdot \frac{\overrightarrow{AB}}{\left|\overrightarrow{AB}\right|} = [2, 2] \cdot \frac{[2-1, 1-1]}{\|[2-1, 1-1]\|} = 2 \quad \textbf{(1.66)}$$

Dette er komponenten av gradientvektoren langs linja fra A til B. Tallet 2 forteller at når vi beveger oss én enhet fra A i retning mot B, stiger vi 2 enheter opp. Helningsvinkelen α er da gitt ved $\tan\alpha = \frac{2}{1}$, slik at $\alpha = \arctan(2) = 63,4°$. ■

Om den retningsderiverte

Den **retningsderiverte** i et punkt gir oss et mål på hvor raskt funksjonen vokser eller avtar når de variable endrer seg i *en bestemt retning* ut fra punktet.

Hvis vi oppfatter grafen til en funksjon av to variable som et terreng, forteller den retningsderiverte hvor bratt det er i den retningen vi beveger oss.

Andre eksempler på tolkning av den retningsderiverte kan være hvor mye temperaturen endrer seg per kilometer i retning mot nordøst, eller hvor mye utviklingskostnadene for et dataprogram endrer seg per uke i "lønnskostnadsretningen" (det vil si når andre kostnader er konstante). Når funksjonen vi betrakter er en modell av et virkelig system, vil vi kunne knytte en enhet til den retningsderiverte, for eksempel °C/km eller kr/uke.

For funksjoner med to variable kan vi skrive enhetsvektoren som:

$$\vec{u} = \cos\alpha\,\vec{i} + \sin\alpha\,\vec{j}$$

der α er vinkelen mellom x-aksen og retningsvektoren i den retningen vi studerer. Bruker vi uttrykket for den retningsderiverte, ser vi at den retningsderiverte i et punkt A kan skrives:

$$\nabla f(A) \cdot \vec{u} = \left(\frac{\partial f}{\partial x}\vec{i} + \frac{\partial f}{\partial y}\vec{j}\right) \cdot \left(\cos\alpha\,\vec{i} + \sin\alpha\,\vec{j}\right) = \frac{\partial f}{\partial x}\cos\alpha + \frac{\partial f}{\partial y}\sin\alpha \quad \textbf{(1.67)}$$

✓ Nøkkelkunnskap 1.12

Mål: Du skal kunne regne ut den retningsderiverte til en funksjon av flere variable.

Regn ut et uttrykk for den retningsderiverte til $f(x, y) = -3x + y^3$ i retningen $\vec{u} = [1, 2]$.

Svar: $\left(6y^2 - 3\right)/\sqrt{5}$

1.6.5 Noen egenskaper ved gradienten

Vi kan bruke definisjonen av skalarprodukt (prikkprodukt) og skrive:

$$D_{\vec{u}} f(x, y) = \nabla f(x, y) \cdot \vec{u} = |\nabla f(x, y)| \cdot |\vec{u}| \cdot \cos\alpha = |\nabla f(x, y)| \cdot \cos\alpha \quad \textbf{(1.68)}$$

Skalarproduktet er størst når vinkelen α mellom gradientvektoren og $\vec{u}$ er 0. Det betyr at den retningsderiverte er størst når vi flytter oss parallelt med gradientvektoren.

Vi ser også at den retningsderiverte er lik null når vi beveger oss vinkelrett på gradienten, det vil si langs en nivåkurve. Det virker rimelig, siden vi vet at dersom vi følger en nivåkurve, vil funksjonsverdien $z = f(x, y)$ være konstant.

Siden den retningsderiverte er et mål på hvor raskt funksjonen endrer seg, skjønner vi at gradienten i et punkt peker i den retningen der funksjonen vokser raskest, og at den største økningen i et punkt er lengden av gradientvektoren, $|\nabla f(x, y)|$.

Setning 1.11

- Gradienten til en funksjon er en vektor som peker i den retningen der funksjonen har størst positiv endring.
- Lengden av gradientvektoren er et mål på hvor mye funksjonen endrer seg i gradientens retning.

Å regne ut gradienten i et punkt gir oss informasjon om hvordan funksjonen endrer seg i punktet. Vi oppsummerer noen av de resultatene vi har kommet fram til:

1. En funksjon øker raskest i den retningen gradienten peker i, i punktet vi betrakter, og avtar raskest i den motsatte retningen. **Raten** (endring per enhet) er lik lengden av gradientvektoren. (På engelsk brukes uttrykket "rate of change" om rate.)
2. For en funksjon med to variable står gradienten vinkelrett på en nivåkurve gjennom punktet vi betrakter. Gradienten og nivåkurvene tegner vi i xy-planet.
3. Komponenten av gradientvektoren langs tangenten til en nivåkurve er lik null.
4. For en funksjon med tre variable står gradienten vinkelrett på en nivåflate. Gradienten er altså en normalvektor til flaten. Gradienten og nivåflaten tegner vi i xyz-rommet.

I figur 1.20a har vi tegnet grafen til funksjonen $f(x, y) = x^2 - y^2$. Av grafen ser vi hvor funksjonen øker og avtar. I figur 1.20b har vi tegnet gradienten til den samme funksjonen i forskjellige punkter. Pilene viser retningen der funksjonen øker mest. Lengden av pilene er et mål på hvor stor økningen er. Vi ser at grafen til $f(x, y)$ er en flate i det tredimensjonale rommet, mens gradienten i et bestemt punkt er en vektor i planet.

Gradient og grafers utseende

Vi har sett at grafen til en funksjon av to variable er en flate i rommet. Vi kan lage tredimensjonale *skisser av slike grafer*, for eksempel ved å bruke et dataprogram.

En figur som viser *nivåkurver* til en funksjon av to variable, gir også et bilde av hvordan grafen ser ut. Dette svarer til at høydekurvene på et kart viser hvordan terrenget ser ut.

Vi har lært at *gradienten* står vinkelrett på nivåkurvene til en funksjon av to variable, og peker i den retningen det er brattest. Dersom vi lager en figur som viser gradienter til en funksjon av to variable, vil tegningen vise hvordan grafen stiger og synker. Dette kan brukes til å beskrive hvordan grafen til funksjonen ser ut.

Hver av de tre figurene – grafen, nivåkurvene og gradientene – gir oss et bilde av hvordan funksjonen varierer i det området vi studerer.

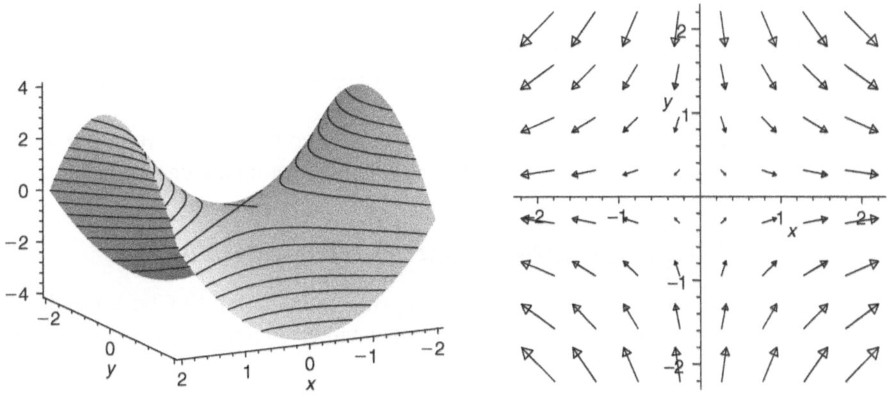

(a) Grafen til $z = f(x, y)$.

(b) Gradienter til $z = f(x, y)$.

Figur 1.20 Grafen til funksjonen $z = f(x, y) = x^2 - y^2$ og gradienten til denne i området $-2 \leq x \leq 2,\ -2 \leq y \leq 2$.

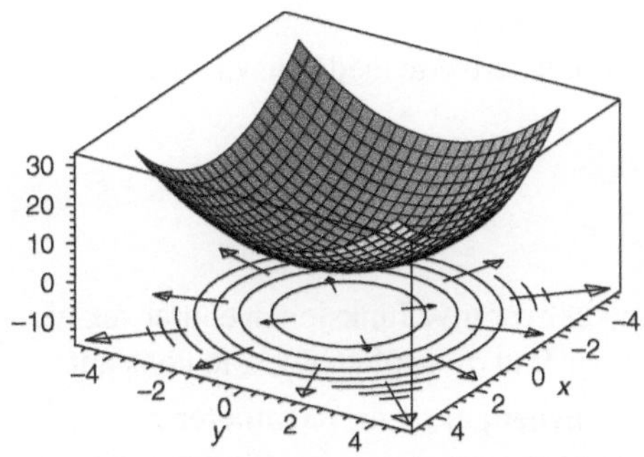

Figur 1.21 Figuren viser grafen til funksjonen $z = x^2 + y^2$, nivåkurvene til denne, og gradientvektorer i noen punkter. Gradientvektorene blir lengre jo lenger vekk fra origo vi kommer. Det betyr at grafen blir brattere når avstanden til origo øker.

I figur 1.21 har vi vist disse tre måtene å gi et grafisk bilde av en funksjon av to variable på. Figuren viser grafen til funksjonen $f(x, y) = x^2 + y^2$, nivåkurver og gradienter. Grafen er tegnet i det tredimensjonale rommet, mens nivåkurvene og gradientene er tegnet i planet.

Praktiske eksempler

På et kart peker gradienten i den retningen det er brattest *oppover*, det vil si i den retningen terrenget stiger. Det er brattest der nivåkurvene (høydekurvene, kotene) ligger tettest.

På et værkart er det ofte tegnet inn linjer gjennom de punktene som har samme trykk. Disse kurvene kaller vi **isobarer**. Gradienten i et punkt peker i den retningen hvor trykket øker raskest. Der ligger isobarene tettest. Det vil blåse dit hvor trykket avtar mest, altså mot et lavtrykk. Vinden oppstår fordi trykkforskjeller skal utjevnes, og da må det "fylles på" med luft i lavtrykkene. På grunn av jordrotasjonen vil vinden avbøyes mot høyre på den nordlige halvkule. På den sørlige halvkule er avbøyningen til venstre. Denne effekten kaller vi **corrioliseffekten**.

På tilsvarende måte vil vi kunne tegne inn linjer gjennom punkter med samme temperatur. Disse kaller vi **isotermer**. Gradienten vil peke i den retningen der temperaturen øker mest. Hvis vi ønsker å varme oss opp raskest mulig, går vi i den retningen gradienten peker.

Dersom funksjonen $f(x, y)$ beskriver inntektene i en bedrift som funksjon av to størrelser, forteller gradienten hvordan x og y må endres for at inntektene skal øke mest.

1.7 Om endringer og funksjoner av flere variable

Derivasjon har med endring å gjøre. Når vi skal bruke matematikk til å beskrive situasjoner der noe vokser, minker, stiger, synker, avtar, taper, vinner, ..., er det ofte den deriverte vi trenger å beregne.

Når vi nå har lært om funksjoner med flere variable, har vi sett at det er flere måter å uttrykke endringer på. Her skal vi lage en oversikt over de ulike "typene" derivasjon vi har diskutert. Vi begrenser oss her til funksjoner med to variable. Resultatene kan generaliseres til funksjoner med flere variable.

a. **Én av de variable endrer seg**
Vi regner ut den partielt deriverte med hensyn på den variable som endrer seg. Når vi beregner

$$f_x = \frac{\partial f}{\partial x} \tag{1.69}$$

i et punkt, finner vi ut hvor mye funksjonen endrer seg når vi flytter oss én enhet i x-retning. Når vi regner ut f_x oppfattes y som konstant.

b. **De variable x og y avhenger av en parameter t**
Når de variable x og y avhenger av en parameter t, er vi interessert i å finne ut hvordan funksjonen $f = f(x(t), y(t))$ varierer når t endrer seg. Dette betyr at vi lar x og y flytte seg langs en kurve C i xy-planet. Kurven C er bestemt ved parameterframstillingen $\vec{r}(t) = [x(t), y(t)]$. Når t endrer seg, beregner vi endringen i f ved å bruke kjerneregelen:

$$\frac{df}{dt} = \frac{\partial f}{\partial x}\frac{dx}{dt} + \frac{\partial f}{\partial y}\frac{dy}{dt} = \nabla f \cdot \frac{d\vec{r}}{dt} \tag{1.70}$$

c. **De variable endrer seg i en bestemt retning**
Vi kan regne ut hvor mye funksjonen endrer seg når vi lar de variable endre seg i retningen fra et punkt $A(x_0, y_0)$ til et annet punkt $B(x_1, y_1)$. Endringen i f bestemmer vi ved å regne ut den retningsderiverte:

$$D_{\vec{u}} f = \nabla f \cdot \vec{u} \tag{1.71}$$

der $\vec{u} = \dfrac{\overrightarrow{AB}}{|\overrightarrow{AB}|} = \dfrac{[x_1 - x_0, y_1 - y_0]}{|[x_1 - x_0, y_1 - y_0]|}$ er en enhetsvektor i retning fra A til B.

d. **Den størst mulige positive endringen i et punkt**
Dersom vi skal regne ut den størst mulige momentane endringen i et punkt, regner vi ut gradienten i punktet. Gradienten til f er en vektor som peker i den retningen

der endringen i f er størst mulig. Absoluttverdien (lengden) av gradienten forteller hvor mye f endrer seg når vi flytter oss én enhet i gradientens retning.

$$\mathrm{grad} f = \nabla f = [f_x, f_y] \tag{1.72}$$

1.8 Ekstremalverdier

Som for funksjoner med én variabel, er det viktig å kunne bestemme ekstremalverdier for funksjoner med flere variable. Fra før vet vi at en funksjon $f(x)$ kan ha maksimal- og minimalpunkter. Vi har lært hvordan vi kan bruke den deriverte og den andrederiverte til å bestemme og karakterisere disse.

For funksjoner med to variable kan vi også ha maksimal- og minimalpunkter. På grafen vil disse se ut som "hauger" og "groper" i "terrenget". I tillegg har vi muligheten for å finne **sadelpunkter**. Vi skal se hvordan vi kan bestemme disse punktene, som vi med et fellesnavn kaller **stasjonære punkter**, eller **kritiske punkter**.

1.8.1 Nødvendig betingelse for lokalt ekstremalpunkt

At et maksimumspunkt er *lokalt*, kan vi litt upresist beskrive ved at punktet er slik at funksjonsverdien vil avta hvis vi flytter oss litt vekk fra punktet. Det betyr ikke at det ikke fins andre punkter i definisjonsområdet der funksjonsverdien er høyere. Tilsvarende gjelder for et lokalt minimumspunkt.

Vi skriver opp, uten bevis, en *nødvendig* betingelse for at vi skal kunne ha et lokalt maksimal- eller minimalpunkt:

Setning 1.12

Hvis $f(x, y)$ har et lokalt maksimal- eller minimalpunkt i (a, b), og begge de partielt deriverte eksisterer i punktet (a, b), da er:

$$\frac{\partial f}{\partial x}(a, b) = \frac{\partial f}{\partial y}(a, b) = 0 \tag{1.73}$$

Setningen sier at den *momentane* forandringen i funksjonsverdi skal være lik null både når vi beveger oss i x-retningen og når vi beveger oss i y-retningen dersom vi er i et ekstremalpunkt. Dette er analogt med det vi finner for funksjoner med én variabel.

Merk at den motsatte setningen *ikke* gjelder: Dersom de partielt deriverte i et punkt (a, b) er lik null, er det ikke sikkert vi har et maksimal- eller minimalpunkt. Dette ser vi dersom vi studerer funksjonen $f(x, y) = x^2 - y^2$, der punktet $(a, b) = (0, 0)$ er et **sadelpunkt**. I et sadelpunkt har vi en minimalverdi hvis vi "går" i (for eksempel) x-retningen, mens vi har en maksimalverdi hvis vi "går" i y-retningen. Figur 1.22 viser grafen til funksjonen $f(x, y) = x^2 - y^2$ og sadelpunktet i (0, 0). Figur 1.23 viser potetchips formet på en slik måte at hvert flak har et sadelpunkt. Figur 1.24 viser en graf der vi har både maksimal-, minimal- og sadelpunkter.

Betingelsen i likning 1.73 er altså nødvendig, men ikke *tilstrekkelig*, for at vi skal ha maksimal- eller minimalpunkter.

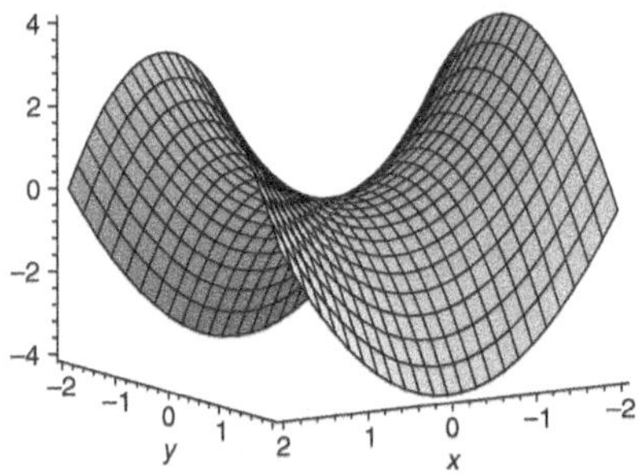

Figur 1.22 Grafen viser sadelpunktet til funksjonen $f(x, y) = x^2 - y^2$.

Figur 1.23 Potetchips formet slik at hvert flak har et sadelpunkt.

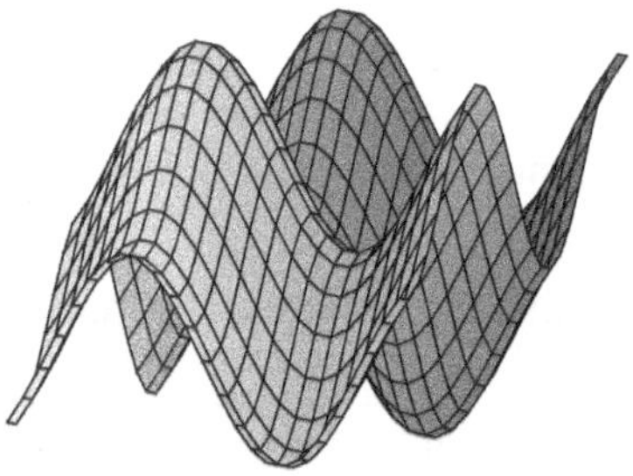

Figur 1.24 Figuren viser grafen til funksjonen $f(x, y) = \sin(x + y)\cos(x - y)$, der vi har både maksimal-, minimal- og sadelpunkter.

DEFINISJON 1.9

En fellesbetegnelse for maksimal-, minimal- og sadelpunkter er **stasjonære punkter**, eller **kritiske punkter**.

Et stasjonært punkt er et punkt der differensialet er lik null:

$$df = f_x\,dx + f_y\,dy = 0$$

Setning 1.13

Vi regner ut de stasjonære punktene til en funksjon f ved å løse likningene:

$$\frac{\partial f}{\partial x} = f_x = 0 \qquad \frac{\partial f}{\partial y} = f_y = 0 \tag{1.74}$$

Her må vi altså regne ut de første ordens partielt deriverte, sette dem lik null og løse et likningssystem med to likninger og to ukjente.

Eksempel 21

Bestem det stasjonære punktet til funksjonen $f(x, y) = x^2 + 2x + xy + 3y + 4y^2$.

Løsning

Metoden vi bruker er å regne ut de partielt deriverte, sette dem lik null og løse det likningssystemet vi da får.

$$\frac{\partial f}{\partial x} = 2x + 2 + y = 0 \qquad \frac{\partial f}{\partial y} = x + 3 + 8y = 0 \tag{1.75}$$

$$x = -\frac{13}{15} \qquad y = -\frac{4}{15} \tag{1.76}$$

Det stasjonære punktet er $\left(-\frac{13}{15}, -\frac{4}{15}\right)$. ■

✓ Nøkkelkunnskap 1.13

Mål: Du skal kunne regne ut de stasjonære punktene til en funksjon av flere variable.

Skriv opp de likningene du må løse for å regne ut de stasjonære punktene til $f(x, y) = x^4 - \sin xy + y^2$.

Svar: $4x^3 - y\cos xy = 0, \quad -x\cos xy + 2y = 0$

1.8.2 Karakterisering av stasjonære punkter

For funksjoner med én variabel kan vi avgjøre om et stasjonært punkt er et minimum eller et maksimum ved å studere den andrederiverte. Funksjonen $f(x) = x^2 + 2$ har et mimimalpunkt for $x = -1$ fordi $f'(-1) = 0$ og $f''(-1) > 0$. En tilsvarende test har vi for funksjoner med to variable.

Vi skal se hvordan vi kan avgjøre om et stasjonært punkt er et maksimum, et minimum eller et sadelpunkt. Vi definerer først **hessematrisen** H:

$$H = \begin{bmatrix} \dfrac{\partial^2 f}{\partial x^2} & \dfrac{\partial^2 f}{\partial x \partial y} \\ \dfrac{\partial^2 f}{\partial y \partial x} & \dfrac{\partial^2 f}{\partial y^2} \end{bmatrix} = \begin{bmatrix} f_{xx} & f_{yx} \\ f_{xy} & f_{yy} \end{bmatrix} \tag{1.77}$$

Determinanten til hessematrisen er $H = |H| = f_{xx}f_{yy} - f_{xy}f_{yx}$. Når vi skal karakterisere et stasjonært punkt, går vi fram slik:

Setning 1.14

Andrederiverttesten uttrykt ved hessematrisen
Anta at (a, b) er et stasjonært punkt for funksjonen $f = f(x, y)$, og anta at f har kontinuerlige første- og andrederiverte i det området vi studerer. Da er det stasjonære punktet (a, b)

1. et lokalt minimum hvis $|H| > 0$ og $f_{xx} > 0$ i punktet
2. et lokalt maksimum hvis $|H| > 0$ og $f_{xx} < 0$ i punktet
3. et sadelpunkt hvis $|H| < 0$ i punktet
4. Dersom $|H| = 0$, kan vi ikke trekke noen konklusjon.

For funksjoner med tre og flere variable kan vi formulere tilsvarende kriterier ved hjelp av hessematrisen.

Eksempel 22

En funksjon f definert ved uttrykket $f(x, y) = x^2 + 2x + xy + 3y + 4y^2$. Karakteriser det stasjonære punktet til f. Se også eksempel 21.

Løsning

Vi bruker metoden beskrevet foran. Vi tar utgangspunkt i de første ordens partielt deriverte vi fant i eksempel 21. Da får vi:

$$f_{xx} = \frac{\partial}{\partial x}(2x + y + 2) \quad f_{xy} = \frac{\partial}{\partial x}(x + 8y + 3) \quad f_{yy} = \frac{\partial}{\partial y}(x + 8y + 3) \tag{1.78}$$

$$f_{xx} = 2 \quad f_{xy} = 1 \quad f_{yy} = 8 \tag{1.79}$$

Determinanten til hessematrisen er $|H| = 2 \cdot 8 - 1^2 = 15 > 0$. Videre ser vi at $f_{xx} = 2 > 0$. Siden $|H| > 0$ og $f_{xx} > 0$, er det stasjonære punktet et lokalt minimum. ■

✓ Nøkkelkunnskap 1.14

Mål: Du skal kunne regne ut determinanten til hessematrisen til en funksjon av to variable.

Bestem determinanten til hessematrisen til $f(x, y) = 2x^2 - 4x^2y + y^3$.

Svar: $|H| = 24y - 48y^2 - 64x^2$

1.8.3 Globale ekstremalverdier

Vi skriver opp, uten bevis, hvordan vi skal gå fram for å bestemme **globale** (absolutte) ekstremalverdier:

Setning 1.15

Ekstremalverdisetningen

En kontinuerlig funksjon f definert på en lukket og begrenset mengde R har alltid maksimums- og minimumspunkter i R.

Anta at funksjonen $f = f(x, y)$ er kontinuerlig når definisjonsmengden er et lukket område R i xy-planet, og at R er omsluttet av en enkel, lukket kurve K. Hvis $f(a, b)$ er et globalt maksimum eller globalt minimum, da er punktet (a, b) enten

1. et stasjonært punkt som ligger inne i området R,
2. et punkt på kurven K eller
3. et punkt som ligger inne i R og som er slik at minst en av de partielt deriverte *ikke* eksisterer.

Ekstremalverdisetningen sier altså at vi må lete etter de globale ekstremalverdiene i stasjonære punkter, på randen av definisjonsområdet og i punkter der den deriverte *ikke* er definert. Dette er det samme som for funksjoner med én variabel som har et begrenset definisjonsområde.

Strategien for å bestemme globale maksimums- og minimumspunkter blir:

1. Bestem alle de stasjonære punktene og beregn funksjonsverdiene i disse punktene.
2. Regn ut de største og de minste verdiene funksjonen kan ha når vi velger punkter som ligger på randen K.
3. Regn ut funksjonsverdien i de punktene der minst en av de partielt deriverte ikke eksisterer.
4. Velg ut den største og den minste verdien vi fant i punkt 1, 2 og 3.

Eksempel 23

En funksjon f er definert ved uttrykket $f(x, y) = (x-1)^2 + (y-1)^2 - 2$. Definisjonsmengden D_f er alle punktene på og innenfor trekanten med hjørner i (0, 0), (3, 0) og (0, 3). Bestem den største og den minste verdien f kan ha.

Løsning

Ifølge setningen foran skal vi lete etter de største og de minste verdiene i (1) de stasjonære punktene, (2) langs randen til definisjonsområdet og (3) i punkter der de partielt deriverte til funksjonen ikke eksisterer. For den funksjonen vi studerer her, eksisterer de partielt deriverte i alle punkter i definisjonsområdet, slik at vi greier oss med å gjennomgå punktene 1 og 2.

I figur 1.25 og 1.26 har vi tegnet grafer som viser definisjonsområdet, og som viser hvor på grafen vi "går" når vi følger randen til definisjonsområdet D_f.

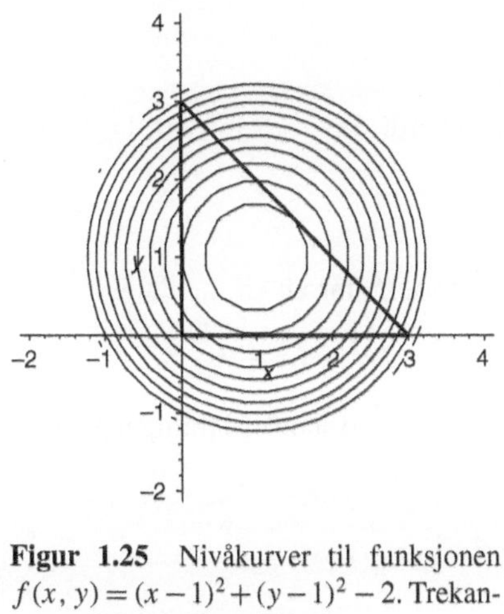

Figur 1.25 Nivåkurver til funksjonen $f(x, y) = (x-1)^2 + (y-1)^2 - 2$. Trekanten er definisjonsområdet D_f.

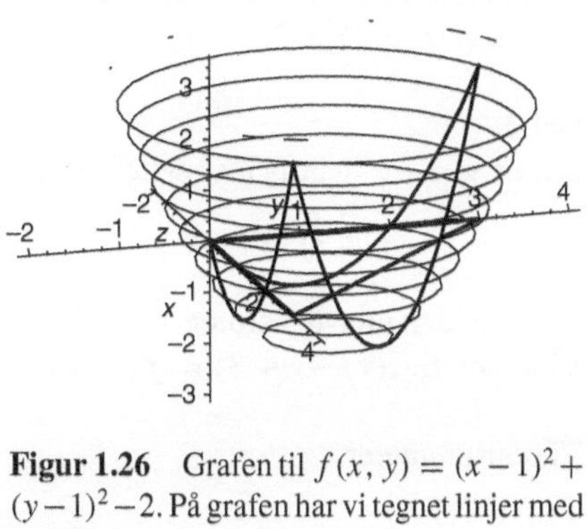

Figur 1.26 Grafen til $f(x, y) = (x-1)^2 + (y-1)^2 - 2$. På grafen har vi tegnet linjer med koordinater $(x_r, y_r, f(x_r, y_r))$ der (x_r, y_r) ligger på randen til D_f.

1. Stasjonært punkt

Vi regner ut det stasjonære punktet til f:

$$f_x = 2(x-1) = 0 \qquad f_y = 2(y-1) = 0 \tag{1.80}$$

$$x = 1 \qquad y = 1 \tag{1.81}$$

Det stasjonære punktet til f er $(1, 1)$. Vi ser at dette ligger i definisjonsområdet. I det stasjonære punktet er funksjonsverdien $f(1, 1) = -2$.

2. Randen til definisjonsområdet

Vi må nå undersøke randen til definisjonsområdet og bestemme de største og de minste verdiene funksjonen har der. De tre delene av randen vi må undersøke er:

- Del 1: $y = 0, \quad 0 \leq x \leq 3$
- Del 2: $x = 0, \quad 0 \leq y \leq 3$
- Del 3: $y = -x + 3, \quad 0 \leq x \leq 3$

Del 1
Her er $y = 0$, slik at funksjonsuttrykket blir

$$f(x, 0) = (x-1)^2 + (0-1)^2 - 2 = (x^2 - 2x + 1) + (1) - 2 = x^2 - 2x$$

Dette er en funksjon av én variabel, og ved å bruke standard metode finner vi at funksjonen f har et minimum for $x = 1$. Funksjonsverdien der er $f(1, 0) = -1$.

I endepunktene av intervallet $0 \leq x \leq 3$ er funksjonsverdiene $f(0, 0) = 0$ og $f(3, 0) = 3$.

Del 2
Her setter vi $x = 0$, og får da:

$$f(0, y) = y^2 - 2y$$

På samme måte som for Del 1, finner vi en minste verdi for $y = 1$: $f(0, 1) = -1$. Videre er $f(0, 3) = 3$.

Del 3
Her er $y = -x + 3$. Når vi setter dette inn i uttrykket for f, får vi:

$$f(x, -x+3) = (x-1)^2 + (-x+3-1)^2 - 2 = 2x^2 - 6x + 3$$

Vi finner den minste verdien f kan ha på linja $y = -x + 3$ ved standard framgangsmåte. Vi finner $f_{min}(x, -x+3) = f\left(\frac{3}{2}, \frac{3}{2}\right) = -\frac{3}{2}$.

Vi oppsummerer:

- Stasjonært punkt: $f(1, 1) = -2$
- $f(0, 0) = 0, \quad f(3, 0) = f(0, 3) = 3$

- $f(1,0) = f(0,1) = -1$
- $f\left(\frac{3}{2}, \frac{3}{2}\right) = -\frac{3}{2}$

Av dette ser vi at den største verdien f kan ha er 3, og den minste verdien er -2. ■

Dersom definisjonsområdet er ubegrenset, leter vi etter største og minste verdier blant de stasjonære punktene.

✓ Nøkkelkunnskap 1.15

Mål: Du skal kunne bruke ekstremalverdisetningen til å regne ut de største og de minste verdiene til en funksjon av flere variable.

En funksjon f er definert ved uttrykket $f(x, y) = x^2 + y^2$. Definisjonsmengden er kvadratet med hjørner i punktene (1, 0), (2, 0), (2, 1) og (1, 1). Regn ut den største og den minste verdien f kan ha.

Svar: Største verdi er 5, minste verdi er 1.

1.9 Ekstremalverdier under bibetingelser

Tenk deg at Per og Kari får beskjed om å gå så høyt opp som mulig på en kolle. Per får beskjed om at han alltid må følge en sti, mens Kari kan gå hvor hun vil. Hvis ikke stien går over det høyeste punktet på kollen, vil Kari komme høyere opp enn Per. Men Per vil også nå en største høyde langs den stien han går, selv om denne ikke faller sammen med toppen av kollen.

Kravet om at Per må følge en sti, kaller vi i matematikken en **bibetingelse**. Slike bibetingelser dukker opp i mange sammenhenger. Vi kan for eksempel ikke produsere et negativt antall fiskekroker. Da vil bibetingelsen være at antallet N er større eller lik null: $N \geq 0$. Et annet eksempel kan være at summen av pengene en bedrift kan bruke til TV-reklame x og til avisreklame y er et fast beløp. Det kan vi skrive slik: $x + y = c$.

I eksemplet med Per og Kari kan vi formulere disse problemene:

1. Bestem den største høyden på kollen.
2. Bestem den største høyden på kollen når vi følger stien.

I matematikken kan det være av interesse å bestemme den største (eller den minste) verdien en funksjon kan ha når vi tar hensyn til bibetingelsen. Hvis funksjonen er $f = f(x, y)$, og bibetingelsen kan skrives som $g(x, y) = 0$, kan vi for eksempel formulere oppgaven:

Bestem den største verdien av $f(x, y)$ under bibetingelsen $g(x, y) = 0$.

Det er vanlig å si "under bibetingelsen". Det betyr at vi skal bestemme den største verdien f kan ha *samtidig* som kravet $g(x, y) = 0$ er oppfylt.

Et eksempel på en problemformulering om bibetingelse

La oss se på et konkret eksempel som viser hvordan vi løser et problem der vi skal finne en minste verdi av en funksjon under en bibetingelse.

Vi formulerer følgende problem:

> *Bestem den minste verdien til* $f(x, y) = 2x^2 + 3y^2$ *under bibetingelsen* $g(x, y) = y + 2x - 1 = 0$.

La oss se på et par metoder vi kan bruke for å løse dette problemet. Men først ser vi på en grafisk betraktning av problemet.

1.9.1 Grafisk betraktning

Vi merker oss følgende:

- Grafen til funksjonen $f(x, y)$ er en flate i rommet. Vi kan oppfatte denne flaten som et terreng.
- For å illustrere terrenget, kan vi tegne nivåkurver $f(x, y) = konstant$ i xy-planet. Disse kurvene er da et *kart* av terrenget.
- Uttrykket $g(x, y) = 0$ definerer implisitt en kurve C i xy-planet.
- Tegner vi kurven C i det samme xy-planet som kartet av terrenget, blir C en sti på kartet.

Når vi krever at bibetingelsen $g(x, y) = 0$ skal være oppfylt, betyr det at vi skal følge stien C på kartet når vi leter etter største og minste verdier av f.

Når vi følger stien C på kartet, vil vi *i terrenget* følge en kurve K i rommet som ligger *på* grafen til f. Kurven K kan beskrives som mengden av punkter $(x_0, y_0, f(x_0, y_0))$ der (x_0, y_0) ligger på C. Vi kan parametrisere kurven K slik:

$$x = x(t), \quad y = y(t), \quad z = f(x(t), y(t)), \quad a \leq t \leq b \tag{1.82}$$

$$\vec{r}\,(t) = [x(t),\ y(t),\ f(x(t), y(t))] \tag{1.83}$$

der $x(t)$ og $y(t)$ er slik at $g(x(t), y(t)) = 0$.

Figur 1.27 viser nivåkurver for $f(x, y) = 2x^2 + 3y^2$ der bibetingelsen $g(x, y) = y + 2x - 1 = 0$ er tegnet inn.

Figur 1.28 viser en tredimensjonal figur der *planet* $g(x, y) = 0$ skjærer grafen til $f(x, y)$. Skjæringslinja mellom planet $g(x, y) = 0$ og xy-planet $z = 0$ er "stien" C vi må følge på kartet. Skjæringslinja mellom planet $g(x, y) = 0$ og flaten $z = f(x, y)$ er "stien" K vi må følge i terrenget.

Vår oppgave er å bestemme koordinatene til det punktet på stien $g(x, y) = y + 2x - 1 = 0$ som gir den minste verdien av $f(x, y) = 2x^2 + 3y^2$.

1.9.2 Metode 1: Innsettingsmetoden

Siden uttrykket for bibetingelsen er enkelt, kan vi løse problemet ved å løse likningen $y + 2x - 1 = 0$ med hensyn på y, og sette inn for y i $f(x, y)$. Funksjonen f blir da en funksjon med én variabel fordi vi har eliminert y. Da er det greit å bestemme minimum på "vanlig" måte, det vil si slik vi gjør når vi har en funksjon med én variabel. Sammenlikn denne framgangsmåten med hvordan vi gikk fram da vi undersøkte randen til definisjonsområdet da vi brukte ekstremalverdisetningen.

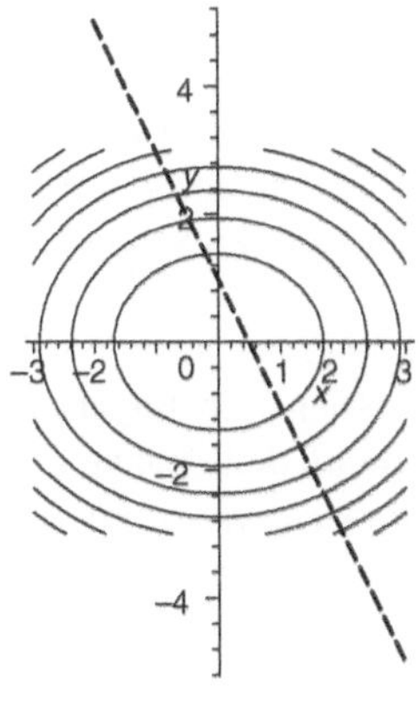

Figur 1.27 Nivåkurver til grafen til funksjonen $f(x, y) = 2x^2 + 3y^2$ og bibetingelsen $g(x, y) = y + 2x - 1 = 0$

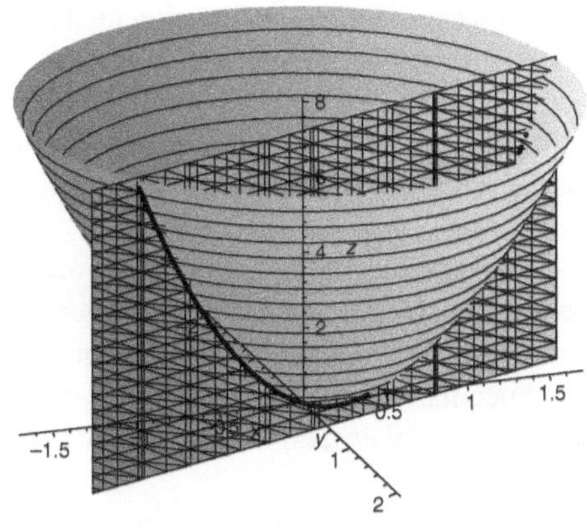

Figur 1.28 Tredimensjonal figur av grafen og bibetingelsen i figur 1.27. Planet $y+2x-1 = 0$ skjærer grafen til $f(x, y) = 2x^2 + 3y^2$ langs en kurve. Vi skal regne ut det laveste punktet på denne kurven.

Eksempel 24

Regn ut den minste verdien til $f(x, y) = 2x^2 + 3y^2$ under bibetingelsen $g(x, y) = y + 2x - 1 = 0$ ved å bruke innsettingsmetoden.

Løsning

Fra bibetingelsen finner vi at $y = -2x + 1$. Dette setter vi inn i uttrykket for $f(x, y)$ og får:

$$f(x, y) = f(x, -2x + 1) = 2x^2 + 3(-2x + 1)^2 = 14x^2 - 12x + 3 \tag{1.84}$$

$$h(x) = 14x^2 - 12x + 3 \tag{1.85}$$

For å bestemme den minste verdien deriverer vi $h = h(x)$ og bestemmer den verdien av x som gjør at $h'(x) = 0$. Vi får $x = \frac{3}{7}$. Da er $y = -2 \cdot \frac{3}{7} + 1 = \frac{1}{7}$.

Minimalpunktet under bibetingelsen er altså $\left(\frac{3}{7}, \frac{1}{7}\right)$. ■

Innsettingsmetoden vil bare fungere dersom vi kan bruke bibetingelsen til å bestemme et eksplisitt uttrykk for den ene av de variable. Hvis dette ikke er mulig, må vi bruke andre metoder. Vi skal her se på *Lagranges metode*.

1.9.3 Metode 2: Lagranges metode

Noen ganger kan vi ikke finne et eksplisitt uttrykk for x eller y fra bibetingelsen $g(x, y) = 0$. Det gjelder for eksempel dersom $g(x, y) = e^x + e^y + xy - 3 = 0$. I dette uttrykket klarer vi ikke å finne den ene størrelsen uttrykt ved den andre. Vi skal derfor vise en annen, mer generell metode som kan brukes. Den kaller vi **Lagranges metode**, eller **Lagranges multiplikatormetode**.

La oss ta for oss en funksjon med to variable, $z = f(x, y)$, og gi noen geometriske argumenter for hvordan metoden virker.

Grafen til en funksjon av to variable er en flate i rommet. Grafen kan vi tenke på som et terreng, og bibetingelsen definerer en sti i dette terrenget. På *kartet* over området tegner vi terrenget ved hjelp av nivåkurver. Stien tegnet på kartet er kurven gitt implisitt ved bibetingelsen $g(x, y) = 0$.

Hvis vi betrakter *kartet*, kan vi skissere ideen med Lagranges metode slik: I det laveste (eller høyeste) punktet på stien C vil tangenten til stien (bibetingelsen) være parallell med tangenten til nivåkurven til funksjonen f gjennom dette punktet. Sagt på en annen måte: *Normalvektoren til tangenten til stien er parallell med normalvektoren til tangenten til nivåkurven.* Vi husker at gradienten ∇f til en funksjon f står vinkelrett på en nivåkurve.

Stien C er bestemt implisitt ved uttrykket $g(x, y) = 0$. Vi kan parametrisere den slik:

$$\vec{r}(t) = [x(t), y(t)], \quad \text{der } x \text{ og } y \text{ er slik at } \; g(x(t), y(t)) = 0 \qquad \textbf{(1.86)}$$

Vi setter $h(t) = g(x(t), y(t))$. Når vi bruker kjerneregelen (se likning 1.55) og deriverer $h(t)$ med hensyn på t, får vi:

$$h'(t) = \nabla g \cdot \frac{d\vec{r}}{dt} = 0 \qquad \textbf{(1.87)}$$

Vektoren $\frac{d\vec{r}}{dt}$ er fartsvektoren, og den er tangent til stien. Siden prikkproduktet $\nabla g \cdot \frac{d\vec{r}}{dt}$ er lik null, har vi vist at ∇g står vinkelrett på tangenten til stien. Siden kravet til å være i et laveste (eller høyeste) punkt på stien er at normalvektoren til stien (∇g) skal være parallell med normalvektoren til nivåkurven (∇f) gjennom dette punktet, kan vi sette:

$$\nabla f = \lambda \nabla g \qquad \textbf{(1.88)}$$

Størrelsen λ kaller vi en **Lagrange-multiplikator**.

Vi kan formulere Lagranges metode slik:

Setning 1.16

For å bestemme den største eller den minste verdien funksjonen $f(x, y)$ kan ha under bibetingelsen $g(x, y) = 0$, må vi løse likningene:

$$\nabla f(x, y) = \lambda \nabla g(x, y) \qquad \textbf{(1.89)}$$

$$g(x, y) = 0 \qquad \textbf{(1.90)}$$

Disse likningene kaller vi **Lagrange-likningene**.

Den første av likningene i ramma forteller at vektorene ∇f og ∇g er parallelle i det laveste (eller høyeste) punktet. Når vi løser likningene, finner vi de verdiene av x og y som gir minimum eller maksimum. Vanligvis er vi ikke interssert i verdien av λ, og vi oppfatter den som en hjelpestørrelse.

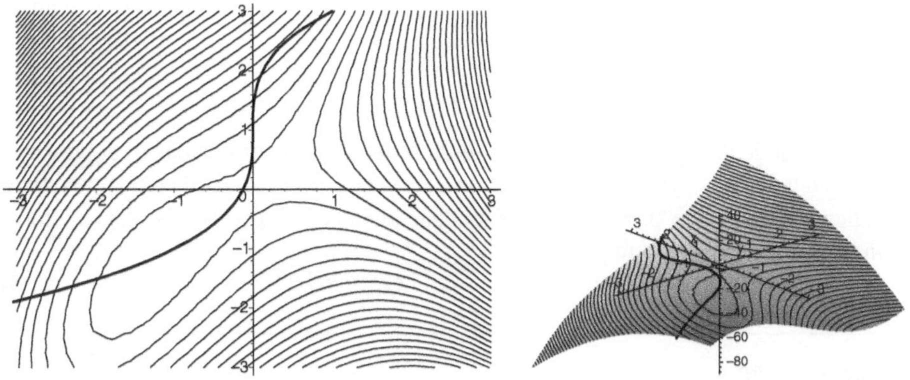

(a) Kartet som viser nivåkurver og stien. (b) Terrenget og stien.

Figur 1.29 Et terreng beskrevet ved $z = x^3 + 4xy - 2y^2 - 6$ og stien (på kartet) beskrevet ved $\vec{r}(t) = [t^3,\ 2t + 1]$.

For å avgjøre om vi har en minste eller en største verdi i et punkt (x_0, y_0), kan vi regne ut $f(x_0, y_0)$ og sammenlikne med hva vi får hvis vi setter inn koordinatene til et punkt *på stien* som ligger nær (x_0, y_0).

Dersom vi finner flere punkter når vi løser Lagrange-likningene, kan vi regne ut funksjonsverdiene i hvert av punktene og sammenlikne dem. Hvis for eksempel (x_1, y_1) og (x_2, y_2) tilfredsstiller Lagrange-Likningene, og kurven C er sammenhengende, vil ett av punktene gi et minimum, mens det andre vil gi et maksimum. Vi avgjør hvilket som gir minimum og maksimum ved å regne ut funksjonsverdien i hvert av punktene.

Figur 1.29 viser nivåkurvene til terrenget $z = x^3 + 4xy - 2y^2 - 6$ og kartstien gitt ved parameterframstillingen $\vec{r}\,(t) = [t^3, 2t + 1]$. I terrenget er stien gitt ved parametriseringen $\vec{r}\,(t) = [t^3, 2t + 1, f(t^3, 2t + 1)]$. Selv om det kanskje ikke kommer helt klart fram av figuren, vil stien tangere en nivåkurve i det høyeste og i det laveste punktet på stien.

Eksempel 25

Bestem den minste verdien til $f(x, y) = 2x^2 + 3y^2$ under bibetingelsen $g(x, y) = y + 2x - 1 = 0$ ved å bruke Lagranges metode.

Løsning

Vi følger prosedyren ovenfor og setter opp likningssystemet som svarer til likningene 1.89 og 1.90 ovenfor:

$$\nabla f = \lambda \nabla g \qquad g(x, y) = 0 \tag{1.91}$$

$$[4x, 6y] = \lambda[2, 1] \qquad y + 2x - 1 = 0 \tag{1.92}$$

$$4x = 2\lambda, \quad 6y = 1 \cdot \lambda \qquad y + 2x - 1 = 0 \tag{1.93}$$

Når vi løser dette likningssystemet, får vi $x = \frac{3}{7}$, $y = \frac{1}{7}$ og $\lambda = \frac{6}{7}$.

Den minste verdien funksjonen $f = f(x, y)$ kan ha under bibetingelsen, er altså:

$$f_{min} = f\left(\frac{3}{7}, \frac{1}{7}\right) = 2\left(\frac{3}{7}\right)^2 + 3\left(\frac{1}{7}\right)^2 = \frac{3}{7} \quad \textbf{(1.94)}$$

For å vise at dette virkelig er en minste verdi, setter vi inn koordinatene til et punkt på stien som ligger nær dette punktet. Velger vi $x = \frac{2}{7}$, regner vi ut den tilhørende y-verdien på stien $y + 2x - 1 = 0$: $y = \frac{3}{7}$. Verdien i dette punktet er $f\left(\frac{2}{7}, \frac{3}{7}\right) = \frac{5}{7}$, som er større enn den verdien vi regnet ut i likning 1.94.

Vi ser at vi får det samme resultatet som i eksempel 24. ■

Eksempel 26

Funksjonen $z = f(x, y)$ er definert ved uttrykket $f(x, y) = 9 - x^2 - y^2$. Når vi bruker Lagranges metode til å bestemme den største og den minste verdien av f under bibetingelsen $g(x, y) = 0$, finner vi at punktene $A\ (1, 1)$ og $B\ (-3, -3)$ oppfyller likningene. Bibetingelsen definerer en sammenhengende sti. Bestem den største og den minste verdien til f under bibetingelsen $g(x, y) = 0$.

Løsning

Punktene A og B oppfyller Lagrange-likningene og er de mulige kandidatene til den største og den minste verdien av f under bibetingelsen. Vi regner ut funksjonsverdiene i de to punktene:

$$f(1, 1) = 7 \quad f(-3, -3) = -9$$

Vi ser at A gir en største verdi, mens B gir en minste verdi. ■

1.9.4 Mer generelle tilfeller

I de foregående avsnittene har vi sett på tilfeller der en funksjon med to variable skulle minimeres eller maksimeres under én bibetingelse. Vi begrunnet Lagranges metode ut fra et geometrisk argument.

I mange praktiske tilfeller ønsker man å optimalisere en størrelse når det er mange krav å ta hensyn til. Det kan for eksempel dreie seg om å bygge en vei som ikke kan være mer enn L km lang og ikke kan koste mer enn K kroner, der L og K avhenger av mange parametre.

Hvis man lager en matematisk modell, kan dette bety at man skal bestemme den minste (eller største) verdien en funksjon av mange variable kan ha, og at det er mange bibetingelser. Vi må da kreve at *alle* bibetingelsene er oppfylt samtidig.

Det er mulig å vise at vi kan bruke Lagranges metode også når vi har funksjoner med mer enn to variable, og når vi har mer enn én bibetingelse. Vi må da innføre flere multiplikatorer λ, og vi må etablere flere likninger. Et eksempel viser hvordan disse likningene kan settes opp.

Eksempel 27

Minimer (maksimer) funksjonen $f(x, y, z) = x^2 + y^2 + z^2$ under bibetingelsene $g(x, y, z) = x - 2y + 3z - 1 = 0$ og $h(x, y, z) = 2x + y - z + 2 = 0$.

Løsning

Siden begge bibetingelsene skal være oppfylt samtidig, må vi kreve at

$$\nabla f = \lambda_1 \nabla g + \lambda_2 \nabla h$$

Dette kan vi skrive slik:

$$[2x, 2y, 2z] = \lambda_1 \cdot [1, -2, 3] + \lambda_2 \cdot [2, 1, -1] \tag{1.95}$$

Det gir disse likningene:

$$2x = \lambda_1 + 2\lambda_2 \tag{1.96}$$

$$2y = -2\lambda_1 + \lambda_2 \tag{1.97}$$

$$2z = 3\lambda_1 - \lambda_2 \tag{1.98}$$

$$x - 2y + 3z - 1 = 0 \tag{1.99}$$

$$2x + y - z + 2 = 0 \tag{1.100}$$

Når vi løser dette likningssystemet, får vi:

$$x = -\frac{2}{3}, \quad y = -\frac{1}{3}, \quad z = \frac{1}{3}, \quad \lambda_1 = 0, \quad \lambda_2 = -\frac{2}{3} \tag{1.101}$$

■

✓ Nøkkelkunnskap 1.16

Mål: Du skal kunne sette opp likningene du må løse når du bruker Lagranges metode.

Skriv opp de tre likningene vi må løse når vi bruker Lagranges metode til å finne den største/minste verdien $f(x, y) = 2x^2 + 3y^2$ kan ha under bibetingelsen $g(x, y) = x^2 + 2y - 1 = 0$.

Svar: $4x = 2\lambda x, \quad 6y = 2\lambda, \quad x^2 + 2y - 1 = 0$

1.10 Oppgaver til kapittel 1

Oppgaver til avsnitt 1.2

Oppgave 1

a. Regn ut $f(0, \pi)$ når f er definert ved uttrykket:
   - $f(x, y) = x^2 + y^2 + 1$
   - $f(x, y) = \sin(x + y) - \cos(x - y)$

b. I uttrykket $x^2 + y^2 + z^2 = 1$ vil verdien av z avhenge av verdiene av x og y. Begrunn hvorfor z *ikke* er en funksjon av x og y.

Oppgave 2

Beskriv definisjonsmengden til hver av funksjonene med ord. Lag en skisse av definisjonsmengden.

a. $f(x, y) = x^2 + 3xy - y^3$

b. $f(x, y) = \frac{2}{x+y}$

c. $f(x, y) = \sqrt{1 - x^2 - y^2}$

d. $f(x, y) = \ln(x^2 + y^2 - 1)$

Oppgave 3
Undersøk om punktet $(1, -2)$ ligger på nivåkurven $x^2 + 2xy^2 - 4y + 2 = 0$.

Oppgave 4
Beskriv nivåkurvene til funksjonene:

a. $f(x, y) = 2x + 3y$
b. $f(x, y) = 2xy$

Oppgave 5
Bestem likningen til nivåkurvene til funksjonen. Tegn skisser av noen nivåkurver.

a. $f(x, y) = y - x$
b. $f(x, y) = xy$
c. $f(x, y) = y + x^2$
d. $f(x, y) = (x - 1)^2 + (y - 2)^2$

Oppgave 6
Begrunn hvorfor to forskjellige nivåkurver til en funksjon $z = f(x, y)$ aldri skjærer hverandre.

Oppgave 7

a. Tegn en skisse av grafen til funksjonen $z = x^2 + y^2$. Tegn nivåkurver i xy-planet i samme figur.
b. Tegn en skisse av grafen til funksjonen $z = -x^2 - y^2$. Tegn nivåkurver i xy-planet i samme figur.
c. I de to foregående spørsmålene framstilte du funksjoner av to variable grafisk på to forskjellige måter. Diskuter fordeler og ulemper ved disse to metodene.

Oppgave 8
Beskriv nivåflatene til funksjonene:

a. $f(x, y, z) = x^2 + y^2 - z$
b. $f(x, y, z) = x^2 + y^2 + z$
c. $f(x, y, z) = x^2 + y^2 + z^2$
d. $f(x, y, z) = \sqrt{x^2 + y^2} - z$

Oppgaver til avsnitt 1.3

Oppgave 1
Regn ut f_x, f_y, f_{xx}, f_{yy} og $f_{xy} = f_{yx}$ for funksjonene nedenfor:

a. $f(x, y) = x^2 + 3y$
b. $f(x, y) = x^2 + xy + y^2$
c. $f(x, y) = \sin(x + y)$
d. $f(x, y) = e^{x^2+y^2}$

Oppgave 2
En funksjon er definert ved uttrykket $f(x, y) = x^2 + y^2$.

a. Regn ut f_x og f_y.
b. Hvor bratt er det i punktet der $x = -1$ og $y = 2$ i retning parallelt med x-aksen? Oppgi svaret som antall grader tangenten danner med xy-planet.

Oppgave 3
Et terreng er beskrevet ved funksjonen $f(x, y) = x^2 - y^2 + 4y$. For hvilken verdi av y beveger vi oss vannrett i terrenget når vi går parallelt med y-aksen?

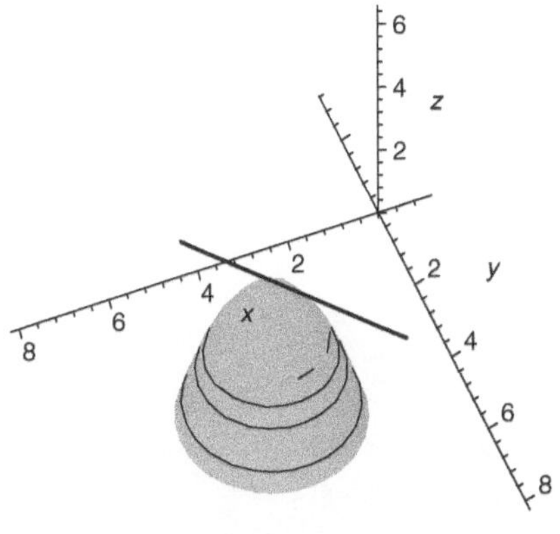

Figur 1.30 Til oppgave 4.

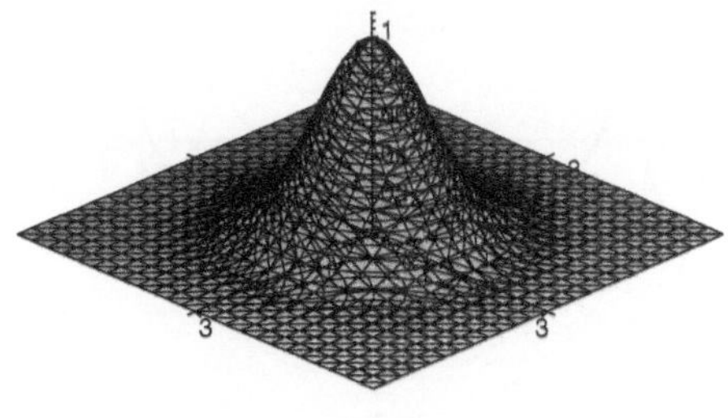

Figur 1.31 Til oppgave 5.

Oppgave 4
Figur 1.30 viser grafen til funksjonen $z = f(x, y) = -(x-4)^2 - (y-4)^2 + 4$ og en rett linje som tangerer grafen i punktet $(\sqrt{12}, 4, f(\sqrt{12}, 4))$. Den rette linja ligger i planet $y = 4$. Regn ut vinkelen mellom den rette linja og xy-planet.

Oppgave 5
Figur 1.31 viser grafen til funksjonen $z = f(x, y) = e^{-x^2-y^2}$. Tenk deg at grafen beskriver et terreng. Du står i punktet der $x = 1$ og $y = 2$. Hvor bratt er det når du går i positiv x-retning? Hvor bratt er det når du går i positiv y-retning?

Oppgave 6
Diskuter begrepet *momentan endring* i forhold til partiell derivasjon.

Oppgave 7
Vi lar f være en funksjon av to variable: $f = f(x, y)$. Forklar hva det betyr at $f_x(1, 2) = 1$.

Oppgaver til avsnitt 1.4

Oppgave 1
Regn ut $\frac{dz}{dt}$ når $z = f(x, y)$ og $x = x(t)$, $y = y(t)$, både ved å bruke kjerneregelen og ved å sette inn for x og y i uttrykket for f.

a. $f(x, y) = x^2 + y^2$, $x(t) = \cos t$, $y(t) = \sin t$
b. $f(x, y) = x \cos y$, $x(t) = t^2$, $y(t) = t^3$
c. $f(x, y) = e^{xy}$, $x(t) = t$, $y(t) = 2t^3$

Oppgave 2
Et landskap er beskrevet ved funksjonen

$$z = f(x, y) = e^{-x^2-y^2}$$

På kartet følger vi en sti som er beskrevet ved parametriseringen

$$x(t) = t \quad y(t) = t^2 - 1$$

Dette er vist i figur 1.32. Bestem et uttrykk for hvor raskt høyden z endrer seg med t.

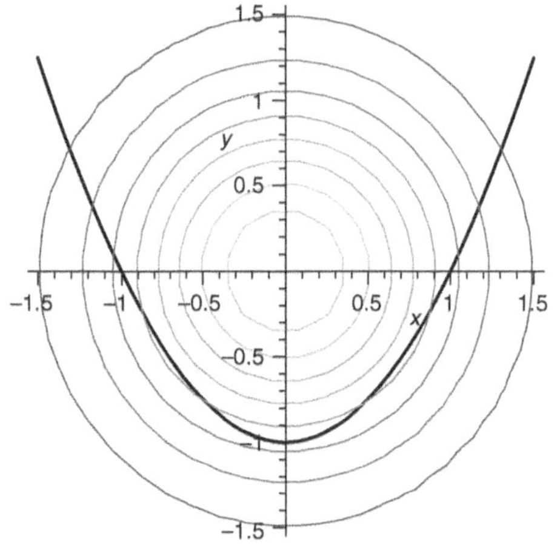

Figur 1.32 Figur til oppgave 2: Kartet med sti.

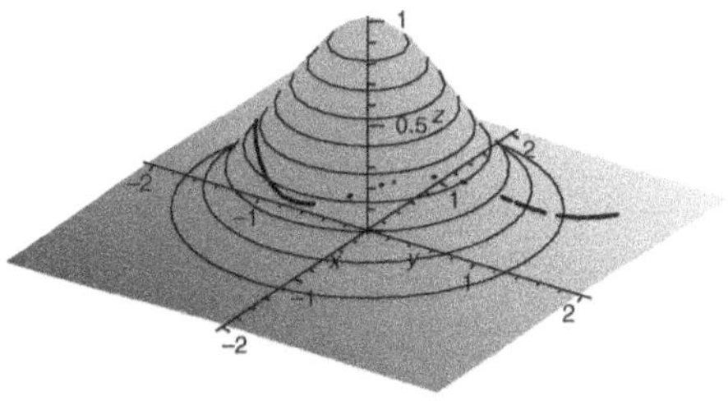

Figur 1.33 Figur til oppgave 2: Terrenget med sti. (Stien er noe utydelig tegnet.)

Oppgave 3
Kjerneregelen for en funksjon av to variable kan generaliseres til en funksjon av mer enn to variable. Generaliseringen er "rett fram".

a. Foreslå en generalisering av uttrykket for kjerneregelen til en funksjon av to variable, til å gjelde en funksjon av tre variable.
b. Test forslaget ditt ved å regne ut $\frac{dw}{dt}$ når

$$w(x, y, z) = xyz, \quad x(t) = t, \quad y(t) = t^2, \quad z(t) = t^3$$

Svaret er $\frac{dw}{dt} = 1 \cdot yz + 2t \cdot xz + 3t^2 \cdot xy = 6t^5$.

Oppgave 4
Regn ut $\frac{df}{dt}$ når $f(x, y, z) = e^{xyz}, \quad x(t) = t, \quad y(t) = 2t^3, \quad z(t) = t^2$

Oppgave 5
Et batteri med polspenning U er koblet i serie med en motstand med resistans R. Ifølge Ohms lov kan vi regne ut strømmen I i kretsen ved å bruke uttrykket $U = RI$.

Etter hvert som tida går, blir polspenningen til batteriet lavere. Dessuten øker resistansen på grunn av at temperaturen i motstanden øker.

Ved et bestemt tidspunkt er $I = 0,010$ A, $R = 500\,\Omega$, $\frac{dR}{dt} = 0,1\,\Omega/\text{s}$ og $\frac{dU}{dt} = -0,02$ V/s.

Bruk kjerneregelen til å regne ut hvor mye strømmen endrer seg per sekund ved dette tidspunktet.

Oppgave 6
En funksjon f av to variable er slik at $f = f(x, y)$ der $x = x(t)$, $y = y(t)$. Vi regner ut $f'(t) = \frac{df}{dt}$ og finner at $f'(2) = 1$. Forklar hva denne verdien forteller oss.

Oppgave 7
Regn ut $\frac{\partial z}{\partial x}$ når $z = f(u, v)$, $u = u(x, y)$ og $v = v(x, y)$:

a. $z = (u+v)^{\frac{1}{2}}, \quad u = x+y, \quad v = x-y$

b. $z = \sin(u+v), \quad u = xy, \quad v = 2x+3y$

Oppgaver til avsnitt 1.5

Oppgave 1
Regn ut det totale differensialet df til funksjonene:

a. $f(x, y) = x^2 - 2xy + y^2$

b. $f(x, y) = e^{x^2-3y^2}$

c. $f(x, y) = \sin(3x - xy + 4y)$

d. $f(x, y, z) = 2x^2 + 3y^2 + 4z^2$

Oppgave 2
Arealet A av en ellipseformet gressplen kan beregnes ved uttrykket $A = \pi ab$, der a og b er ellipsens halvakser. Vi måler halvaksene og finner $a = 10\text{ m} \pm 0,5\text{ m}$ og $b = 15\text{ m} \pm 0,5\text{ m}$.

a. Regn ut usikkerheten ΔA i arealet A.

b. Regn ut den relative usikkerheten $\frac{\Delta A}{A}$.

Oppgave 3
En person går med konstant fart. Vi kan regne ut farten ved å bruke uttrykket $v = s/t$, der t er tida personen bruker på å tilbakelegge en strekning s. Bestem et uttrykk for usikkerheten i v når vi måler s med en usikkerhet ds og t med en usikkerhet dt.

Oppgave 4
Bestem likningen for tangentplanet til grafen til funksjonen $f(x, y) = 4 - x^2 - y^2$ i punktet $(0, 0)$.

Oppgave 5
Bestem likningen for tangentplanet til grafen til funksjonen $f(x, y)$ i punktet (x_0, y_0) når:

a. $f(x, y) = (x-1)^2 + (y-2)^2 - 3, \quad (x_0, y_0) = (1, 2)$

b. $f(x, y) = x^2 + xy - 2y^2, \quad (x_0, y_0) = (1, 1)$

Oppgave 6
Funksjonen f er definert ved uttrykket

$$f(x, y) = (x^2 + y^2)^{\frac{3}{2}}$$

a. Gi en geometrisk beskrivelse av hva det vil si å linearisere en funksjon av to variable.

b. Bestem et uttrykk for en lineær approksimasjon $L(\Delta x, \Delta y)$ for f med utgangspunkt i punktet $(3, 4)$. (Dette betyr at du skal bestemme en lineær funksjon L med endringer Δx og Δy som variable.)

c. Hvor stor feil gjør vi ved å bruke den lineære approksimasjonen L til å regne ut funksjonsverdien i punktet der $x = 3,12$ og $y = 3,97$ i stedet for å regne ut $f(3,12,\ 3,97)$?

Oppgave 7
Skriv en kort oppsummering av det du vet om linearisering av funksjoner med to variable.

Oppgaver til avsnitt 1.6

Oppgave 1
Regn ut gradienten til funksjonene:

a. $f(x, y) = 2x + 3y$
b. $f(x, y) = xy$
c. $f(x, y) = x^2 + 2xy + y^2$
d. $f(x, y) = e^{3x-4y}$

Oppgave 2
Regn ut f_x og f_y for funksjonene:

a. $f(x,\ y) = x^3 + 2x^2y - y^3$
b. $f(x,\ y) = e^{\sin(xy)}$
c. $f(x,\ y) = \cos(x^2 + y^3)$
d. $f(x,\ y) = e^{x^2y^4}$

Hva uttrykker størrelsen $f_x(1,\ -1)$? Regn også ut $\nabla f(1,\ -1)$ og $|\nabla f(1,\ -1)|$ for funksjonene i spørsmål a – d.

Oppgave 3
Funksjonen f er definert ved uttrykket $f(x,\ y) = y + x$. Vis at ∇f står vinkelrett på alle punkter på nivåkurven $f(x,\ y) = 2$.

Oppgave 4
Funksjonen f er definert ved uttrykket $f(x,\ y) = x^2 + y^2$.

a. Tegn nivåkurven $f(x,\ y) = 1$.
b. Tegn ∇f i punktene $(1,\ 0)$, $(0,\ 1)$, $(-1,\ 0)$, $(0,\ -1)$ og $\left(\frac{1}{\sqrt{2}},\ \frac{1}{\sqrt{2}}\right)$ i det samme koordinatsystemet som nivåkurven i spørsmål a.

Oppgave 5
En funksjon f er definert ved uttrykket $f(x,\ y) = y - x^2$.

a. Bestem en normalvektor til nivåkurven $f(x,\ y) = 0$ i punktet $(2, 4)$.
b. Bestem to normalvektorer til nivåkurven $f(x,\ y) = 1$ i punktet $(1, 2)$.

Oppgave 6
Forklar hvordan du kan bestemme en normalvektor i et punkt på en nivåkurve til en funksjon av to variable.

Oppgave 7

a. Bestem et uttrykk for en normalvektor til flaten definert ved uttrykket $z = 2x^2 + 3y^2$.
b. Regn ut et uttrykk for en normalvektor til flaten $z = f(x,\ y) = 2x^2 + 3y - 4$.
c. En funksjon f er definert ved uttrykket $f(x,\ y,\ z) = x^2 + y^2 + z^2$. Regn ut en normalvektor til nivåflaten $f(x,\ y,\ z) = 4$. Gi en geometrisk tolkning av svaret.
d. En flate er grafen til funksjonen $f(x,\ y) = x^3 - 2x^2y + 3y^2$. Regn ut en nedoverrettet normalvektor til flaten i punktet $(1,\ 1,\ f(1,\ 1))$.

Oppgave 8
Bestem en vektor som står vinkelrett på flaten $z = x^3 + y^2 + 1$ i punktet $(1,\ 1,\ 3)$.

Oppgave 9
I et punkt A er $\nabla f = [1, 1]$. Regn ut den retningsderiverte i A i retningen $\vec{u} = [1, 0]$.

Oppgave 10
Funksjonen f er definert ved uttrykket $f(x, y) = x^2 + xy + y^2$.

a. Regn ut ∇f.
b. Regn ut en enhetsvektor $\vec{u}$ som peker i retningen fra punktet $(1, 2)$ til $(4, 3)$.
c. Regn ut den retningsderiverte til f i punktet $(1, 2)$ i retningen til $\vec{u}$.

Oppgave 11
En funksjon f er definert ved uttrykket $f(x, y, z) = x^3 - xy^2 - z$.

a. Regn ut gradienten til f.
b. Regn ut den retningsderiverte i punktet $(1, 1, 0)$ i retningen $\vec{v} = 2\vec{i} - 3\vec{j} + 6\vec{k}$.

Oppgave 12
En funksjon er definert ved uttrykket $f(x, y, z) = xe^y + yz$. Regn ut den retningsderiverte fra punktet $(2, 0, 0)$ til punktet $(4, 1, -2)$.

Oppgave 13
I hvilken retning er det brattest i punktet $(1, 1, f(1, 1))$ på flaten $z = f(x, y) = 4x^2 - xy + y^3$? Hvor bratt er det i denne retningen?

Oppgave 14
Et terreng er beskrevet ved grafen til funksjonen $f(x, y) = x^2 - 4xy - y^2$.

a. I hvilken retning er det brattest i punktet i terrenget der $x = 1$ og $y = 0$?
b. Hvor bratt er det i denne retningen?

Oppgave 15
En funksjon er definert ved uttrykket $f(x, y, z) = x^2 + 2xy + y^2 + z^2$.

a. Bestem uttrykket for en vektor som står normalt på en nivåflate til $f(x, y, z)$.
b. Regn ut den retningsderiverte i punktet $(1, 1, 1)$ i en retning som er parallell med vektoren $\vec{i} + 2\vec{j} + 2\vec{k}$.

Oppgave 16
En funksjon er definert ved uttrykket $f(x, y, z) = x^2 + 2x + 2y + y^2 + z^2$.

a. Bestem et uttrykk for en vektor som står normalt på en nivåflate til $f(x, y, z)$.
b. Regn ut den retningsderiverte i punktet $(1, 0, 2)$ i en retning som er parallell med vektoren $2\vec{i} + \vec{j} + 3\vec{k}$.

Oppgave 17

a. Regn ut f_x, f_y, f_{xx}, f_{yy} og $f_{xy} = f_{yx}$ for $f(x, y) = x^3 + 2xy^2 + 2y^2 - x$.
b. Regn ut ∇f der $f = f(x, y) = x^3 - 2x^2y + y^2 - 2y$.
c. Regn ut den retningsderiverte fra et punkt P der $x = 1$ og $y = 2$ i retning mot punktet der $x = -1$ og $y = -3$ når $f(x, y) = \sin(xy + 2x)$.

Oppgave 18
Tegn gradientvektorer i noen punkter i området omkring origo for funksjonene $f_1 = x^2+y^2$, $f_2 = -x^2-y^2$ og $f_3 = x^2-y^2$. Forklar sammenhengen mellom disse figurene og figurer som viser nivåkurver til funksjonene, og figurer som viser tredimensjonale tegninger av grafene.

Oppgave 19
Skriv en kort forklaring på at gradienten kan brukes til å bestemme en normalvektor til en nivå*kurve*.

Oppgave 20
Skriv en kort forklaring (maksimalt 8–10 linjer) på hva som er forskjellen på *gradient* og *retningsderivert*.

Oppgave 21
Hvordan vil du gå fram for å beskrive hvordan en funksjon av to variable endrer seg når de variable endrer seg? Lag egne eksempler som illustrerer disse beskrivelsene.

Oppgaver til avsnitt 1.7

Oppgave 1
Et terreng er beskrevet ved funksjonen $f(x, y) = x^3 + 2xy + y^2$. Grafen til f er vist i figur 1.34. Hvor bratt er det i punktet $P = (2, 4, f(2, 4))$ når du beveger deg i

a. x-retning?

b. y-retning?

c. retningen bestemt av vektoren fra $(2, 4)$ til $(-1, 2)$?

d. retningen der det er brattest?

Oppgave 2
Hvordan vil du gå fram for å beskrive hvordan en funksjon av to variable endrer seg når de variable endrer seg? Lag egne eksempler som illustrerer disse beskrivelsene.

Oppgave 3
Gjør rede for forskjellen mellom størrelsene $D_{\vec{u}} f(x, y)$ og df/dt.

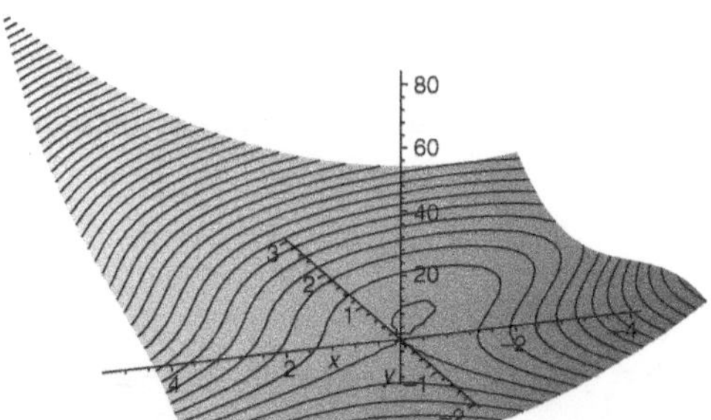

Figur 1.34 Grafen til $f(x, y) = x^3 + 2xy + y^2$, se oppgave 1.

Oppgaver til avsnitt 1.8

Oppgave 1
Regn ut de stasjonære punktene til funksjonene:

a. $f(x, y) = -x^2 - y^2 + 2$

b. $f(x, y) = 2x^2 - 2xy - y^2 + 3x - y + 1$

c. $f(x, y) = x^3 - 3x + y^2 - 2y$

d. $f(x, y) = e^{-x^2+xy+2y^2+3y}$

Oppgave 2
Skriv et kort notat (maksimalt 10–15 linjer) med tittel *Stasjonære punkter for funksjoner med én og to variable.*

Oppgave 3
I hvilket punkt er $\nabla f = \vec{0}$ når f er definert ved uttrykket

$$f(x, y, z) = x^2 + xy - y^2 + 2y - z^2 + zy$$

Hva kaller vi et slikt punkt?

Oppgave 4

a. Forklar hva vi mener med begrepet *stasjonært punkt.*

b. Skriv opp gradienten i et av de stasjonære punktene til funksjonen $f(x, y)$.

c. Hvilke tre typer stasjonære punkter kan vi ha for en funksjon av flere variable? Illustrer hver av disse typene ved å tegne en skisse av grafen til en funksjon av to variable, en skisse som viser nivåkurver, og en skisse som viser gradienten i noen punkter rundt det stasjonære punktet.

Oppgave 5
En funksjon f er definert ved uttrykket $f(x, y) = (x - 1)^2 + (y - 2)^2 - 2$. Grafen til funksjonen er vist i figur 1.35. Figuren viser også planet $z = 0$, det vil si xy-planet.

a. Regn ut det stasjonære punktet til f. Begrunn at dette punktet er et globalt minimumspunkt.

b. La f's definisjonsområde være kvadratet med hjørner i punktene (0, 1), (2, 1), (2, 3) og (0, 3). Skisser definisjonsområdet. Regn ut den største og den minste verdien til f.

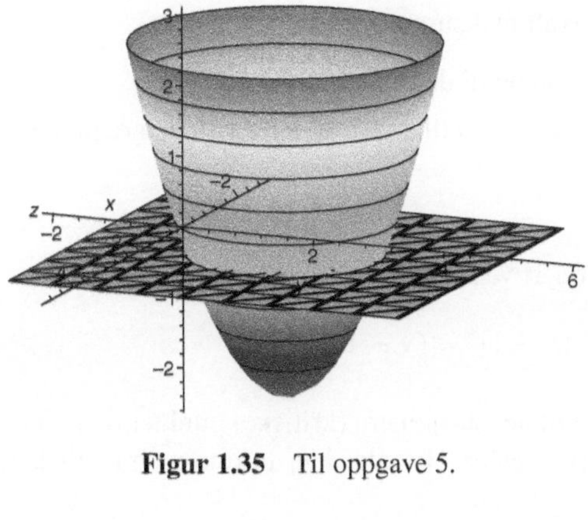

Figur 1.35 Til oppgave 5.

c. La f's definisjonsområde være trekanten med hjørner i punktene $(0, 0)$, $(1, 0)$ og $(0, 2)$. Skisser definisjonsområdet. Regn ut den største og den minste verdien til f.

Oppgave 6
Tenk deg at du er ansvarlig for produksjon av en "ting". De samlede produksjonskostnadene avhenger av hvor mange ting du produserer, og av materialkostnadene. Før produksjonen i det hele tatt kan starte, må det investeres penger i utstyr og maskiner. Produksjonsutstyret har begrenset kapasitet. Myndighetene har fastsatt en maksimalpris på materialene som brukes, men prisene kan variere på grunn av svingninger i markedet.

Diskuter hvordan *ekstremalverdisetningen* kommer til anvendelse når du vil produsere tingen slik at kostnadene blir så små som mulig.

Oppgave 7
En funksjon f er definert ved uttrykket

$$f(x, y) = 2x^2 + y^2 + x + 2$$

Definisjonsmengden D_f er sirkelskiven der $x^2 + y^2 \leq 4$.
Regn ut maksima og minima for f.

Oppgave 8
En bedrift produserer rettvinklede kasser med lokk. Kassene skal ha volum V. Hvor lange må sidene i kassen være for at det skal brukes minst mulig materiale for å lage kassen?

Oppgave 9
Skriv opp hessematrisen $H = H(x, y)$ til funksjonene f definert nedenfor. Bestem et uttrykk for determinanten til H.

a. $f(x, y) = x^3 - 2xy^2 + x^2 - 2xy + y - 5$
b. $f(x, y) = e^{-2x+3y}$

Oppgave 10
Funksjonen f definert ved uttrykket

$$f(x, y) = e^{-x^2-y^2}$$

Funksjonen har ett lokalt maksimumspunkt.

a. Regn ut koordinatene til dette punktet.
b. Bruk andrederiverttesten til å vise at dette stasjonære punktet virkelig er et maksimumspunkt.

Oppgave 11
En funksjon f er definert ved uttrykket

$$f(x, y) = 4 - (x - 1)^2 - (y - 1)^2$$

Regn ut koordinatene til det stasjonære (kritiske) punktet til f. Klassifiser dette punktet ved å bruke andrederiverttesten. Hvordan kan du komme fram til dette svaret uten å regne?

Oppgave 12
Regn ut de stasjonære punktene til funksjonene. Klassifiser punktene.

a. $f(x, y) = 2x^2 - 2xy + 2y + 1$
b. $f(x, y) = e^{x^2+y^2-2x-2y}$
c. $f(x, y) = x^2y^2 - x^2 - y^2$
d. $f(x, y) = yx^3 - \frac{1}{7}y^7 - 3x$

Oppgave 13
En funksjon f er definert ved uttrykket

$$f(x, y) = e^{-(x-1)^2-(y-2)^2}$$

a. Tegn noen nivåkurver til f.
b. Regn ut, og klassifiser, det stasjonære punktet til f.

Oppgaver til avsnitt 1.9

Oppgave 1
Bruk Lagranges metode til regne ut maksima og minima for funksjonen f under bibetingelsen $g = 0$.

a. $f(x, y) = x^2 + y^2, \quad g(x, y) = x - y - 2$
b. $f(x, y) = x + y, \quad g(x, y) = x^2 + 4y^2 - 5$
c. $f(x, y) = xy^2, \quad g(x, y) = x^2 + 2y^2 - 3$
d. $f(x, y) = x^2 + y^2, \quad g(x, y) = x^2 - y - 2$

Oppgave 2
Bruk Lagranges metode til å bestemme maksimum- og minimumverdier til funksjonen f under den gitte bibetingelsen. Gi også en geometrisk beskrivelse av bibetingelsen.

a. $f(x, y) = 2x + y$, når $x^2 + y^2 = 1$
b. $f(x, y) = x + y$, når $x^2 + 4y^2 = 1$
c. $f(x, y) = x^2 - y^2$, når $x^2 + y^2 = 4$
d. $f(x, y) = x^2 + y^2$, når $2x + 3y = 6$

Oppgave 3
I denne oppgaven må du bruke lommeregner til å bestemme tilnærmede verdier når du løser likninger. Finn de største, eventuelt minste, verdiene $f(x, y) = x^2 + xy + 2y^2$ kan ha under bibetingelsen $x - y^2 + 2 = 0$. Løs oppgaven på to forskjellige måter.

Oppgave 4
Regn ut koordinatene til det punktet P på planet $2x + y - z - 5 = 0$ som ligger nærmest origo. Hva er bibetingelsen i dette tilfellet?

Oppgave 5
Gi en geometrisk forklaring på Lagranges metode anvendt på funksjoner av to variable og med én bibetingelse. Tegn skisser som illustrerer forklaringen din.

Oppgave 6
Funksjonen f er definert ved uttrykket $f(x, y, z) = x + y + z$. Skriv opp Lagrangelikningene du må løse når du skal maksimere (minimere) f under bibetingelsene $x^2 + y^2 + z^2 = 1$ og $x - y - z = 1$.

Kapittel 2
Vektorfunksjoner

På fotballbanen skrur en spiller ballen rundt "muren". En god golfspiller kan "forme ballbanen" slik at ballen går i en bue rundt et tre. Selv om spillerne ikke regner ut banen til ballen, er det morsomt å vite at matematikken kan brukes til å beskrive slike ballbaner. Denne type matematikk brukes innen en lang rekke fagområder, rakettskyting, simulering av blodårer, beregning av optimal kjørevei og utregning av traseer for kraftledninger er noen eksempler.

I dette kapitlet skal vi se hvordan vi kan beskrive kurver i rommet. Vi skal se hvordan vi kan regne ut fart og akselerasjon til en partikkel som beveger seg langs en vilkårlig kurve, og vi skal lære hvordan vi bestemmer vektorer som er tangent og normalt til kurven. Vi skal også se hvordan vi kan regne ut hvor langt en partikkel har flyttet seg langs en oppgitt kurve.

2.1 Læringsmål i dette kapitlet

Flere steder i dette kapitlet er det skrevet opp *nøkkelkunnskaper*. Til hver nøkkelkunnskap er det et *mål*. I tillegg til å beherske nøkkelkunnskapene, skal du kunne

1. forklare hva det vil si å **parametrisere en kurve**, og kunne beregne punkter på kurven når parametriseringen er kjent (Avsn. 2.2)
2. definere størrelsene **posisjon, fart og akselerasjon**, og beregne to av størrelsene når én av dem er kjent (Avsn. 2.2)
3. gjøre rede for begrepene **tangent**, **buelengde**, **normalvektor**, **krumning og krumningsradius** (Avsn. 2.2, 2.3, 2.4)
4. avgjøre når det er fordelaktig å beskrive en kurve i planet ved hjelp av **polarkoordinater** (Avsn. 2.5)

2.2 Kurver i planet og i rommet

Fra skolematematikken er vi vant med å tegne grafen til en funksjon av én variabel. Den blir en kurve i planet. Fra kapittel 1 vet vi at grafen til en funksjon av *to* variable er en *flate* i rommet, og *ikke* en kurve. I dette avsnittet skal vi se hvordan vi kan beskrive kurver i rommet.

2.2.1 Parametrisering av en kurve

Når vi skal beskrive *kurver i rommet*, *må* vi bruke en eller annen form for **parametrisering**. Det vil si at vi må kunne nå fram til alle punktene på kurven ved å velge passende verdier av en parameter.

Det er selvsagt ikke noe i veien for å beskrive kurver i *planet* ved hjelp av en parameterframstilling. Når en kurve er grafen til en funksjon $y = f(x)$, blir det spesielt enkelt å bestemme en parametrisering. Da velger vi x som parameter slik at vi regner ut den tilsvarende y-verdien ved å bruke uttrykket for funksjonen. Det er vanlig å "døpe om" parameteren, slik at vi for eksempel skriver $x = t$, og lar navnet til parameteren være t. Legg merke til at vi må oppgi hvilke verdier parameteren kan ha for å ha en komplett parametrisering. Et par eksempler illustrerer hvordan vi parametriserer kurver i planet.

▼

Eksempel 28

Bestem en parameterframstilling for den delen av den rette linja $y = 2x + 3$ der $1 \leq x \leq 2$.

Løsning

Vi kan *velge* å sette $x = x(t) = t$. Da blir $y = y(t) = 2t + 3$. En parameterframstilling er altså:

$$x(t) = t, \quad y(t) = 2t + 3, \quad 1 \leq t \leq 2 \tag{2.1}$$

■

▼

Eksempel 29

Parametriser den delen av grafen til funksjonen $y = f(x) = x^2 + \sin x$ der $-1 \leq x \leq \pi$.

Løsning

Vi lar x være parameter, men døper den om til t. Dette gir:

$$x = t, \quad y = t^2 + \sin t, \quad -1 \leq t \leq \pi \tag{2.2}$$

■

Ved å parametrisere grafer til funksjoner kan vi følge en kurve i en bestemt retning. Eksemplet nedenfor viser dette.

▼

Eksempel 30

Parametriser den delen av grafen til $y = f(x) = x^2$ som ligger mellom punktene $(0, 0)$ og $(1, 1)$, og slik at kurven gjennomløpes *fra* $(1, 1)$ *til* $(0, 0)$.

Løsning

Vi kaller parameteren t, og *velger* å la $0 \leq t \leq 1$. Det vil si at parameteren skal vokse, samtidig som vi skal flytte oss langs kurven på en sånn måte at x-verdien avtar.

I utgangspunktet kan vi tenke oss å bruke parametriseringen $x = t, \quad y = t^2$, men dersom $0 \leq t \leq 1$, vil vi følge kurven fra $(0, 0)$ til $(1, 1)$. Vi må derfor endre uttrykkene for x og y slik at vi starter i $(1, 1)$ og slutter i $(0, 0)$ når t vokser fra 0 til 1. Det får vi til dersom vi setter $x = 1 - t$ og $y = (1 - t)^2$. Parametriseringen blir:

$$x = 1 - t, \quad y = (1 - t)^2, \quad 0 \leq t \leq 1 \tag{2.3}$$

■

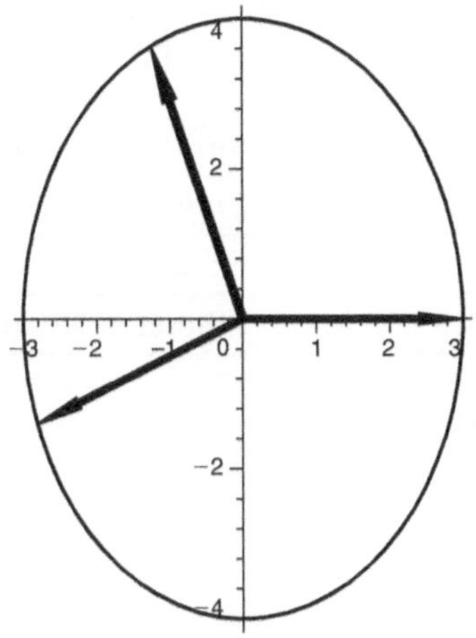

Figur 2.1 Kurven K definert ved $\vec{r}\,(t) = a\cos t\,\vec{i} + b\sin t\,\vec{j} + ct\,\vec{k}$ for $a = 3, b = 4$ og $c = 0$. Figuren viser også $\vec{r}(0), \vec{r}\,(2)$ og $\vec{r}\,(3,5)$.

Når vi skal beskrive en kurve i *rommet*, må vi beskrive x-, y- og z-koordinatene til punktene på kurven ved hjelp av en parameter. Et eksempel på en kurve K i rommet er:

$$x(t) = a\cos t, \quad y(t) = b\sin t, \quad z(t) = ct, \quad 0 \le t \le 15 \tag{2.4}$$

der a, b og c er konstanter. I dette tilfellet har vi oppgitt uttrykk for koordinatene x, y og z hver for seg ved hjelp av parameteren t. Parameteren kan i dette tilfellet godt ha en hvilken som helst verdi dersom det er ønskelig.

Kurven K kan også skrives som en vektor. Vi lar spissen på vektoren følge kurven etter hvert som parameteren t endrer seg. Det vil si at vektoren endrer både retning og lengde. På vektorform skriver vi kurven K slik:

$$\vec{r}(t) = a\cos t\,\vec{i} + b\sin t\,\vec{j} + ct\,\vec{k} = [a\cos t,\ b\sin t,\ ct] \quad 0 \le t \le 15 \tag{2.5}$$

Dette er et eksempel på en **vektorfunksjon**. Vi bruker også betegnelsen **vektorvaluert funksjon**. Figur 2.1 viser kurven K tegnet for $a = 3, b = 4$ og $c = 0$. Figuren viser også vektoren $\vec{r}\,(t)$ tegnet for $t = 0, 2$ og $3, 5$.

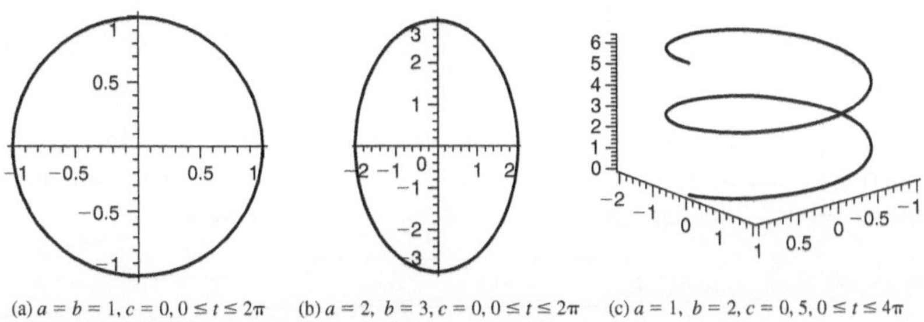

(a) $a = b = 1, c = 0, 0 \le t \le 2\pi$ (b) $a = 2,\ b = 3, c = 0, 0 \le t \le 2\pi$ (c) $a = 1,\ b = 2, c = 0,5, 0 \le t \le 4\pi$

Figur 2.2 Grafisk framstilling av kurven gitt ved parameterframstillingen $\vec{r}\,(t) = a\cos t\,\vec{i} + b\sin t\,\vec{j} + ct\,\vec{k}$ for ulike verdier av a, b og c.

Kurven K som vi har beskrevet ovenfor, vil ha forskjellig utseende avhengig av verdiene til a, b og c. Anta at $a \neq 0,\ b \neq 0$, og begrunn at tabellen nedenfor stemmer:

$a = b$	$c = 0$	Sirkel i xy-planet
$a \neq b$	$c = 0$	Ellipse i xy-planet
$a = b$	$c \neq 0$	Skruelinje (heliks)
$a \neq b$	$c \neq 0$	Ellipseformet skruelinje

Figurene 2.2a og 2.2b viser kurven K når $a = b = 1, c = 0$ og $a = 2, b = 3, c = 0$. Grafen i figur 2.2c viser kurven K når $a = 1, b = 2$ og $c = 0,5$.

Eksempel 31

En kurve er beskrevet ved parameterframstillingen:

$$x(t) = t,\ y(t) = 2t^2,\ 1 \leq t \leq 3 \tag{2.6}$$

Hva slags kurve er dette?

Løsning

Vi er mer vant til å tegne grafer i planet når funksjonen er skrevet på formen $y = f(x)$. I det tilfellet vi har her, kan vi overføre parameterframstillingen til den vanlige formen. Det gjør vi ved å sette inn $t = x$ i uttrykket for $y(t)$. Da får vi:

$$y = 2t^2 = 2x^2 \tag{2.7}$$

Dette kjenner vi igjen som en andregradsfunksjon, og grafen til denne er en parabel. Kurven vi beskriver er den delen av parabelen $y = 2x^2$ der $1 \leq x \leq 3$.

I dette tilfellet er vi altså i stand til å overføre parameterframstillingen til "vanlig" form $y = f(x)$. Det er ikke alltid tilfellet, selv om vi arbeider med kurver i planet. ■

Eksempel 32

Tegn grafen til kurven K definert ved parameterframstillingen:

$$x(t) = \frac{1 - t^2}{1 + t^2},\quad y(t) = \frac{2t}{1 + t^2},\quad -\infty < t < \infty \tag{2.8}$$

Løsning

Når vi skal tegne grafen til en kurve bestemt ved en parameterframstilling, lager vi en tabell og regner ut x og y for ulike verdier av t. Deretter tegner vi disse punktene inn i et koordinatsystem. Tabellen nedenfor viser noen av disse punktene.

t	-1	0	1
$x(t)$	0	1	0
$y(t)$	-1	0	1

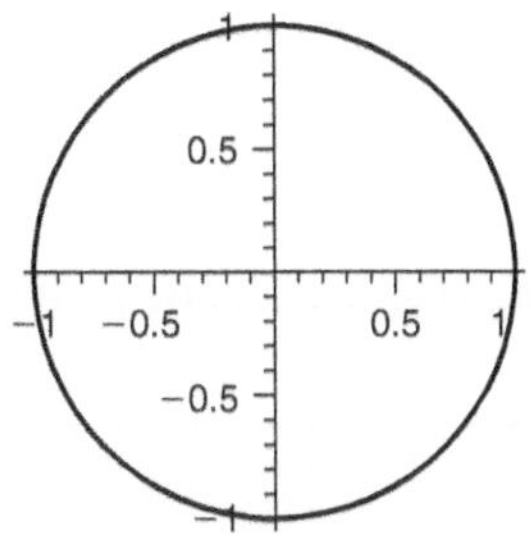

Figur 2.3 Grafen til parameterframstillingen $x(t) = \frac{1-t^2}{1+t^2}$ $y(t) = \frac{2t}{1+t^2}$ $-\infty < t < \infty$

Det skal imidlertid ganske mange beregninger til for å kunne få en antydning om hvordan grafen ser ut. Da er det greit å bruke dataverktøy for å tegne grafen. De fleste grafiske lommeregnere er i stand til å tegne parametriserte grafer.

Kurven K er tegnet i figur 2.3. Vi ser at grafen likner på en sirkel med radius 1 og sentrum i origo. At det virkelig er en sirkel, kan vi se dersom vi regner ut uttrykket $x^2 + y^2$. Gjør det, og kommenter svaret. ■

Eksempel 33

En kurve C er bestemt ved parameterframstillingen

$$x(t) = t - 1, \quad y(t) = 2t^2 - 4t + 1, \quad 0 \leq t \leq 2 \tag{2.9}$$

a. Tegn grafen til C.

b. Eliminer t og finn ut hva slags kurve C er.

Løsning

a. Ved hjelp av et dataprogram, eller ved hjelp av lommeregneren, tegner vi en graf slik som vist i figur 2.4.

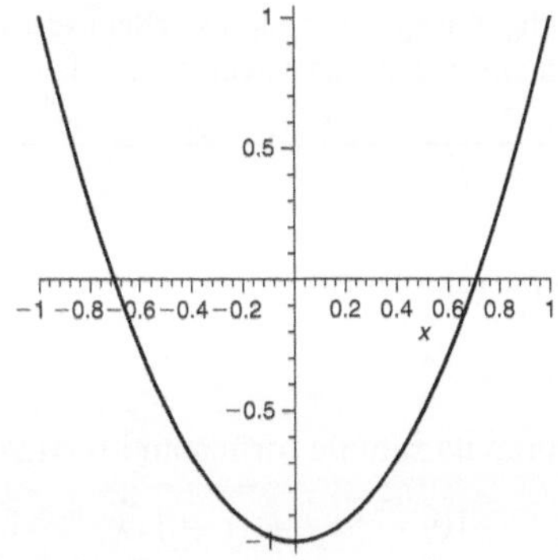

Figur 2.4 Grafen til kurven beskrevet ved $x(t) = t - 1$ $y(t) = 2t^2 - 4t + 1$ $0 \leq t \leq 2$.

b. Fra uttrykket for x finner vi $t = x + 1$. Når vi setter dette inn i uttrykket for y, får vi:

$$y = 2(x+1)^2 - 4(x+1) + 1 = 2x^2 - 1 \quad -1 \le x \le 1 \tag{2.10}$$

Vi ser at dette er en andregradsfunksjon, og grafen er en parabel. ■

Eksempel 34

En kurve C er bestemt ved parameterframstillingen

$$x(t) = t - 3, \quad y(t) = 2t^2 - 10t - 5, \quad z(t) = t - 1, \quad -1 \le t \le 8 \tag{2.11}$$

Tegn grafen til C.

Løsning

Her ser vi at x- og y-koordinatene er som i forrige eksempel. Men nå vil ikke kurven lenger ligge i xy-planet siden z-koordinaten øker når t øker. Ser vi nedover langs z-aksen, vil vi se den samme kurven som i forrige eksempel, men grafen vil "løfte" seg oppover.

Ved å bruke et dataprogram får vi grafen vist i figur 2.5. ■

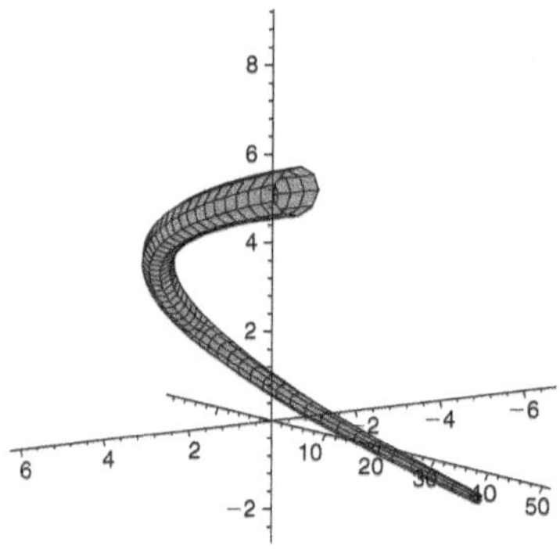

Figur 2.5 Grafen til kurven gitt ved $x(t) = t - 3$, $y(t) = 2t^2 - 10t - 5$, $z(t) = t - 1$, $-1 \le t \le 8$. Kurven starter til høyre i figuren og stiger oppover etter hvert som vi følger den mot venstre. Vi har tegnet kurven slik at den blir tykkere etter hvert som t øker.

Eksempel 35

Skriv kurven i eksempel 34 på vektorform.

Løsning

Vi lar komponentene i vektoren ha samme form som i forrige eksempel. Vi får:

$$\vec{r}(t) = (t-3)\vec{i} + (2t^2 - 10t - 5)\vec{j} + (t-1)\vec{k}, \quad -1 \le t \le 8 \tag{2.12}$$

Spissen av vektoren følger grafen etter hvert som parameteren endrer seg. ■

✓ Nøkkelkunnskap 2.1

Mål: Du skal kunne bestemme en parametrisering av grafen til funksjonen $y = f(x)$.

Bestem en parametrisering av grafen til funksjonen $f(x) = 2x + e^x$ når x er større eller lik null og mindre eller lik 2.

Svar: $x(t) = t, \quad y(t) = 2t + e^t, \quad 0 \le t \le 2$

2.2.2 Posisjon, fart og akselerasjon

Det går an å vise at en vektorfunksjon kan *deriveres* med hensyn på parameteren t. Da deriverer vi hver komponent med hensyn på t. Dersom $\vec{r}\,(t)$ er posisjonsvektoren og t er tida, er **farten** $\vec{v}\,(t)$ definert som den deriverte av posisjonen med hensyn på tida t.

DEFINISJON 2.1

$$\vec{v}\,(t) = \vec{r}\,'(t) = \frac{d\vec{r}(t)}{dt} = \frac{dx(t)}{dt}\vec{i} + \frac{dy(t)}{dt}\vec{j} + \frac{dz(t)}{dt}\vec{k} = v_x\vec{i} + v_y\vec{j} + v_z\vec{k} \qquad \textbf{(2.13)}$$

Her er v_x, v_y og v_z komponentene av farten i x-, y- og z-retning.

Akselerasjonen $\vec{a}\,(t)$ er definert som den deriverte av farten med hensyn på tida.

DEFINISJON 2.2

$$\vec{a}(t) = \vec{v}\,'(t) = \frac{d\vec{v}(t)}{dt} = \frac{dv_x(t)}{dt}\vec{i} + \frac{dv_y(t)}{dt}\vec{j} + \frac{dv_z(t)}{dt}\vec{k} = a_x\vec{i} + a_y\vec{j} + a_z\vec{k} \qquad \textbf{(2.14)}$$

Her er a_x, a_y og a_z komponentene av akselerasjonen i x-, y- og z-retning.

Dersom posisjonsvektoren er definert ved uttrykket:

$$\vec{r}\,(t) = a\cos t\,\vec{i} + b\sin t\,\vec{j} + ct\,\vec{k}$$

regner vi ut fartsvektoren $\vec{v}\,(t)$ og akselerasjonsvektoren $\vec{a}\,(t)$ ved å derivere hver komponent med hensyn på tida t. Det gir:

$$\vec{v}(t) = -a\sin t\,\vec{i} + b\cos t\,\vec{j} + c\,\vec{k} \qquad \textbf{(2.15)}$$

$$\vec{a}(t) = -a\cos t\,\vec{i} + b\sin t\,\vec{j} + 0\,\vec{k} \qquad \textbf{(2.16)}$$

▼

Eksempel 36

En partikkel beveger seg langs en kurve som er bestemt ved parameterframstillingen $\vec{r}\,(t)$. Regn ut fart og akselerasjon som funksjon av tida når posisjonen er gitt ved:

$$\vec{r}\,(t) = t^2\vec{i} + 2t\,\vec{j} + t^3\vec{k}$$

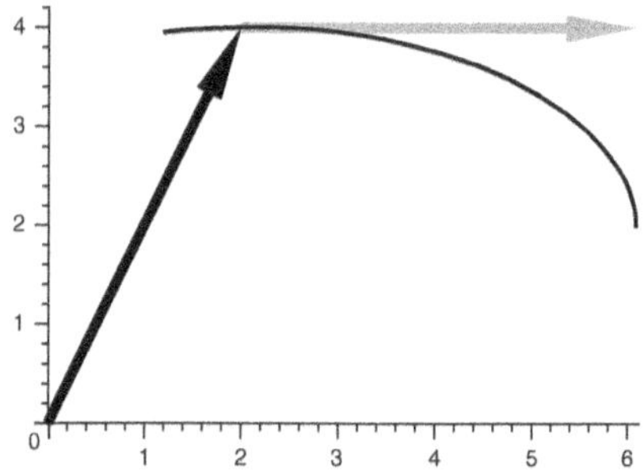

Figur 2.6 Fartsvektoren er tangent til kurven

Løsning

I denne oppgaven må vi bruke definisjonene av fart og akselerasjon:

$$\vec{v}(t) = \frac{d\vec{r}(t)}{dt} \qquad \vec{a}(t) = \frac{d\vec{v}(t)}{dt} \tag{2.17}$$

Vi deriverer komponentvis og får:

$$\vec{r}\,(t) = t^2\vec{i} + 2t\vec{j} + t^3\vec{k} \qquad \vec{v}\,(t) = 2t\vec{i} + 2\vec{j} + 3t^2\vec{k} \qquad \vec{a}\,(t) = 2\vec{i} + 0\vec{j} + 6t\vec{k} \tag{2.18}$$

Her ser vi at y-komponenten av akselerasjonsvektoren er lik null. Vi kunne ha latt være å skrive den opp, men har valgt å gjøre det for å vise resultatet av derivasjonen tydeligere. Å skrive svaret som $\vec{a}(t) = 2\vec{i} + 6t\vec{k}$ er altså like bra. Legg merke til at fartskomponenten i y-retning er konstant. Det stemmer overens med at akselerasjonen i denne retningen er lik null. ■

Det går an å vise at den deriverte av posisjonsvektoren, det vil si farten, er en vektor som er **tangent** til kurven.

Setning 2.1

Fartsvektoren $\vec{v} = \frac{d\vec{r}}{dt}$ er **tangent** til kurven bestemt ved parameterframstillingen $\vec{r} = \vec{r}\,(t)$.

En **enhets-tangentvektor** er bestemt ved uttrykket

$$\vec{T} = \frac{\vec{v}}{|\vec{v}|} \tag{2.19}$$

Figur 2.6 viser posisjonsvektoren og fartsvektoren til en partikkel som følger en kurve.

Eksempel 37

En kurve er bestemt ved uttrykket

$$\vec{r}\,(t) = t\,\vec{i} + \sin 2t\,\vec{j} + \cos t\,\vec{k} \tag{2.20}$$

Bestem en vektor som er tangent til kurven ved tida $t = 2$.

Løsning

Fartsvektoren er tangent til kurven. Vi regner ut farten ved å derivere posisjonsvektoren. Da får vi:

$$\vec{v}\,(t) = \vec{i} + 2\cos 2t\,\vec{j} - \sin t\,\vec{k} \tag{2.21}$$

Vi setter inn $t = 2$. Da er tangentvektoren:

$$\vec{v}(2) = \vec{i} + 2\cos(4)\,\vec{j} - 0{,}909\,\vec{k} \;=\; \vec{i} - 1{,}307\,\vec{j} - \sin(2)\,\vec{k} \tag{2.22}$$

Husk at vi må regne i radianer for å få riktig svar. ■

✓ Nøkkelkunnskap 2.2

Mål: Du skal kunne regne ut fart og akselerasjon når posisjonen er kjent som funksjon av tida.

Bestem et uttrykk for farten og akselerasjonen til en partikkel som følger kurven gitt ved $\vec{r}\,(t) = t^3\,\vec{i} + \sin t\,\vec{j}$.

Svar: $\vec{v}\,(t) = 3t^2\,\vec{i} + \cos t\,\vec{j}$, $\vec{a}\,(t) = 6t\,\vec{i} - \sin t\,\vec{j}$

2.2.3 Å bestemme fart og posisjon når akselerasjonen er kjent

Vi kan integrere vektorfunksjoner med hensyn på parameteren t. Dersom vi kjenner farten som funksjon av tida, kan vi regne ut posisjonen ved integrasjon. Vi tar utgangspunkt i definisjonen av fart, $\vec{v} = \frac{d\vec{r}}{dt}$. Vi multipliserer med dt på begge sider og får $d\vec{r} = \vec{v}\,dt$. Deretter integrerer vi og får:

$$\int_{\vec{r}_0}^{\vec{r}} d\vec{r} = \int_{t_0}^{t} \vec{v}(t)\,dt \tag{2.23}$$

Her er posisjonen $\vec{r}_0$ ved tida t_0: $\vec{r}\,(t_0) = \vec{r}_0$.

Når vi integrerer en vektorfunksjon, integrerer vi ledd for ledd. Dersom farten for eksempel er $\vec{v}(t) = 2t\,\vec{i} + 3t^2\,\vec{j} + \vec{k}$ og $\vec{r}_0 = \vec{r}(0) = \vec{0}$, får vi:

$$\int_{\vec{0}}^{\vec{r}} d\vec{r} = \int_{0}^{t} \vec{v}(t)\,dt \tag{2.24}$$

$$\vec{r}\,(t) - \vec{0} = \int_0^t \left(2t\,\vec{i} + 3t^2\,\vec{j} + \vec{k}\right) dt = \int_0^t 2t\,dt\,\vec{i} + \int_0^t 3t^2\,dt\,\vec{j} + \int_0^t dt\,\vec{k} \tag{2.25}$$

$$\vec{r}\,(t) = t^2\,\vec{i} + t^3\,\vec{j} + t\,\vec{k} \tag{2.26}$$

Vi kan kontrollere at vi har regnet riktig ved å derivere svaret.

Dersom vi kjenner akselerasjonen, kan vi bestemme et uttrykk for farten på tilsvarende måte. Fra definisjonen $\vec{a} = \frac{d\vec{v}}{dt}$ får vi $d\vec{v} = \vec{a}\,dt$, som gir:

$$\int_{\vec{v}_0}^{\vec{v}} d\vec{v} = \int_{t_0}^{t} \vec{a}(t)\,dt \qquad (2.27)$$

Her er farten $\vec{v}_0$ ved tida t_0: $\vec{v}\,(t_0) = \vec{v}_0$.

Eksempel 38

Partikkelen P har fart $\vec{v}\,(t) = 2t\,\vec{i} + 3t^2\,\vec{j}$. Ved tida $t = 0$ er partikkelen i punktet $(1, 2)$. Regn ut P's posisjon som funksjon av tida.

Løsning

For å bestemme posisjonen med hensyn på tida, må vi integrere. Vi må også ta hensyn til startbetingelsen. At partikkelen er i punktet $(1, 2)$ ved tida $t = 0$, kan vi uttrykke ved hjelp av en vektor: $\vec{r}\,(0) = 1\,\vec{i} + 2\,\vec{j}$. Integrasjon gir:

$$\frac{d\vec{r}}{dt} = 2t\,\vec{i} + 3t^2\,\vec{j} \qquad (2.28)$$

$$\int_{\vec{r}(0)}^{\vec{r}(t)} d\vec{r} = \int_0^t \left(2t\,\vec{i} + 3t^2\,\vec{j}\right) dt \qquad (2.29)$$

$$\vec{r}\,(t) - \vec{r}\,(0) = \left[t^2\,\vec{i} + t^3\,\vec{j}\right]_0^t \qquad (2.30)$$

$$\vec{r}\,(t) = t^2\,\vec{i} + t^3\,\vec{j} + \vec{r}(0) = \left(t^2\,\vec{i} + t^3\,\vec{j}\right) + \left(\vec{i} + 2\,\vec{j}\right) \qquad (2.31)$$

$$\vec{r}\,(t) = (t^2 + 1)\vec{i} + (t^3 + 2)\vec{j} \qquad (2.32)$$

Kontroller at startbetingelsen er oppfylt ved å sette inn $t = 0$ i uttrykket for $\vec{r}$. ■

Eksempel 39

En partikkel har akselerasjonen

$$\vec{a}(t) = 2\,\vec{i} + 6t\,\vec{j} + 12t^2\,\vec{k} \qquad (2.33)$$

Ved tida $t = 0$ er partikkelen i ro i punktet $P(1, 2, 3)$. Bestem partikkelens posisjon som funksjon av tida t.

Løsning

Vi må bruke definisjonene av fart og akselerasjon, men vi blir nødt til å integrere to ganger: Først må vi regne ut farten, deretter posisjonen.

Opplysningene om at partikkelen er i ro i punktet P ved tida $t = 0$, er *startbetingelser* (initialbetingelser) vi kan bruke for å bestemme integrasjonskonstantene. Utsagnet innebærer:

- At partikkelen er i ro ved tida $t = 0$, "oversetter" vi til matematisk språk ved å skrive $\vec{v}(0) = \vec{0}$.
- At partikkelen er i punktet $P(1, 2, 3)$ ved tida $t = 0$, "oversetter" vi ved å skrive $\vec{r}_0 = \vec{r}(0) = 1\vec{i} + 2\vec{j} + 3\vec{k}$.

Vi får:

$$\vec{a}(t) = \frac{d\vec{v}}{dt} = 2\vec{i} + 6t\vec{j} + 12t^2\vec{k} \tag{2.34}$$

$$d\vec{v} = \left(2\vec{i} + 6t\vec{j} + 12t^2\vec{k}\right) dt \tag{2.35}$$

$$\int_{\vec{v}_0}^{\vec{v}} d\vec{v} = \int_0^t \left(2\vec{i} + 6t\vec{j} + 12t^2\vec{k}\right) dt \tag{2.36}$$

$$\vec{v}(t) - \vec{0} = 2t\vec{i} + 3t^2\vec{j} + 4t^3\vec{k} \tag{2.37}$$

$$\vec{v}(t) = 2t\vec{i} + 3t^2\vec{j} + 4t^3\vec{k} \tag{2.38}$$

Her har vi satt inn startbetingelsen $\vec{v}(0) = \vec{0}$. For å regne ut posisjonen integrerer vi på nytt. Vi får da:

$$\vec{v}(t) = \frac{d\vec{r}(t)}{dt} = 2t\vec{i} + 3t^2\vec{j} + 4t^3\vec{k} \tag{2.39}$$

$$d\vec{r}(t) = \left(2t\vec{i} + 3t^2\vec{j} + 4t^3\vec{k}\right) dt \tag{2.40}$$

$$\int_{\vec{r}_0}^{\vec{r}} d\vec{r}(t) = \int_0^t \left(2t\vec{i} + 3t^2\vec{j} + 4t^3\vec{k}\right) dt \tag{2.41}$$

$$\vec{r}(t) - (1\vec{i} + 2\vec{j} + 3\vec{k}) = t^2\vec{i} + t^3\vec{j} + t^4\vec{k} \tag{2.42}$$

$$\vec{r}(t) = \left(t^2 + 1\right)\vec{i} + \left(t^3 + 2\right)\vec{j} + \left(t^4 + 3\right)\vec{k} \tag{2.43}$$

Vi kan kontrollere svaret ved å sette inn startbetingelsene, og ved å derivere uttrykkene. Gjør det! ■

✓ Nøkkelkunnskap 2.3

Mål: Du skal kunne bestemme posisjonen til en partikkel når farten er kjent som funksjon av tida. Du skal kunne bestemme farten til en partikkel når akselerasjonen er kjent som funksjon av tida.

Farten til en partikkel er $\vec{v}(t) = 2t\vec{i} + 3t^2\vec{j}$. Når $t = 0$, er partikkelen i punktet $(1, 2)$. Bestem et uttrykk for posisjonen til partikkelen.

Svar: $\vec{r}(t) = (t^2 + 1)\vec{i} + (t^3 + 2)\vec{j}$

2.2.4 Produktregelen

Dersom vi multipliserer sammen to vektorfunksjoner, går det an å vise at **produktregelen for derivasjon** gjelder for både skalarproduktet og vektorproduktet av to vektorer.

Setning 2.2

$$\frac{d}{dt}\left(\vec{a}\cdot\vec{b}\right) = \frac{d\vec{a}}{dt}\cdot\vec{b}+\vec{a}\cdot\frac{d\vec{b}}{dt} \tag{2.44}$$

$$\frac{d}{dt}\left(\vec{a}\times\vec{b}\right) = \frac{d\vec{a}}{dt}\times\vec{b}+\vec{a}\times\frac{d\vec{b}}{dt} \tag{2.45}$$

Husk at *rekkefølgen* vi skriver vektorene i når vi regner ut *kryssproduktet* har betydning. Dersom vi bytter rekkefølgen, får vi motsatt fortegn. Det betyr at vi har fått en vektor som peker i motsatt retning.

2.3 Buelengde

Når en partikkel beveger seg i rommet, tilbakelegger den en strekning s i løpet av tida t langs den kurven den følger. Vi antar at kurven er bestemt ved vektorfunksjonen $\vec{r} = \vec{r}\,(t)$. Da *definerer* vi lengden s av kurven som vektorspissen følger når t endrer seg fra $t = a$ til $t = b$ ved uttrykket:

DEFINISJON 2.3

$$s = \int_a^b |\vec{r}\,'|\,dt = \int_a^b \sqrt{\vec{r}\,'\cdot\vec{r}\,'}\,dt = \int_a^b \sqrt{\vec{v}\cdot\vec{v}}\,dt \tag{2.46}$$

Her har vi brukt definisjonen av fart $\vec{r}\,' = \vec{v}$ når vi skriver opp det siste leddet. Vi ser at det virker rimelig å regne ut buelengden på denne måten ved å regne ut uttrykket i likning 2.46 når

$$\vec{r}(t) = a\cos t\,\vec{i} + a\sin t\,\vec{j} + 0\,\vec{k},\quad 0 \le t \le 2\pi \tag{2.47}$$

$$\vec{r}\,'(t) = \vec{v}(t) = -a\sin t\,\vec{i} + a\cos t\,\vec{j} + 0\,\vec{k}, \tag{2.48}$$

I dette tilfellet foregår bevegelsen i xy-planet, og kurven er en sirkel med radius a. Bruker vi definisjonen i likning 2.46 får vi:

$$s = \int_0^{2\pi} \left|-a\sin t\,\vec{i} + a\cos t\,\vec{j}\right| dt = \int_0^{2\pi} \sqrt{a^2\sin^2 t + a^2\cos^2 t}\,dt = \int_0^{2\pi} a\,dt = 2\pi a \tag{2.49}$$

Dette kjenner vi igjen som uttrykket for omkretsen av en sirkel.

Eksempel 40

En partikkel følger kurven

$$\vec{r}\,(t) = t\,\vec{i} + t\,\vec{j}, \quad 0 \leq t \leq 1 \tag{2.50}$$

Regn ut hvor langt partikkelen beveger seg.

Løsning

For å regne ut lengden av kurven, bruker vi definisjonen i likning 2.46:

$$s = \int_0^1 \sqrt{\vec{v} \cdot \vec{v}}\, dt \tag{2.51}$$

Vi bestemmer først fartsvektoren: $\vec{v}(t) = \frac{d\vec{r}\,(t)}{dt} = 1\,\vec{i} + 1\,\vec{j}$. Dette gir:

$$s = \int_0^1 \sqrt{(\vec{i} + \vec{j}) \cdot (\vec{i} + \vec{j})}\, dt = \int_0^1 \sqrt{1+1}\, dt = \sqrt{2} \tag{2.52}$$

At svaret er riktig, ser vi når vi betrakter kurven: Kurven er det rette linjestykket fra origo til punktet (1, 1). Lengden av dette linjestykket kan vi regne ut ved å bruke Pythagoras' setning. ■

Eksempel 41

En partikkel beveger seg langs parabelen $y = x^2$ fra origo til punktet (1, 1). Hvor langt beveger partikkelen seg?

Løsning

Vi parametriserer kurven ved å sette:

$$x = t, \quad y = t^2, \quad 0 \leq t \leq 1 \tag{2.53}$$

Da får vi:

$$\vec{r}\,(t) = t\,\vec{i} + t^2\,\vec{j} \qquad \vec{v}\,(t) = \vec{i} + 2t\,\vec{j} \tag{2.54}$$

$$s = \int_0^1 \sqrt{\vec{v} \cdot \vec{v}}\, dt = \int_0^1 \sqrt{1 + 4t^2}\, dt = \tfrac{1}{2}\sqrt{5} - \tfrac{1}{4}\ln\left(-2 + \sqrt{5}\right) \approx 1,48 \tag{2.55}$$

Integralet regner vi ut ved å bruke et dataverktøy, integrasjonsfunksjonen på lommeregneren eller tabell. Ofte blir integralene vi må regne ut vanskelige å løse, men det går oftest greit å bestemme en tilnærmet verdi ved å bruke lommeregner. ■

✓ Nøkkelkunnskap 2.4

Mål: Du skal kunne regne ut lengden av en kurve gitt på parameterform.

En partikkel følger kurven $\vec{r}\,(t) = t\,\vec{i} - 2t\,\vec{j}, \; 0 \leq t \leq 1$. Regn ut hvor langt partikkelen har beveget seg.

Svar: $s = \sqrt{5}$

2.4 Normalvektor og krumning

I forrige avsnitt så vi at fartsvektoren er tangent til kurven. Noen ganger er det behov for å kunne bestemme en vektor som er **normal** til (vinkelrett på) kurven som partikkelen følger.

Vektoren $\vec{T} = \frac{\vec{v}}{|\vec{v}|}$ er en enhetstangent til kurven. Det går an å utlede et uttrykk for en enhetsvektor som står normalt på kurven uttrykt ved $\vec{T}$.

Setning 2.3

En enhetsvektor som står normalt på kurven, kaller vi **hovednormalen**. Vi beregner den ved uttrykket:

$$\vec{N} = \frac{\frac{d\vec{T}}{dt}}{\left|\frac{d\vec{T}}{dt}\right|} \tag{2.56}$$

Denne vektoren kalles også **enhets-hovednormalen**. Vektoren $\vec{N}$ peker i den retningen kurven krummer.

Dersom kurven er plan, er det lett å bestemme en normalvektor til kurven. Hvis vi har regnet ut fartsvektoren $\vec{v} = [\,v_x,\ v_y\,]$, er en normalvektor bestemt ved uttrykket $\vec{n} = [\,-v_y,\ v_x\,]$. At dette er riktig, ser vi ved å regne ut $\vec{v} \cdot \vec{n} = -v_x v_y + v_x v_y = 0$. Siden skalarproduktet er null, står de to vektorene vinkelrett på hverandre.

▼

Eksempel 42

En partikkel følger sirkelbanen

$$\vec{r}\,(t) = 2\cos t\,\vec{i} + 2\,\sin t\,\vec{j} \tag{2.57}$$

Bestem uttrykket for en enhetsvektor som står normalt på kurven.

Løsning

Vi bruker uttrykket i likning 2.56. Da får vi:

$$\vec{v}\,(t) = -2\sin t\,\vec{i} + 2\cos t\,\vec{j} \quad \Rightarrow \quad |\vec{v}\,(t)| = 2 \tag{2.58}$$

$$\vec{T} = \frac{-2\sin t\,\vec{i} + 2\cos t\,\vec{j}}{2} = -\sin t\,\vec{i} + \cos t\,\vec{j} \tag{2.59}$$

Da blir:

$$\frac{d\vec{T}}{dt} = -\cos t\,\vec{i} - \sin t\,\vec{j} \tag{2.60}$$

Lengden av denne vektoren er 1. Normalvektoren blir da:

$$\vec{N} = -(\cos t\,\vec{i} + \sin t\,\vec{j}) \tag{2.61}$$

Vi ser at denne vektoren er parallell med radiusvektor $\vec{r}\,(t) = 2\cos t\,\vec{i} + 2\,\sin t\,\vec{j}$. Siden radien står vinkelrett på sirkelbanen, ser vi at resulatet vi har kommet fram til stemmer. ■

Eksempel 43

En vektorfunksjon er definert ved uttrykket

$$\vec{r}\,(t) = a\cos t\,\vec{i} + a\sin t\,\vec{j} + bt\,\vec{k} \tag{2.62}$$

Vi antar at $a > 0$ og $b > 0$. Bestem enhetstangenten $\vec{T}$ og enhetsnormalen $\vec{N}$ til kurven definert ved vektorfunksjonen.

Løsning

For å finne enhetstangenten, regner vi ut fartsvektoren. Deretter *normerer* vi denne. At vi normerer vektoren, betyr at vi justerer lengden til 1. Resultatet blir:

$$\vec{v}\,(t) = \frac{d\vec{r}\,(t)}{dt} = -a\sin t\,\vec{i} + a\cos t\,\vec{j} + b\,\vec{k} \tag{2.63}$$

$$|\vec{v}\,(t)| = \sqrt{a^2\sin^2 t + a^2\cos^2 t + b^2} = \sqrt{a^2+b^2} \tag{2.64}$$

$$\vec{T} = \frac{\vec{v}}{|\vec{v}|} = \frac{1}{\sqrt{a^2+b^2}}\left(-a\sin t\,\vec{i} + a\cos t\,\vec{j} + b\,\vec{k}\right) \tag{2.65}$$

Når vi skal regne ut enhetsnormalen, bruker vi likning 2.56. Vi får:

$$\frac{d\vec{T}}{dt} = \frac{1}{\sqrt{a^2+b^2}}\left(-a\cos t\,\vec{i} - a\sin t\,\vec{j} + 0\,\vec{k}\right) \tag{2.66}$$

$$\left|\frac{d\vec{T}}{dt}\right| = \frac{1}{\sqrt{a^2+b^2}}\sqrt{a^2\cos^2 t + a^2\sin^2 t + 0^2} \tag{2.67}$$

$$\left|\frac{d\vec{T}}{dt}\right| = \frac{a}{\sqrt{a^2+b^2}} \tag{2.68}$$

$$\vec{N} = \frac{\frac{d\vec{T}}{dt}}{\left|\frac{d\vec{T}}{dt}\right|} = \frac{\frac{1}{\sqrt{a^2+b^2}}\left(-a\cos t\,\vec{i} - a\sin t\,\vec{j}\right)}{\frac{a}{\sqrt{a^2+b^2}}} = -\cos t\,\vec{i} - \sin t\,\vec{j} \tag{2.69}$$

Kontroller at lengden av $\vec{N}$ er lik 1. ■

Krumningen til en kurve forteller hvordan kurven dreier seg. Er krumningen stor, er "svingen" på kurven "krapp". Det betyr at enhetstangenten forandrer retning raskt når vi beveger oss langs kurven. Vi definerer krumningen κ slik:

DEFINISJON 2.4

Krumningen til en kurve er definert ved uttrykket:

$$\kappa = \left| \frac{d\vec{T}}{ds} \right| \tag{2.70}$$

der ds er et lite lengdeelement langs kurven.

Vi kan omforme definisjonslikningen for krumningen slik at vi får et uttrykk som er lettere å regne med:

$$\left| \frac{d\vec{T}}{ds} \right| = \left| \frac{dt}{dt} \frac{d\vec{T}}{ds} \right| = \left| \frac{dt}{ds} \frac{d\vec{T}}{dt} \right| = \left| \frac{1}{\frac{ds}{dt}} \frac{d\vec{T}}{dt} \right| = \frac{1}{|\vec{v}|} \left| \frac{d\vec{T}}{dt} \right| \tag{2.71}$$

Vi har vist at:

Setning 2.4

Krumningen til en kurve kan beregnes ved uttrykket:

$$\kappa = \frac{1}{|\vec{v}|} \left| \frac{d\vec{T}}{dt} \right| \tag{2.72}$$

der $\vec{T}$ er enhetstangenten og $\vec{v}$ er fartsvektoren.

Det er dette uttrykket vi bruker når vi skal beregne krumningen.

For en plan kurve går det an å vise at krumningen kan beregnes ved disse uttrykkene:

Setning 2.5

Når en kurve ligger i xy-planet og er gitt ved parametriseringen $x = x(t), \quad y = y(t)$, kan **krumningen** beregnes ved uttrykket:

$$\kappa = \frac{|\vec{a} \times \vec{v}|}{v^3} = \frac{|x'y'' - x''y'|}{v^3} \tag{2.73}$$

Den inverse av krumningen kaller vi **krumningsradien** ρ:

DEFINISJON 2.5

Krumningsradien er definert som den inverse av krumningen:

$$\rho = \frac{1}{\kappa} \tag{2.74}$$

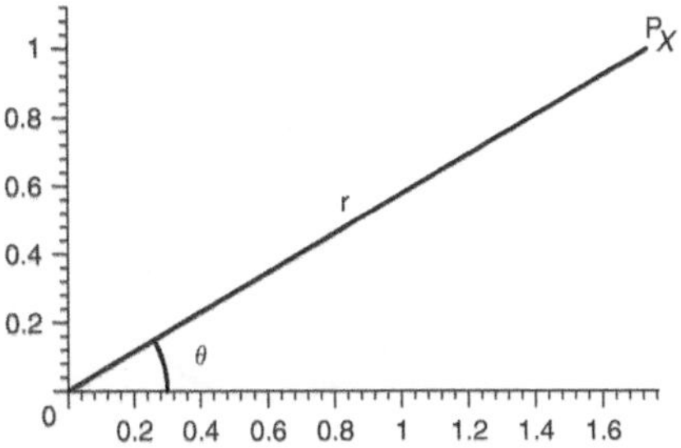

Figur 2.7 Figuren viser hvordan punktet P kan beskrives ved hjelp av polarkoordinatene r og θ.

Er krumningen stor, er krumningsradien liten. En rett linje har krumning lik null fordi enhetstangenten aldri endrer retning. Da er krumningsradien uendelig stor.

Eksempel 44

Regn ut krumningen til kurven beskrevet ved vektorfunksjonen i likning 2.62.

Løsning

Vi regnet ut alle de størrelsene vi trenger i forrige eksempel slik at vi kan sette direkte inn i definisjonen:

$$\kappa = \frac{1}{|\vec{v}|}\left|\frac{d\vec{T}}{dt}\right| = \frac{1}{\sqrt{a^2+b^2}}\left|\frac{1}{\sqrt{a^2+b^2}}\left(-a\cos t\,\vec{i} - a\sin t\,\vec{j}\right)\right| = \frac{a}{a^2+b^2} \tag{2.75}$$

Dersom $b = 0$, er kurven en sirkel med radius a. Dette ser vi av uttrykket for $\vec{r}\,(t)$. Dersom vi setter $b = 0$ inn i uttrykket for krumningen, ser vi at krumningen er $1/a$. Krumningsradien, som er den inverse av krumningen, blir da a, som er radien i sirkelen. Uttrykket for κ virker altså ikke urimelig. ■

✓ Nøkkelkunnskap 2.5

Mål: Du skal kunne bestemme enhets-tangentvektoren i et punkt på en kurve.

Regn ut en enhetsvektor som er tangent til kurven $\vec{r}\,(t) = t^2\,\vec{i} - t^3\,\vec{j}$ når $t = 1$.

Svar: $\vec{T} = \frac{1}{\sqrt{13}}\left(2\vec{i} - 3\vec{j}\right)$

2.5 Kurver i planet: Polarkoordinater

En annen måte å beskrive en kurve i planet på enn de vi har sett til nå, er ved hjelp av **polarkoordinater**.

For å definere polarkoordinater, velger vi et punkt i planet. Dette punktet kaller vi **polen**, eller **origo**. Fra polen trekker vi en stråle som vi kaller **polaraksen**. Ethvert punkt i planet kan da beskrives ved hjelp av avstanden r fra polen av vinkelen θ som strålen fra origo til punktet danner med polaraksen. Vinkelen θ regner vi som positiv når vi dreier i motsatt retning av klokka i forhold til polaraksen. Vi har vist dette i figur 2.7.

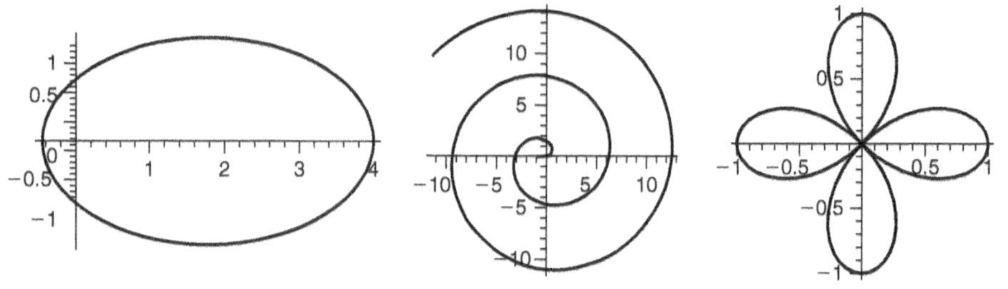

(a) Eillipsen $r = \dfrac{0{,}8}{1-0{,}8\cos\theta}$ (b) Kurven $r = \theta$, $0 \leq \theta \leq 4,75\pi$ (c) Kurven $r = \cos 2\theta$, $0 \leq \theta \leq 2\pi$

Figur 2.8 Grafene til noen polarkurver.

Av figur 2.7 ser vi at sammenhengen mellom kartesiske koordinater og polarkoordinater er:

Setning 2.6

$$x = r\cos\theta \qquad y = r\sin\theta \tag{2.76}$$

$$r^2 = x^2 + y^2 \qquad \tan\theta = \frac{y}{x} \tag{2.77}$$

Vi kan tegne grafen til en polarkurve ved å plotte samhørende verdier av r og θ. Ofte er det en hensiktsmessig måte å framstille grafer på. Et eksempel er når vi skal beskrive posisjonen til en kommunikasjonssatellitt. Når den går i bane rundt jorda, er den bare påvirket av gravitasjonen fra jorda. Da vil den følge en ellipseformet bane med jordsenteret i det ene brennpunktet. I polarkoordinater er ellipsebanen beskrevet ved uttrykket:

$$r = \frac{\epsilon p}{1 - \epsilon\cos\theta}, \quad \epsilon < 1 \tag{2.78}$$

Her er p og ϵ parametre som bestemmer formen på ellipsen.

Hvis $\epsilon = 1$, beskriver likningen en parabel, og dersom $\epsilon > 1$, beskriver den en hyperbel. Dette er også mulige baner for et legeme som bare er påvirket av gravitasjonen, men disse banene er ikke lukket.

I figur 2.8a har vi tegnet en ellipse der $p = 1$ og $\epsilon = 0,8$. Figur 2.8b viser grafen til kurven $r = \theta, 0 \leq \theta \leq 4,75\pi$, og figur 2.8c viser grafen til kurven $r = \cos 2\theta, 0 \leq \theta \leq 2\pi$.

Eksempel 45

Tegn grafen til funksjonen gitt ved uttrykket $r(\theta) = 2(1 + \cos\theta), 0 \leq \theta \leq 2\pi$.

Løsning

Vi kan enten bruke en lommeregner eller et annet dataprogram, eller vi kan lage en tabell over samhørende verdier av r og θ og plotte punktene (r, θ) inn i et koordinatsystem. Figur 2.9 viser grafen. Denne grafen kalles en **cardioide**. ■

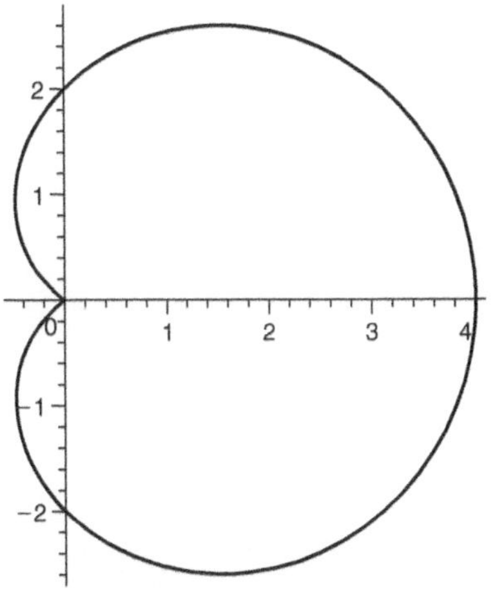

Figur 2.9 Cardioiden $r = 2(1+\cos\theta)$, se eksempel 2.5

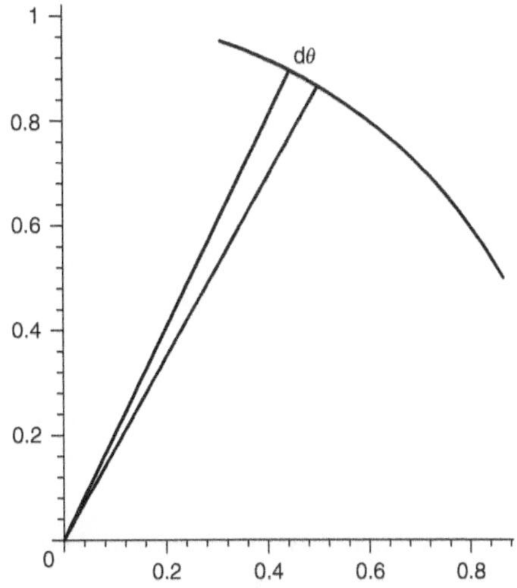

Figur 2.10 Arealet begrenset av polarkurven $r = r(\theta)$ og to stråler med vinkelavstand $d\theta$ er tilnærmet en sirkelsektor.

2.5.1 Areal og polarkurver

Vi kan regne ut arealer som er avgrenset av kurver tegnet i polarkoordinater. Vi betrakter arealet begrenset av to stråler med vinkelavstand $d\theta$ og polarkurven, se figur 2.10. Den smale sektoren mellom strålene er tilnærmet en sirkelsektor. Vinkelen $d\theta$ utgjør brøkdelen $d\theta/2\pi$ av en hel sirkel, slik at:

$$dA = \frac{d\theta}{2\pi}\pi r^2 = \frac{1}{2}r^2 d\theta = \frac{1}{2}[r(\theta)]^2 d\theta \tag{2.79}$$

Arealet mellom to stråler beregner vi ved å integrere:

Setning 2.7

Arealet begrenset av polarkurven $r = r(\theta)$ og strålene $\theta = \alpha$ og $\theta = \beta$ der $\alpha < \beta$, kan beregnes ved uttrykket:

$$A = \int dA = \frac{1}{2}\int_{\alpha}^{\beta} [r(\theta)]^2\, d\theta \tag{2.80}$$

▼

Eksempel 46

Regn ut arealet av den lukkede flaten som er begrenset av *cardioiden* $r = 2(1+\cos\theta)$, $0 \le \theta \le 2\pi$.

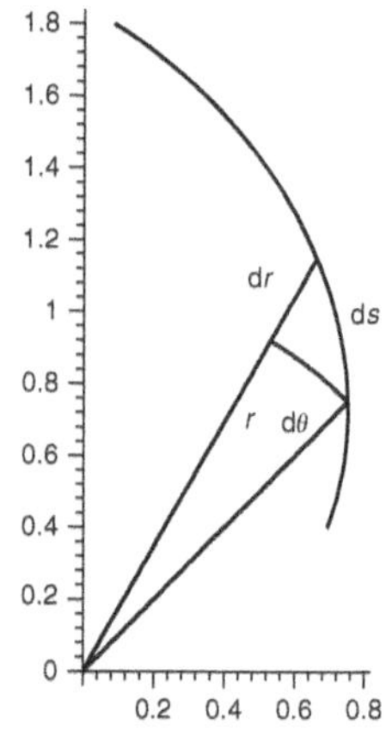

Figur 2.11 Buelengden ds bestemmer vi ved å bruke Pythagoras' setning.

Løsning

Grafen til funksjonen er vist i figur 2.9. For å regne ut arealet bruker vi uttrykket i likning 2.80. Da får vi:

$$\int_0^{2\pi} \frac{1}{2} r^2 \, d\theta = \int_0^{2\pi} \frac{1}{2} \cdot 4(1+\cos\theta)^2 \, d\theta = [\, 3\theta + 4\sin\theta + \cos\theta \sin\theta \,]_0^{2\pi} = 6\pi \tag{2.81}$$

■

2.5.2 Buelengde og polarkurver

Lengden ds av polarkurven mellom strålene θ og $\theta + d\theta$ kan bestemmes ved hjelp av Pythagoras' setning, se figur 2.11. Vi får:

$$(ds)^2 = (dr)^2 + (r \cdot d\theta)^2 = \left[\left(\frac{dr}{d\theta} \right)^2 + r^2 \right] (d\theta)^2 \tag{2.82}$$

Når vi skal beregne lengden av en polarkurve, må vi altså integrere uttrykket

$$ds = \sqrt{\left(\frac{dr}{d\theta} \right)^2 + r^2} \, d\theta \tag{2.83}$$

Setning 2.8

Lengden L av polarkurven når vinkelen øker fra $\theta = \alpha$ til $\theta = \beta$ er:

$$L = \int ds = \int_\alpha^\beta \sqrt{\left(\frac{dr}{d\theta} \right)^2 + r^2} \, d\theta \tag{2.84}$$

▼

Eksempel 47

Regn ut lengden av cardioiden $r = 2(1+\cos\theta)$, $0 \le \theta \le 2\pi$, se figur 2.9.

Løsning

Vi bruker likning 2.83 og får:

$$L = \int ds = \int_0^{2\pi} \sqrt{\left(\frac{dr}{d\theta}\right) + r^2}\, d\theta = \int_0^{2\pi} \sqrt{(4\sin^2\theta + 4(1+\cos\theta)^2)}\, d\theta \qquad (2.85)$$

$$= \int_0^{2\pi} \sqrt{8 + 8\cos\theta}\, d\theta = 16 \qquad (2.86)$$

For å beregne det siste integralet, kan vi for eksempel bruke kalkulator eller et dataprogram. ■

✓ Nøkkelkunnskap 2.6

Mål: Du skal kunne beskrive en kurve i planet ved å bruke polarkoordinater.

En kurve er bestemt implisitt ved uttrykket $2x^2 + 2y^2 = 16$. Overfør uttrykket til polarkoordinater. Hva slag kurve er dette?

Svar: Sirkelen $r = 8$.

2.6 Oppgaver til kapittel 2

Oppgaver til avsnitt 2.2

Parametrisering av kurver

Oppgave 1
En partikkel følger en bane som er definert ved en parameterframstilling.
Bestem posisjonen til partikkelen når $t = 0$ og når $t = 1$, når posisjonen er bestemt ved uttrykkene:

a. $x(t) = t - 1, \quad y(t) = t^2$
b. $\vec{r}\,(t) = [\,3t^2 + 1,\ -t\,]$
c. $x(t) = \sqrt{t+1},$
$y(t) = t^2 - t, \quad z(t) = 4t$
d. $\vec{r}\,(t) = [\,t+1,\ t^3+1,\ 2t+4\,]$

Oppgave 2
Skisser kurvene bestemt ved parameterframstillingene:

a. $x(t) = t, \ y(t) = \sqrt{t}, \quad 0 \le t \le 4$
b. $x(t) = 1 - t, \ y(t) = t^2 - 1, \quad 0 \le t \le 1$

Oppgave 3
Skisser kurvene bestemt ved:

a. $\vec{r}(t) = t\,\vec{i} + (2t+1)\,\vec{j}, \quad 0 \le t \le 1$
b. $\vec{r}(t) = t\,\vec{i} + t^2\,\vec{j}, \quad 0 \le t \le 2$

Oppgave 4
Kurven C er den delen av parabelen $y = x^2$ som ligger mellom punktene $A\,(0,\,0)$ og $B\,(2,\,4)$.
Parametriser C slik at den gjennomløpes fra A til B.
Parametriser deretter C slik at den gjennomløpes fra B til A.

Oppgave 5
Bestem en parameterframstilling for kurvene C, når C er:

a. den rette linja fra punktet $(1,\,2)$ til punktet $(3,\,5)$.

b. den rette linja fra punktet $(1,\,2,\,0)$ til punktet $(3,\,5,\,2)$.

c. grafen til funksjonen $y = x^2$ fra $(0,\,0)$ til $(1,\,1)$.

d. grafen til funksjonen $y = x + x^2 + \sin x$ fra punktet $(0,\,0)$ til punktet $(\pi,\ \pi + \pi^2)$.

Oppgave 6
Parametriser de samme kurvene som i oppgave 5, men slik at de gjennomløpes motsatt vei.

Oppgave 7
En kurve C er bestemt ved parameterframstillingen

$$x(t) = \cos t, \quad y(t) = \sin t, \quad 0 \le t \le 2\pi$$

a. Forklar at C er en sirkel med sentrum i origo, radius lik 1, og gjennomløpes *mot* klokka.

b. Lag en parameterframstilling for den samme sirkelen, men slik at kurven gjennomløpes *med* klokka.

c. Kurven K er bestemt ved parameterframstillingen

$$x(t) = \cos t, \quad y(t) = \sin t, \quad z(t) = t, \quad 0 \le t \le 4\pi$$

Hva slags kurve er dette?

Posisjon, fart og akselerasjon

Oppgave 8
En partikkel følger banen gitt ved vektoren $\vec{r}\,(t) = [t^2,\ t^3,\ t^4]$.
Regn ut fartsvektoren og akselerasjonsvektoren.

Oppgave 9
En partikkel har posisjonsvektor $\vec{r}(t) = t\,\vec{i} + t^2\,\vec{j} + t^3\,\vec{k}$

a. Regn ut farten og akselerasjonen til partikkelen som funksjon av tida.

b. Bestem enhetsvektoren som er tangent til banen når $t = 3$.

Oppgave 10
En partikkel har posisjonsvektor $\vec{r}(t) = 2\cos t\,\vec{i} + 2\sin t\,\vec{j} + ct\,\vec{k}$ der c er en konstant.
Anta først at $c = 0$.

a. Skisser banen partikkelen følger.

b. Regn ut farten og akselerasjonen til partikkelen som funksjon av tida. Vi setter så $c = 1$.

c. Gjør de samme utregningene som i spørsmål a og b.

Oppgave 11
En partikkel følger en bane som er bestemt ved posisjonsvektoren $\vec{r}(t) = t\,\vec{i} + t^2\,\vec{j}$.

a. Skisser banen partikkelen følger når $-1 \leq t \leq 2$.
b. Regn ut en enhetsvektor som er tangent til banen når $t = 1$.
c. Regn ut vinkelen mellom akselerasjonsvektoren $\vec{a}(t)$ og x-aksen når $t = 1$.

Oppgave 12
En partikkel har posisjonsvektor $\vec{r}(t) = 2\cos t\,\vec{i} + 3\sin t\,\vec{j} + ct\,\vec{k}$ der c er en konstant. Anta først at $c = 0$.

a. Skisser banen partikkelen følger.
b. Regn ut farten og akselerasjonen til partikkelen som funksjon av tida. Vi setter så $c = 1$.
c. Gjør de samme utregningene som i spørsmål a og b.

Oppgave 13
En partikkel har posisjonsvektor $\vec{r}(t) = 6\sin t\,\vec{i} + t^2\,\vec{j} + t\,\vec{k}$.

a. Bestem partikkelens fart når $t = 2$.
b. Regn ut enhets-tangentvektoren når $t = 2$.

Oppgave 14
En partikkel har posisjonsvektor $\vec{r}(t) = 3\cos\omega t\,\vec{i} + 4\cos\omega t\,\vec{j} + 5\sin\omega t\,\vec{k}$.

a. Regn ut $|\vec{r}(t)|$.
b. Regn ut partikkelens fart og akselerasjon.
c. Regn ut $\vec{r} \times \vec{a}$. Gi en tolkning av svaret.

Oppgave 15
En partikkel har fart $\vec{v}\,(t) = [\,2t,\ 3t^2\,]$. Ved tida $t = 0$ er partikkelen i origo. Regn ut partikkelens posisjonsvektor.

Oppgave 16
En partikkel har akselerasjon $\vec{a}\,(t) = [\,6t,\ 12t^2\,]$. Ved tida $t = 0$ er partikkelens fart $\vec{v}\,(0) = [\,1,\ 2\,]$.
Regn ut partikkelens fart.

Oppgave 17
En partikkel har akselerasjon $\vec{a}\,(t) = [\,6t,\ 12t^2\,]$. Ved tida $t = 0$ er partikkelen i punktet $(1, 1)$ og har farten $\vec{v}\,(0) = [\,1,\ 2\,]$ (se oppgave 16). Regn ut partikkelens posisjon som funksjon av tida.

Oppgave 18
En partikkel har fart $\vec{v}(t) = t\,\vec{i} + t^2\,\vec{j}$. Ved tida $t = 0$ er partikkelen i punktet $(1, 2)$.

a. Regn ut partikkelens akselerasjon.
b. Bestem et uttrykk for partikkelens posisjon som funksjon av tida.
c. Hvor er partikkelen ved tida $t = 5$? Hvor stor er akselerasjonen da?

Oppgave 19
En partikkel følger en bane $\vec{r}(t)$. Farten til partikkelen er bestemt ved uttrykket $\vec{v}(t) = \vec{i} + 2t\,\vec{j}$.

a. Regn ut en enhetsvektor som er tangent til banen når $t = 1$.
b. Regn ut vinkelen mellom $\vec{v}(t)$ og akselerasjonsvektoren $\vec{a}(t)$ når $t = 1$.
c. Bestem et uttrykk for posisjonsvektoren $\vec{r}(t)$ når vi vet at partikkelen er i punktet $(1, 1)$ ved tida $t = 0$.

Oppgave 20
En partikkel har akselerasjonsvektor $\vec{a}(t) = 2\cos t\,\vec{i} + 3\sin t\,\vec{j} + t\,\vec{k}$. Ved tida $t = 0$ er partikkelen i ro i origo.

a. Bestem er uttrykk for farten som funksjon av tida.
b. Bestem er uttrykk for posisjonen som funksjon av tida.

Oppgave 21
En partikkel følger en bane definert ved vektoren $\vec{r}\,(t)$. Bevegelsen er slik at $\vec{r}\,(t) \times \vec{a}\,(t) = \vec{0}$ for alle verdier av t.
Hva slags beveglse kan dette være?

Oppgave 22
Gjør rede for sammenhengen mellom størrelsene posisjon, fart og akselerasjon.

Oppgaver til avsnitt 2.3

Oppgave 1
Posisjonsvektoren til en partikkel er $\vec{r}\,(t) = [t,\ -4t]$.
Regn ut hvor langt partikkelen beveger seg fra tida $t_0 = 1$ til $t_1 = 2$.

Oppgave 2
En partikkel har posisjonsvektor $\vec{r}(t) = t\,\vec{i} + 2\,\vec{j} + 3\,\vec{k}$.
Hvor langt har partikkelen beveget seg fra $t = 1$ til $t = 3$?

Oppgave 3
En partikkel har posisjonsvektor $\vec{r}(t) = t^2\,\vec{i} + 2t\,\vec{j} + 3\,\vec{k}$.
Hvor langt har partikkelen beveget seg fra $t = 2$ til $t = 5$? Bruk kalkulator.

Oppgave 4
En partikkel har posisjonsvektor $\vec{r}(t) = a\cos t\,\vec{i} + b\sin t\,\vec{j} + ct^2\,\vec{k}$.

a. Sett $a = b = 1$ og $c = 0$. Hva slags bane følger partikkelen? Regn ut hvor langt partikkelen har beveget seg i tidsrommet $0 \le t \le 2\pi$. Kunne du ha funnet dette svaret ved hoderegning?
b. Sett $a = b = 1$ og $c = \frac{1}{2}$. Hva slags bane følger partikkelen? Regn ut hvor langt partikkelen har beveget seg i tidsrommet $0 \le t \le 2\pi$. Bruk kalkulator.
c. Sett $a = 1, b = 2$ og $c = 0$. Regn ut hvor langt partikkelen har beveget seg i tidsrommet $0 \le t \le 2\pi$. Bruk kalkulator.

Oppgaver til avsnitt 2.4

Oppgave 1
En partikkel følger banen definert ved $\vec{r}(t) = [t,\ t^2]$.
Regn ut hovednormalen til kurven i punktet der $t = 1$.

Oppgave 2
En partikkel følger banen definert ved $\vec{r}(t) = [t,\ t^2]$.
Tegn en figur som viser tangentvektoren og hovednormalen når $t = 1$.

Oppgave 3
En partikkel følger banen definert ved $\vec{r}(t) = [t,\ t^2,\ t]$.
Regn ut hovednormalen til kurven i punktet der $t = 1$.

Oppgave 4
En partikkel følger en bane med krumning $\kappa(t) = 1 + t$.
Bestem et uttrykk for krumningsradien.

Oppgave 5
En partikkel følger en bane som er slik at krumningen avtar når t øker.
Hva forteller dette om krumningsradien?

Oppgave 6
En partikkel følger banen definert ved $\vec{r}(t) = [3\cos 2t,\ 3\sin 2t]$.
Vis at banen har konstant krumning. Regn ut krumningsradien.

Oppgave 7
En partikkel følger en bane definert ved parametriseringen $x(t) = e^t$, $y(t) = e^t$, $t \geq 0$.
Regn ut krumningen når $t = 1$.

Oppgave 8
Gjør rede for begrepene krumning og krumningsradius.

Oppgave 9
Gjør rede for sammenhengen mellom enhetstangenten og hovednormalen til en kurve.

Oppgaver til avsnitt 2.5

Oppgave 1
Nedenfor er det skrevet opp noen punkter i polarkoordinater. Tegn disse punktene i et koordinatsystem. Bestem deretter de kartesiske koordinatene til disse punktene.

a. $(1,\ \pi)$ b. $\left(2,\ \frac{\pi}{3}\right)$ c. $(4, 0)$ d. $(3, 2)$

Oppgave 2
Nedenfor er det skrevet opp noen punkter i kartesiske koordinater.
Bestem polarkoordinatene til disse punktene.

a. $(1,\ 1)$ b. $(2,\ 0)$ c. $(0, -1)$ d. $(3, 5)$

Oppgave 3
Nedenfor er det skrevet opp noen likninger med kartesiske koordinater.
Overfør disse likningene til polarkoordinater.

a. $x = 2$ b. $y = 3$ c. $x - 2y = 0$ d. $x^2 + y^2 = 4$

Oppgave 4
Nedenfor er det skrevet opp noen likninger med polarkoordinater.
Overfør disse likningene til kartesiske koordinater.

a. $r = 1$ b. $\theta = \frac{\pi}{4}$ c. $r = \cos\theta$ d. $r = 2\sin\theta$

Oppgave 5

a. Regn ut arealet av flaten som er begrenset av kurven $r = 2$ og de rette linjene $\theta = \frac{\pi}{4}$ og $\theta = \frac{\pi}{2}$.
b. Regn ut arealet av flaten avgrenset av kurven $r = \theta$ og de rette linjene $\theta = 0$ og $\theta = \pi$.
c. Regn ut arealet av flaten avgrenset av kurven $r = \sqrt{\sin\theta}$ og de rette linjene $\theta = 0$ og $\theta = 2$.
d. Regn ut arealet av flaten avgrenset av kurven $r = e^{\theta}$ og de rette linjene $\theta = 1$ og $\theta = 3$.

Oppgave 6
Regn ut lengden av polarkurven $r = 3$ i intervallet $0 \leq \theta \leq \frac{\pi}{2}$.

Oppgave 7
Regn ut lengden av en sirkel med radius a ved å beregne et integral i polarkoordinater.

Oppgave 8
Skriv opp integralet du må beregne for å regne ut lengden av polarkurven
$r = 2 + 2\sin\theta, \quad 0 \leq \theta \leq \pi$.
Regn ut integralet ved å bruke kalkulator.

Kapittel 3
Gradient, divergens og curl

Når vi går på tur i terrenget, er vi ofte opptatt av å unngå de stedene der det er brattest å gå. Hvor terrenget er brattest beskriver vi matematisk ved hjelp av størrelsen **gradient**, se kapittel 1. Når vi lager oss matematiske modeller, trenger vi ofte denne størrelsen for å kunne si noe om hvordan funksjoner endrer seg.

Når vi skrur opp ei vannkran, kan vi legge merke til at strålen blir tynnere jo lenger vannet har falt. Vannet "samler seg". Det betyr at vanndråpene ikke beveger seg langs loddrette, parallelle linjer. For å kunne beskrive i hvor stor grad vanndråpene samler seg, skal vi innføre størrelsen **divergens**.

Dersom du har fylt opp vasken med vann og trekker ut proppen, vil du se at vannet følger en roterende bevegelse når det renner ut. Graden av rotasjon kan vi beskrive ved størrelsen **curl**.

I dette kapitlet skal vi definere og diskutere de tre størrelsene **gradient**, **divergens** og **curl**.

3.1 Læringsmål i dette kapitlet

Flere steder i dette kapitlet er det skrevet opp *nøkkelkunnskaper*. Til hver nøkkelkunnskap er det et *mål*. I tillegg til å beherske nøkkelkunnskapene, skal du kunne

1. gjøre rede for begrepet **felt** (Avsn. 3.2)
2. gjøre rede for størrelsene **gradient, divergens og curl** (Avsn. 3.3, 3.5, 3.6)
3. forklare hvordan man kan bestemme et skalarfelt f når gradienten ∇f er kjent, og gjennomføre nødvendige beregninger for å gjøre dette (Avsn. 3.4)

3.2 Skalarfelt og vektorfelt

Både i matematikk og fysikk er begrepet **felt** viktig. I fysikken i videregående skole har vi lært om *magnetisk felt, elektrisk felt* og *gravitasjonsfelt*. Disse feltene blir beskrevet ved at vi tegner vektorer i flere punkter, eller ved at vi tegner **feltlinjer**. Feltlinjene er overalt slik at de er tangent til vektorene. Noen ganger tegner vi også **ekvipotensialflater**. En ekvipotensialflate viser hvor **potensialet** er konstant. Ekvipotensialflatene står vinkelrett på feltvektorene og feltlinjene. I avsnitt 3.4 skal vi se hvordan vi kan bestemme potensialet til et vektorfelt – dersom det er mulig.

Magnetiske felt, elektriske felt og gravitasjonsfelt er eksempler på **vektorfelt**. Den fysiske størrelsen vi studerer er altså karakterisert ved vektorer i alle de punktene i rommet vi er interessert i å undersøke. Feltene kan være **homogene** eller **inhomogene**. I et homogent felt er lengden og retningen til feltvektoren den samme overalt.

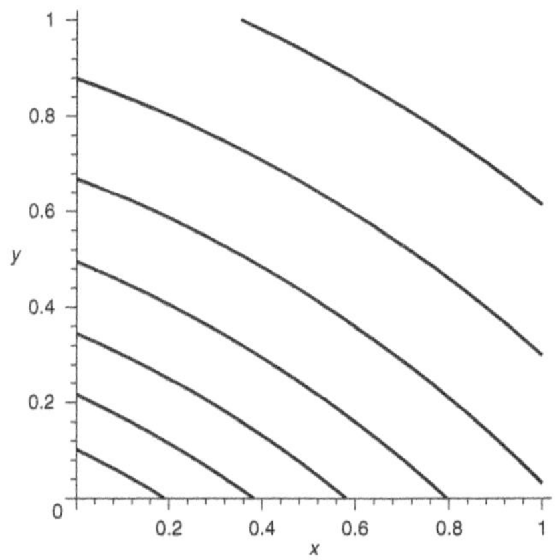

Figur 3.1 Isotermer for vektorfeltet $T(x, y) = \dfrac{100}{(x+1)^2 + (y+1)^2}$

Det er ikke så vanlig å snakke om *temperaturfelt* og *trykkfelt* i skolefysikken, men dette er eksempler på **skalarfelt**. Skalarfelt gir oss en tallverdi for en størrelse i alle punktene i rommet vi studerer. Vi kan anskueliggjøre et skalarfelt ved å tegne linjer i planet (eller flater i rommet) gjennom punkter som har samme verdi av størrelsen. For trykkfeltet kaller vi linjene for **isobarer**, for temperaturfeltet **isotermer**. Forstavelsen *iso* betyr lik. Et homogent skalarfelt har samme verdi i alle punkter. Figur 3.1 viser noen isotermer for temperaturfeltet

$$T(x, y) = \frac{100}{(x+1)^2 + (y+1)^2}$$

Litt mer matematisk formelt kan vi definere skalarfelt og vektorfelt slik:

DEFINISJON 3.1

Et **skalarfelt** g er en funksjon som er definert i et område R i rommet, og som har en skalar a som funksjonsverdi:

$$g(x, y, z) = a$$

Et **vektorfelt** $\vec{F}$ er en funksjon som er definert i et område R i rommet, og som har en vektor $[a, b, c]$ som funksjonsverdi:

$$\vec{F}(x, y, z) = [a, b, c] = a\,\vec{i} + b\,\vec{j} + c\,\vec{k}$$

Et eksempel på et skalarfelt i rommet er:

$$g(x, y, z) = 2x + xyz + xz + 4 \tag{3.1}$$

Et eksempel på et vektorfelt i rommet er

$$\vec{F}(x, y, z) = P\,\vec{i} + Q\,\vec{j} + R\,\vec{k} = (x^2 + y)\,\vec{i} + (y^2 + z)\,\vec{j} + z^2\,\vec{k} = [x^2 + y, y^2 + z, z^2] \tag{3.2}$$

I likning 3.2 har vi vist forskjellige måter å skrive vektorfeltet på, blant annet ved å bruke enhetsvektorene $\vec{i}$, $\vec{j}$ og $\vec{k}$ i x-, y- og z-retning. Komponentene av $\vec{F}$ har vi kalt P, Q og R. Dette er skalare størrelser som avhenger av x, y og z. Ofte utelater vi å skrive opp hvilke variable P, Q og R avhenger av, og skriver for eksempel bare P i stedet for $P(x, y, z)$.

En vektor skriver vi typografisk enten med en pil over bokstaven, slik som vist over, eller med fete typer: $\vec{F} = \boldsymbol{F}$.

Figur 3.2a viser det todimensjonale vektorfeltet $\vec{F}(x, y) = x\vec{i} - y\vec{j} = [x, -y]$. I figur 3.2b har vi tegnet vektorfeltet $\vec{F}(x, y, z) = x^2\vec{i} + y^2\vec{j} + z^2\vec{k} = [x^2, y^2, z^2]$. Det har vi gjort ved å bruke de grafiske mulighetene i programmet Maple. Andre program som egner seg til å lage slike grafer, er blant annet Mathematica, Matlab, MathCAD og Derive.

Hvis vi skal tegne skisser av et vektorfelt med papir og blyant, må vi velge verdier for x, y og z og sette inn i uttrykket for $\vec{F}$. Vi kan da lage en tabell der vi skriver opp vektoren i forskjellige punkter. Velger vi feltet $\vec{F}(x, y) = P(x, y)\vec{i} + Q(x, y)\vec{j} = 2xy\vec{i} - 3x^2y\vec{j} = [2xy, -3x^2y]$ som eksempel, vil to av vektorene bli:

x	y	$P(x, y) = 2xy$	$Q(x, y) = -3x^2y$	$\vec{F} = [P(x, y), Q(x, y)]$
1	1	2	−3	[2, −3]
1	2	4	−6	[4, −6]

I punktet (1, 1) tegner vi vektoren [2, −3], og i punktet (1, 2) tegner vi vektoren [4, −6]. Vi tegner vektorer i så mange punkter som vi syns er nødvendig.

I kapittel 1 lærte vi å regne ut gradienten til et skalarfelt. Gradienten er et eksempel på et vektorfelt. Vi kaller dette vektorfeltet for **gradientfeltet** til skalarfeltet.

DEFINISJON 3.2

Et vektorfelt som er gradienten til et skalarfelt, kaller vi et **gradientfelt**.

Det kan være vanskelig å få et inntrykk av hvordan vektorfeltet ser ut når vi tegner i rommet slik som i figur 3.2b, men det er lettere å få et inntrykk av feltet når vi bruker et dataprogram. Da kan vi rotere figuren og se vektorene fra ulike retninger.

✓ Nøkkelkunnskap 3.1

Mål: Du skal kunne regne ut vektorene i forskjellige punkter når uttrykket for vektorfeltet er kjent.

Regn ut $\vec{F} = [2x, 3 - yx, z - 2xy]$ i punktet $(1, 1, 2)$.

Svar: $\vec{F}(1, 1, 2) = [2, 2, 0]$

3.3 Noen definisjoner

I dette avsnittet skal vi definere størrelsene gradient, divergens og curl. Men først skal vi definere *del-operatoren*.

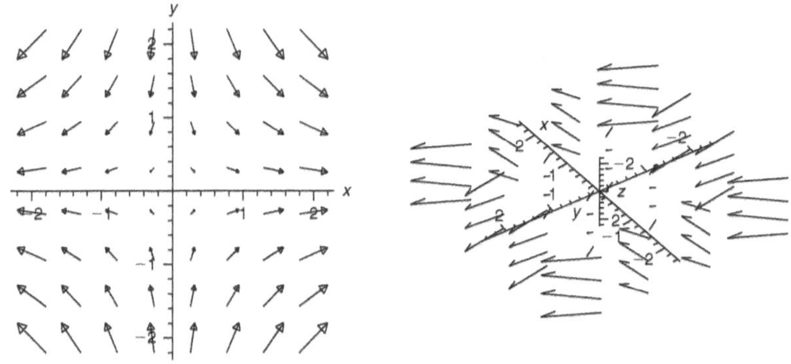

(a) Vektorfeltet $\vec{F} = x\vec{i} - y\vec{j}$. Alle vektorene ligger i planet.

(b) Vektorfeltet $\vec{f}(x, y, z) = x^2\vec{i} + y^2\vec{j} + z^2\vec{k}$. Alle vektorene er i rommet. Det er vanskelig å få et inntrykk av hvordan feltet ser ut dersom vi ikke har mulighet for å se feltet fra forskjellige innfallsvinkler.

Figur 3.2 Vektorfelt i planet og i rommet.

3.3.1 Del-operatoren

Når vi arbeider med gradient, divergens og curl, bruker vi den såkalte **del-operatoren.** I tre dimensjoner kan den skrives:

$$\nabla = \frac{\partial}{\partial x}\vec{i} + \frac{\partial}{\partial y}\vec{j} + \frac{\partial}{\partial z}\vec{k} = \left[\frac{\partial}{\partial x}, \frac{\partial}{\partial y}, \frac{\partial}{\partial z}\right] \tag{3.3}$$

Symbolet ∇ leser vi “dell”. Vi kan rent notasjonsmessig behandle del-operatoren som om den var en vektor. Da kan vi gå fram på samme måten som for vektorer når vi skal bestemme skalar- og kryssprodukt mellom del-operatoren og en vektor.

Svært forenklet kan vi si at en **operator** er en “maskin” som *virker på* det som står til høyre for den. Operatoren “gjør noe med” det som står til høyre, slik at det blir omformet til et annet uttrykk eller en annen slags størrelse. Vi ser da bort fra **enhetsoperatoren**, som har den egenskap at den ikke endrer det den virker på. Når vi regner ut skalar- og kryssprodukt der del-operatoren inngår, må del-operatoren *alltid* stå som venstre faktor i produktet. Å skrive $\nabla \cdot \vec{v}$ går greit, men det gir ikke mening å skrive $\vec{v} \cdot \nabla$.

3.3.2 Definisjoner av gradient, divergens og curl

Vi lar $f = f(x, y, z)$ være et skalarfelt og $\vec{F}(x, y, z) = P\vec{i} + Q\vec{j} + R\vec{k} = [P, Q, R]$ et vektorfelt.

Vi innfører disse definisjonene, der vi også viser skrivemåten for størrelsene:

DEFINISJON 3.3

Gradient	$\text{grad} f = \nabla f = \frac{\partial f}{\partial x}\vec{i} + \frac{\partial f}{\partial y}\vec{j} + \frac{\partial f}{\partial z}\vec{k}$
Divergens	$\text{div}\vec{F} = \nabla \cdot \vec{F} = \frac{\partial P}{\partial x} + \frac{\partial Q}{\partial y} + \frac{\partial R}{\partial z} = P_x + Q_y + R_z$
Curl	$\text{curl}\,\vec{F} = \nabla \times \vec{F} = \begin{bmatrix} \vec{i} & \vec{j} & \vec{k} \\ \frac{\partial}{\partial x} & \frac{\partial}{\partial y} & \frac{\partial}{\partial z} \\ P & Q & R \end{bmatrix}$

Når vi skriver curlen til et vektorfelt som en determinant, er dette bare en huskeregel. Curlen er definert ved det uttrykket vi får når vi regner ut determinanten.

Vi ser at vi får forskjellige slags størrelser etter at del-operatoren har virket på feltet. Vi kan oppsummere dette slik:

Operator	**Virker på et**	**Gir som resultatet**	**Skrivemåten er**
Gradient	skalarfelt	vektorfelt	∇f
Divergens	vektorfelt	skalarfelt	$\nabla \cdot \vec{F}$
Curl	vektorfelt	vektorfelt	$\nabla \times \vec{F}$

Eksempel 48

Et skalarfelt f er definert ved uttrykket $f(x, y, z) = xy + yz + xz$.
Regn ut gradienten til f.

Løsning

Vi bruker definisjonen av gradient og får:

$$\nabla f = \frac{\partial f}{\partial x}\vec{i} + \frac{\partial f}{\partial y}\vec{j} + \frac{\partial f}{\partial z}\vec{k} \tag{3.4}$$

$$= \frac{\partial}{\partial x}(xy + yz + xz)\vec{i} + \frac{\partial}{\partial y}(xy + yz + xz)\vec{j} + \frac{\partial}{\partial z}(xy + yz + xz)\vec{k} \tag{3.5}$$

$$= (y + z)\vec{i} + (x + z)\vec{j} + (x + y)\vec{k} = [y + x,\ x + z, x + y] \tag{3.6}$$

Som vi ser, er gradienten til skalarfeltet f en vektor. ■

Eksempel 49

Et vektorfelt er definert ved uttrykket

$$\vec{F}(x, y, z) = xy\vec{i} + (x + z)\vec{j} + yz\vec{k} \tag{3.7}$$

Regn ut divergensen til vektorfeltet.

Løsning

Vi bruker definisjonen av divergens, og får:

$$\text{div}\vec{F} = \nabla \cdot \vec{F} = \frac{\partial}{\partial x}(xy) + \frac{\partial}{\partial y}(x + z) + \frac{\partial}{\partial z}(yz) = y + 0 + y = 2y \tag{3.8}$$

Vi ser at divergensen til vektorfeltet $\vec{F}$ er en skalar. ■

Eksempel 50

Regn ut curlen til vektorfeltet $\vec{F}(x, y, z) = xy\vec{i} + (x + z)\vec{j} + yz\vec{k}$.

Løsning

Vi regner ut curlen ved å bruke definisjonen. Da får vi:

$$\nabla \times \vec{F} = \begin{bmatrix} \vec{i} & \vec{j} & \vec{k} \\ \dfrac{\partial}{\partial x} & \dfrac{\partial}{\partial y} & \dfrac{\partial}{\partial z} \\ xy & x+z & yz \end{bmatrix} \tag{3.9}$$

$$\nabla \times \vec{F} = \left(\frac{\partial}{\partial y}(yz) - \frac{\partial}{\partial z}(x+z)\right)\vec{i}$$

$$- \left(\frac{\partial}{\partial x}(yz) - \frac{\partial}{\partial z}(xy)\right)\vec{j} + \left(\frac{\partial}{\partial x}(x+z) - \frac{\partial}{\partial y}(xy)\right)\vec{k} \tag{3.10}$$

$$\nabla \times \vec{F} = (z-1)\vec{i} - (0-0)\vec{j} + (1-x)\vec{k} \tag{3.11}$$

$$\nabla \times \vec{F} = (z-1)\vec{i} + (1-x)\vec{k} = [z-1, 0, 1-x] \tag{3.12}$$

Som vi ser, er curlen til vektorfeltet $\vec{F}$ en vektor. ■

✓ Nøkkelkunnskap 3.2

Mål: Du skal kunne regne ut divergensen og curlen til et vektorfelt.

Regn ut $\nabla \cdot \vec{F}$ og $\nabla \times \vec{F}$ når $\vec{F} = [xy, xyz, xz]$.

Svar: $\nabla \cdot \vec{F} = y + xz + x$, $\nabla \times \vec{F} = [-xy, -z, yz - x]$

3.4 Å bestemme *f* når ∇ *f* er kjent

Dersom vi kjenner gradienten $\nabla f = P\vec{i} + Q\vec{j} + R\vec{k} = [P, Q, R]$ til et skalarfelt f, er det mulig å bestemme et uttrykk for skalarfeltet $f = f(x, y, z)$. Det gjør vi ved å integrere. Eksemplene 51 og 52 viser to forskjellige framgangsmåter.

Eksempel 51

Gradienten til feltet $f = f(x, y)$ er:

$$\nabla f(x, y) = \left[\frac{\partial f}{\partial x}, \frac{\partial f}{\partial y}\right] = \left[2x + xy, \frac{1}{2}x^2 + 3y\right] \tag{3.13}$$

Bestem et uttrykk for feltet $f = f(x, y)$.

Løsning

Vi tar utgangspunkt i at to vektorer er like når komponentene er parvis like. Da vil:

$$\frac{\partial f}{\partial x} = 2x + xy \tag{3.14}$$

Når vi integrerer begge sider med hensyn på x, får vi:

$$\int \frac{\partial f}{\partial x}\,dx = f(x,y) = \int (2x + xy)\,dx \tag{3.15}$$

$$f(x,y) = x^2 + \frac{1}{2}x^2 y + g(y) \tag{3.16}$$

der g er en funksjon av y. At dette uttrykket er riktig, ser vi ved å derivere det. Funksjonen $g(y)$ fungerer som en slags "integrasjonskonstant", siden derivasjon av $g(y)$ med hensyn på x gir null.

Vi deriverer dette uttrykket for f med hensyn på y. Da får vi:

$$\frac{\partial f}{\partial y} = \frac{1}{2}x^2 + \frac{\partial g}{\partial y} = \frac{1}{2}x^2 + 3y \tag{3.17}$$

der høyre side i likningen er y-komponenten til gradientfeltet. Vi ser at dette uttrykket gir

$$\frac{\partial g}{\partial y} = 3y \tag{3.18}$$

Integrasjon med hensyn på y gir $g(y) = \frac{3}{2}y^2 + K$. Slår vi sammen uttrykkene for f og g, får vi:

$$f(x,y) = x^2 + \frac{1}{2}x^2 y + \frac{3}{2}y^2 + K \tag{3.19}$$

Her er K en integrasjonskonstant. ■

Eksempel 52

Gradienten til feltet $f = f(x,y)$ er:

$$\nabla f(x,y) = \left[\frac{\partial f}{\partial x}, \frac{\partial f}{\partial y}\right] = \left[2x + xy, \frac{1}{2}x^2 + 3y\right] \tag{3.20}$$

Bestem et uttrykk for skalarfeltet $f = f(x,y)$.

Løsning

Vi tar utgangspunkt i at gradienten til et skalarfelt er definert ved $\nabla f(x,y) = \frac{\partial f}{\partial x}\vec{i} + \frac{\partial f}{\partial y}\vec{j}$. Så sammenlikner vi dette med uttrykket for gradienten i likning 3.20. Siden to vektorer er like når hver av komponentene er parvis like, kan vi sette:

$$\frac{\partial f}{\partial x} = 2x + xy \qquad \frac{\partial f}{\partial y} = \frac{1}{2}x^2 + 3y \tag{3.21}$$

For å regne ut f integrerer vi begge disse likningene. Når vi integrerer uttrykket for $\frac{\partial f}{\partial x}$ holder vi y konstant. Tilsvarende holder vi x konstant når vi integrerer uttrykket for $\frac{\partial f}{\partial y}$. Dette gir:

$$f(x, y) = \int (2x + xy)\, dx \qquad f(x, y) = \int \left(\frac{1}{2}x^2 + 3y\right) dy \tag{3.22}$$

$$f(x, y) = x^2 + \frac{1}{2}x^2 y + g(y) \qquad f(x, y) = \frac{1}{2}x^2 y + \frac{3}{2}y^2 + h(x) \tag{3.23}$$

At disse uttrykkene er riktige, ser vi ved å derivere dem. Funksjonene $g(y)$ og $h(x)$ fungerer som en slags "integrasjonskonstant" siden derivasjon av for eksempel $g(y)$ med hensyn på x gir null. Det gjelder nå å *velge* funksjoner $g(y)$ og $h(x)$ som er slik at $f(x, y)$ blir slik at gradienten er den vi har fått oppgitt. Valget gjør vi ved inspeksjon av de uttrykkene vi har funnet ved integrasjonene. Dersom vi velger:

$$g(y) = \frac{3}{2}y^2 \qquad h(x) = x^2 \tag{3.24}$$

ser vi at skalarfeltet:

$$f(x, y) = x^2 + \frac{1}{2}x^2 y + \frac{3}{2}y^2 + K \tag{3.25}$$

har gradient $\nabla f(x, y) = [2x + xy,\ x^2 + 3y]$. Vi ser at dette er det samme resultatet som vi fikk i eksempel 52. ■

Dersom vektorfeltet har tre komponenter, kan vi bruke samme metode som vi brukte i eksemplene 51 og 52 for å bestemme f. La oss se på et eksempel.

Eksempel 53

Gradientfeltet $\vec{F}$ er definert ved uttrykket

$$\vec{F} = [yz + 2y + 3z^2,\ xz + 2x + 4z,\ xy + 6xz + 4y] \tag{3.26}$$

Regn ut skalarfeltet f slik at $\nabla f = \vec{F}$ og $f(0, 1, 1) = 4$.

Løsning

Vi velger å bruke den samme metoden som vist i eksempel 51. Opplysningen "$f(0, 1, 1) = 4$" vil sette oss i stand til å bestemme konstanten K. Derfor kan vi si *skalarfeltet*, og ikke *et skalarfelt*.

Vi starter med å integrere med hensyn på x. Vi tar utgangspunkt i definisjonen av gradient og uttrykket for gradientfeltet $\vec{F}$. Dette gir:

$$\frac{\partial f}{\partial x} = yz + 2y + 3z^2 \tag{3.27}$$

$$f = \int \left(yz + 2y + 3z^2\right) dx = xyz + 2xy + 3xz^2 + g(y, z) \tag{3.28}$$

Her oppfatter vi funksjonen $g(y,z)$ som en slags "integrasjonskonstant" siden g bare avhenger av y og z, og ikke av x. Derivasjon av g med hensyn på x gir da null.

For å bestemme et uttrykk for $g(y,z)$, deriverer vi uttrykket for f i likning 3.28 med hensyn på y:

$$\frac{\partial f}{\partial y} = \frac{\partial}{\partial y}\left(xyz + 2xy + 3xz^2 + g(y,z)\right) = xz + 2x + \frac{\partial g(y,z)}{\partial y} \tag{3.29}$$

Så sammenlikner vi dette med y-komponenten av $\vec{F}$. Dette gir:

$$xz + 2x + \frac{\partial g(y,z)}{\partial y} = xz + 2x + 4z \tag{3.30}$$

$$\frac{\partial g(y,z)}{\partial y} = 4z \tag{3.31}$$

$$g(y,z) = \int 4z\,dy = 4yz + h(z) \tag{3.32}$$

For å bestemme et uttrykk for $h(z)$ setter vi uttrykket for $g(y,z)$ inn i likning 3.28 og deriverer det uttrykket vi da får med hensyn på z:

$$f = xyz + 2xy + 3xz^2 + 4yz + h(z) \tag{3.33}$$

$$\frac{\partial f}{\partial z} = xy + 6xz + 4y + \frac{dh}{dz} \tag{3.34}$$

Så sammenlikner vi med z-komponenten av $\vec{F}$ og integrerer. Dette gir:

$$xy + 6xz + 4y + \frac{dh}{dz} = xy + 6xz + 4y \tag{3.35}$$

$$\frac{dh}{dz} = 0 \tag{3.36}$$

$$h(z) = K \tag{3.37}$$

Nå setter vi uttrykket for $h(z)$ inn i likning 3.34 og får:

$$f(x,y,z) = xyz + 2xy + 3xz^2 + 4yz + K \tag{3.38}$$

For å bestemme K bruker vi opplysningen at $f(0,1,1) = 4$. Dette gir:

$$f(0,1,1) = 0\cdot 1\cdot 1 + 2\cdot 0\cdot 1 + 3\cdot 0\cdot 1^2 + 4\cdot 1\cdot 1 + K = 4 \quad \Leftrightarrow \quad K = 0 \tag{3.39}$$

Skalarfeltet som har $\vec{F}$ som gradient er:

$$f(x,y,z) = xyz + 2xy + 3xz^2 + 4yz \tag{3.40}$$

■

✓ Nøkkelkunnskap 3.3

Mål: Du skal kunne integrere en funksjon av flere variable med hensyn på en av de variable, for å kunne bruke dette til å bestemme f når ∇f er kjent.

Integrer $f(x, y) = x^2 + 3xy^2$ med hensyn på y.

Svar: $x^2y + xy^3 + g(x)$

3.5 Divergensen til et vektorfelt

Divergensen til et vektorfelt $\vec{F} = [P, Q, R]$ er definert ved uttrykket:

$$\nabla \cdot \vec{F} = \frac{\partial P}{\partial x} + \frac{\partial Q}{\partial y} + \frac{\partial R}{\partial z} \tag{3.41}$$

Når vi beregner divergensen til et vektorfelt i et punkt, forteller svaret noe om hvordan feltet endrer seg og "sprer seg ut" (divergerer) når vi beveger oss vekk fra punktet.

3.5.1 Eksempel: Fluidstrøm

Vi skal se litt på et fagfelt der bruk av divergens er viktig for å kunne lage matematiske modeller, nemlig *fluidmekanikk*. Et **fluid** er en felles betegnelse for væske og gass. Vi skal se at divergens er et nyttig begrep når vi skal regne ut hvor mye masse per tid et fluid transporterer gjennom en liten, rettvinklet boks. Vi kommer tilbake til slike problemstillinger når vi skal beregne *fluksen* til et vektorfelt gjennom en flate, se kapittel 6.

Vi skal studere massestrømmen gjennom en boks. Boksen skal ha sidekanter som er parallelle med koordinataksene, se figur 3.3. Sidekantene har lengder Δx, Δy og Δz. Boksen endrer verken form eller volum. Vi antar at fluidet strømmer i y-retning. Til å begynne med antar vi også at tettheten til fluidet er konstant.

For å regne ut hvor stor netto masse som strømmer *ut av* boksen, vil vi regne ut hvor mye masse m_1 som strømmer *inn* gjennom venstre sideflate, og hvor mye masse m_2 som strømmer *ut* av høyre sideflate. Netto masse som strømmer ut av boksen er da $\Delta m = m_2 - m_1$.

Hvis farten til fluidet like ved venstre sideflate er v_{y1}, vil alt fluid innenfor avstanden $\Delta y_1 = v_{y1} \cdot \Delta t$ rekke å strømme gjennom sideflaten i løpet av tida Δt, se figur 3.4. Dette svarer til et volum $\Delta V_1 = (v_{y1} \cdot \Delta t) \cdot \Delta A$, der $\Delta A = \Delta x \cdot \Delta z$. Hvis tettheten er ρ, blir massen m_1 som strømmer inn gjennom venstre sideflate i løpet av tida Δt:

$$m_1 = \rho\,\Delta V_1 = \rho \cdot v_{y1} \Delta x \Delta z \Delta t$$

På tilsvarende måte kan vi vise at massen som strømmer ut av høyre sideflate er:

$$m_2 = \rho \Delta V_2 = \rho \cdot v_{y2} \Delta x \Delta z \Delta t$$

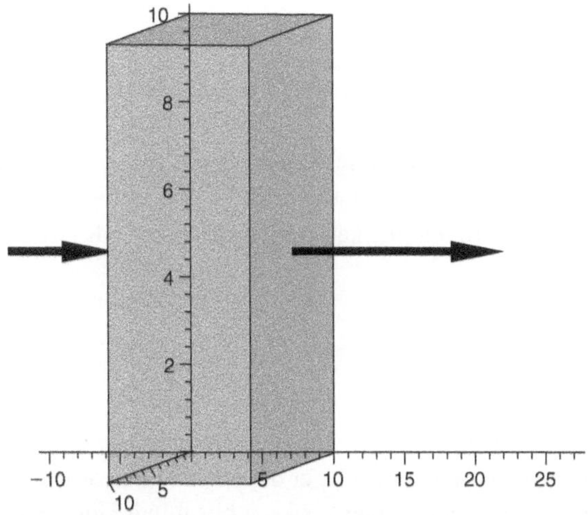

Figur 3.3 Figuren viser strøm gjennom en boks. Pilene viser fartsvektoren $\vec{v}_1$ inn i boksen, og fartsvektoren $\vec{v}_2$ ut av boksen.

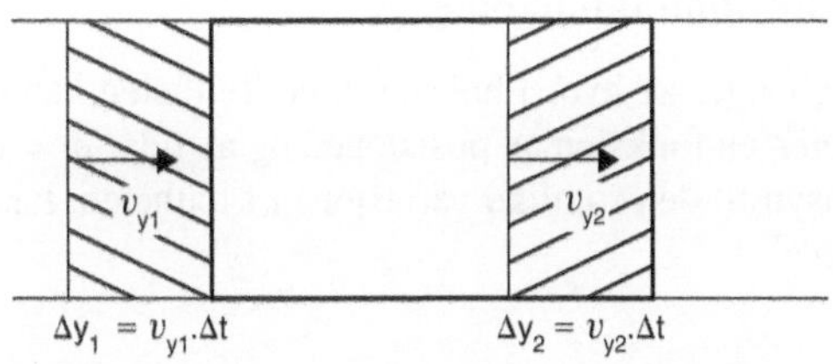

Figur 3.4 All masse som er i det skraverte området til venstre vil rekke å komme inn i boksen i løpet av tida Δt. Tilsvarende vil all masse i det skraverte området inni boksen rekke å komme ut.

Netto masse som strømmer ut av boksen i løpet av tida Δt er derfor:

$$\Delta m = m_2 - m_1 = \rho(v_{y2} - v_{y1})\,\Delta x \Delta z \Delta t = \rho\,\Delta v_y\,\Delta x \Delta z \Delta t \tag{3.42}$$

der $\Delta v = v_{y2} - v_{y1}$.

Vi ønsker nå å uttrykke denne massen ved hjelp av volumet $\Delta V = \Delta x \Delta y \Delta z$ av boksen. Ved å multiplisere og dividere med Δy får vi:

$$\Delta m = \rho \cdot \Delta v_y \cdot \Delta x\,\Delta z\,\Delta t \tag{3.43}$$

$$\Delta m = \rho \Delta v_y \cdot \left(\frac{\Delta y}{\Delta y}\right) \cdot \Delta x\,\Delta z\,\Delta t \tag{3.44}$$

$$\Delta m = \rho \cdot \left(\frac{\Delta v_y}{\Delta y}\right) \cdot (\Delta x\,\Delta y\,\Delta z)\,\Delta t \tag{3.45}$$

$$\Delta m = \rho\,\frac{\Delta v_y}{\Delta y}\,\Delta V\,\Delta t \tag{3.46}$$

Vi kan nå gjøre tilsvarende resonnementer for massestrømmen i x- og z-retning. Ved å legge sammen uttrykkene vi får for massestrøm i de tre koordinatretningene, får vi:

$$\Delta m = \rho \left(\frac{\Delta v_x}{\Delta x} + \frac{\Delta v_y}{\Delta y} + \frac{\Delta v_z}{\Delta z} \right) \Delta V \, \Delta t \tag{3.47}$$

Når vi lar boksen bli liten, kan vi erstatte differensene Δx, Δy og Δz med differensialer. Da blir uttrykket $\frac{\Delta v_x}{\Delta x} + \frac{\Delta v_y}{\Delta y} + \frac{\Delta v_z}{\Delta z}$ erstattet med $\frac{\partial v_x}{\partial x} + \frac{\partial v_y}{\partial y} + \frac{\partial v_z}{\partial z}$, som er divergensen til vektorfeltet $\vec{v}$. De andre differensene kan også erstattes med differensialer. Vi får:

$$dm = \rho \, (\nabla \cdot \vec{v}) \, dV \, dt \tag{3.48}$$

$$\frac{dm}{dt} = \rho \, (\nabla \cdot \vec{v}) \, dV \tag{3.49}$$

Av dette ser vi at massestrømmen ut av boksen kan uttrykkes ved hjelp av *divergensen til fartsfeltet*. Hvis divergensen er positiv, er det en netto massestrøm *ut av* boksen. Det betyr at den totale massen som er inne i boksen blir mindre, dersom det ikke er kilder inne i boksen.

Endring i tetthet. Kontinuitetslikningen

Tettheten i fluidet avhenger av hvor i boksen vi er. Tettheten kan også endre seg med tida. Derfor er tettheten en funksjon av posisjonen *og* av tida: $\rho = \rho(x, y, z, t)$.

Når vi tar hensyn til den romlige variasjonen i tettheten, kan uttrykket i likning 3.49 generaliseres slik:

$$\frac{dm}{dt} = \nabla \cdot (\rho \vec{v}) \, dV \tag{3.50}$$

Dersom vi tar utgangspunkt i definisjonen av tetthet, $\rho = \frac{dm}{dV}$, kan vi beregne endringen av masse inne i boksen på grunn av tidsavhengigheten i tettheten slik:

$$\frac{dm}{dt} = \frac{\partial \rho}{\partial t} \, dV \tag{3.51}$$

I denne likningen vil $\frac{dm}{dt}$ være positiv når massen inne i boksen *øker*. Netto masse som strømmer *ut av* boksen per tid, beskrevet i likning 3.50, er da negativ.

Masse oppstår ikke, og blir heller ikke borte. Det betyr at netto endring i masse per tid er lik null: $\frac{dm}{dt} = 0$. Endringen i masse skyldes at farten og tettheten endrer seg rundt om i boksen, *og* at tettheten endrer seg med tida. Er divergensen $\nabla \cdot (\rho \vec{v}) > 0$, strømmer det netto masse *ut av* boksen. Da er $\frac{\partial \rho}{\partial t} < 0$. Skal endringen i masse være lik null, må disse størrelsene ha samme absoluttverdi. Men siden $\nabla \cdot (\rho \vec{v})$ uttrykker hvor mye netto masse som strømmer ut av boksen, og $\frac{\partial \rho}{\partial t}$ uttrykker endring av masse inne i boksen, må disse størrelsene ha motsatt fortegn. Siden den totale massen skal være konstant, får vi:

$$\nabla \cdot (\rho \vec{v}) \, dV = -\frac{\partial \rho}{\partial t} \, dV \tag{3.52}$$

$$\left[\nabla \cdot (\rho \vec{v}) + \frac{\partial \rho}{\partial t} \right] dV = 0 \tag{3.53}$$

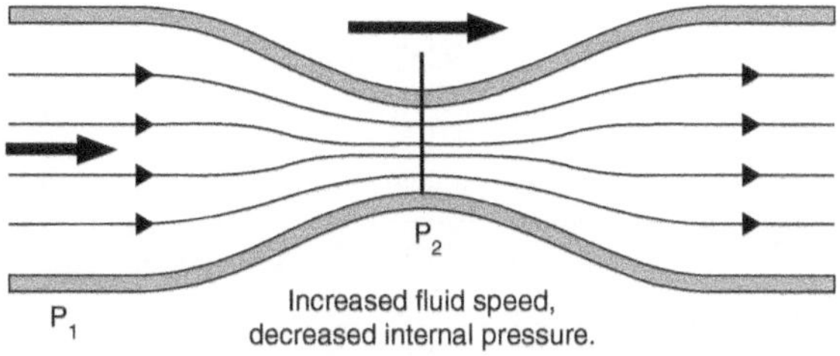

Figur 3.5 Strøm gjennom en innsnevring i en blodåre

Dette gir **kontinuitetslikningen** for massestrøm:

$$\nabla \cdot (\rho \vec{v}) + \frac{\partial \rho}{\partial t} = 0 \tag{3.54}$$

Dersom tettheten er konstant, sier vi at fluidet er *inkompressibelt*. Det vil si at det ikke lar seg presse sammen. Da er det andre leddet i kontinuitetslikningen lik null, og vi kan skrive kontinuitetslikningen:

$$\nabla \cdot \vec{v} = 0 \tag{3.55}$$

Denne enkle likningen uttrykker at massen er bevart for en fluidstrøm. Når vi regner ut verdien av divergensen til et vektorfelt i et punkt, forteller svaret noe om hvordan feltet "strømmer" i dette punktet. Når divergensen er lik null slik som her, betyr det at det er like mye som strømmer inn i en vilkårlig liten boks som det som strømmer ut av den.

Hvis fluidet ikke er inkompressibelt, vil tettheten endre seg. Divergensen forteller da hvordan væsken utvider seg, eller hvordan den trekker seg sammen.

Figuren 3.5 er hentet fra et medisinsk tidsskrift. Den viser en modell av en blodåre med en innsnevring. Helt til venstre er strømlinjene parallelle, og divergensen er null. Rett foran innsnevringen går strømlinjene sammen, og divergensen blir forskjellig fra null. Divergensen er også forskjellig fra null rett etter innsnevringen, der strømlinjene går fra hverandre.

Når legen måler blodtrykket, klemmer hun sammen årene og lytter med et stetoskop. Hun hører "brusing" når det oppstår virvler i blodstrømmen, og leser av trykket i årene da. Virvler oppstår når årene er så mye sammenpresset at blodet ikke lenger kan strømme lett gjennom dem. Da går strømmen over fra å være *laminær* til å bli *turbulent.*

3.5.2 Eksempel: Elektrisk felt

Hvis vi ser på det elektriske feltet fra en punktladning, vil feltet "strømme" utover fra en positiv punktladning. Er punktladningen negativ, "strømmer" feltet inn mot punktladningen. Vi har en elektrisk "kilde" eller et elektrisk "sluk". Det svarer til at vi har tilsig eller avløp i ei elv.

Når vi ser på "strømmen av felt" gjennom en flate som omslutter ladningen, vil divergensen til det elektriske feltet ikke være lik null. Dette er uttrykt i en av Maxwells likninger:

$$\nabla \cdot \vec{E} = \frac{\rho}{\epsilon_0} \tag{3.56}$$

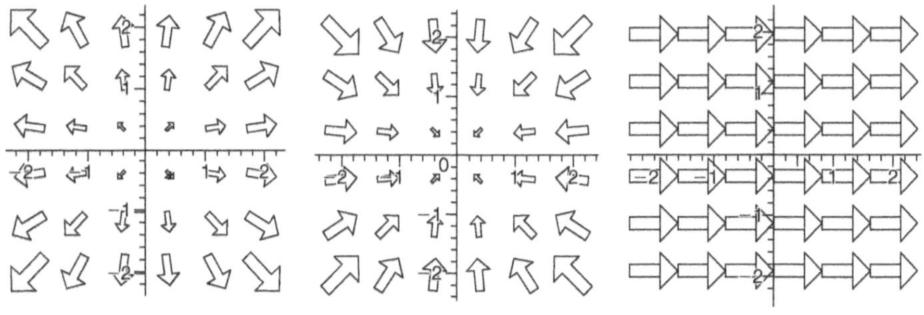

(a) Felt med positiv divergens. (b) Felt med negativ divergens. (c) Felt med divergens lik null.

Figur 3.6 Felt med $\nabla \cdot H > 0$, $\nabla \cdot H < 0$ og $\nabla \cdot H = 0$.

der ρ er elektrisk ladningstetthet og ϵ_0 er permitivitet. Vi kan forstå dette når vi vet at feltlinjene går radielt utover fra punktladningen ($\rho > 0$). Avstanden mellom feltlinjene øker jo lenger vekk fra ladningen vi kommer, og på den måten *divergerer* feltet når vi fjerner oss fra ladningen.

En magnet har *alltid* to poler. Det "strømmer" like mye felt ut av magneten som det "strømmer" inn i den. Feltlinjene rundt en magnet er lukkede kurver. Derfor er $\nabla \cdot \vec{B} = 0$, der $\vec{B}$ er magnetisk flukstetthet. Dette er en av Maxwells likninger.

3.5.3 Eksempel: Divergens og et felts "utseende"

Vi skal se hvordan felt med positiv, negativ og null divergens *kan* se ut.

Eksempel 54

Regn ut divergensen til feltene $\vec{F}(x, y) = x\vec{i} + y\vec{j}$, $\vec{G}(x, y) = -x\vec{i} - y\vec{j}$ og $\vec{H}(x, y) = 1 \cdot \vec{i}$. Tegn figurer som viser feltene. Hvilken sammenheng er det mellom feltenes utseende og divergensen?

Løsning

Vi kan bruke definisjonen av divergens til å vise at $\nabla \cdot \vec{F} = 2$, $\nabla \cdot \vec{G} = -2$ og $\nabla \cdot \vec{H} = 0$. De tre feltene $\vec{F}$, $\vec{G}$ og $\vec{H}$ er vist i figur 3.6a, 3.6b og 3.6c.

Vi ser at når vektorene stråler ut fra hverandre, er divergensen positiv. Når vektorene går mot hverandre, er divergensen negativ. Når vektorene er parallelle, er divergensen lik null. ■

3.6 Curl til et vektorfelt

Curlen til et vektorfelt $\vec{F} = P\vec{i} + Q\vec{j} + R\vec{k}$ er definert ved uttrykket:

$$\nabla \times \vec{F} = \begin{vmatrix} \vec{i} & \vec{j} & \vec{k} \\ \dfrac{\partial}{\partial x} & \dfrac{\partial}{\partial y} & \dfrac{\partial}{\partial z} \\ P & Q & R \end{vmatrix} \tag{3.57}$$

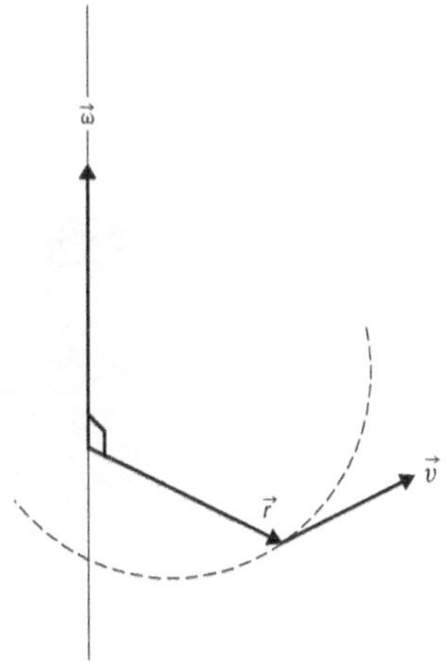

Figur 3.7 Et punkt i det stive legemet følger en bane (prikket linje) og har hastigheten $\vec{v}$. Posisjonen til punktet er $\vec{r}$. Vinkelhastighet-vektoren er $\vec{\omega} = \vec{r} \times \vec{r}$.

Uttrykket til høyre for likhetstegnet i likning 3.57 er en determinant. Vi lar derivasjonene i rad 2 "virke på" det som står i rad 3.

Noen ganger sier vi **rotasjon** eller **virvling** i stedet for curl.

3.6.1 Curl og rotasjon

Det går an å vise at curl har med rotasjonen til et vektorfelt å gjøre. Studerer vi for eksempel vannstrøm, vil curlen til hastighetsfeltet fortelle i hvor stor grad vannbevegelsen foregår som en rotasjon. Curlen forteller "noe" om virvler i vannet.

Vi skal vise at dersom et stivt legeme roterer om en fast akse, er det en sammenheng mellom hastigheten $\vec{v}$, posisjonen $\vec{r}$ og *vinkelhastigheten* $\vec{\omega}$ (se nedenfor) til et punkt i legemet.

Vi tar utgangspunkt i definisjonen av en vinkel θ målt i radianer, $\theta = \frac{s}{r}$, der s er buelengden og r er radien. Hvis vi deriverer uttrykket $s = \theta r$ med hensyn på tida, får vi:

$$\frac{ds}{dt} = \frac{d\,(r\theta)}{dt} \quad \Leftrightarrow \quad v = r\frac{d\theta}{dt} \tag{3.58}$$

hvis r er konstant. Størrelsen $\omega = \frac{d\theta}{dt}$ kaller vi **vinkelhastigheten**. Vinkelhastigheten forteller hvor mye vinkelen θ endrer seg per tid.

Vi kan tilordne en vektor til denne rotasjonsbevegelsen, se figur 3.7. Vi bruker da en høyrehåndsregel som sier at dersom vi krummer høyre hånds fingre i rotasjonsretningen, vil tommelen peke i den retningen vinkelhastigheten (som vektor) peker.

Dersom det stive legemet for eksempel roterer med positiv omløpsretning i xy-planet, legger vi høyre hånds fingre i denne retningen. Tommelen vil da peke i samme retning som den positive z-aksen. Da kan **hastighetsfeltet** $\vec{v}$ skrives:

$$\vec{v} = \vec{\omega} \times \vec{r} = \begin{vmatrix} \vec{i} & \vec{j} & \vec{k} \\ 0 & 0 & \omega \\ x & y & 0 \end{vmatrix} = -\omega y\vec{i} + \omega x\vec{j} + 0\vec{k} \tag{3.59}$$

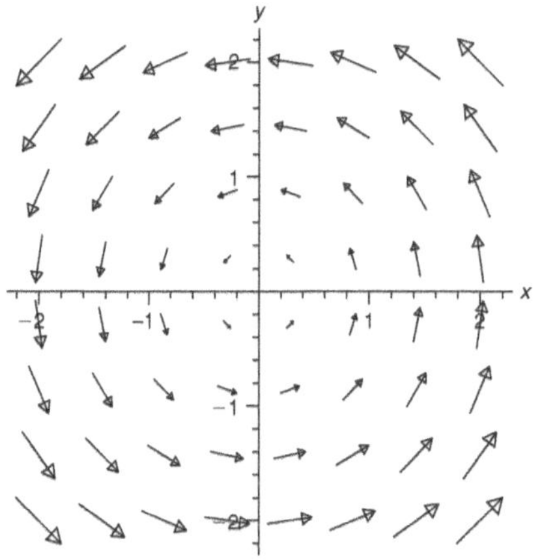

Figur 3.8 Hastighetsfeltet $\vec{v} = -\omega y\vec{i} + \omega x\vec{j}$.

Figur 3.9 Orkanen *Gladys* sett fra verdensrommet. (Foto: NASA)

Figur 3.8 viser dette hastighetsfeltet. Pilene viser hastighetsvektoren tegnet i forskjellige punkter. Ved å bruke definisjonen av curl, finner vi at

$$\nabla \times \vec{v} = 2\vec{\omega} \tag{3.60}$$

At det er en sammenheng mellom curlen til hastighetsfeltet $\vec{v}$ og vinkelhastigheten $\vec{\omega}$, antyder at rotasjon og curl har noe med hverandre å gjøre.

Figur 3.9 viser orkanen *Gladys*. Luftmassene virvler rundt orkanens "øye". Curlen til hastighetsfeltet er forskjellig fra null.

Eksempel 55

Regn ut curlen til feltene $\vec{F}(x, y) = x\vec{i} + y\vec{j}$, $\vec{G}(x, y) = -x\vec{i} - y\vec{j}$ og $\vec{H}(x, y) = 1 \cdot \vec{i}$. Dette er de samme feltene som vi studerte i eksempel 54 i avsnittet om divergens.

Løsning

Det er lett å vise at $\nabla \times \vec{F} = \nabla \times \vec{G} = \nabla \times \vec{H} = \vec{0}$. Vi ser at i hvert av de tre tilfellene er feltlinjene rette linjer, og curlen er lik null. ■

3.7 Noen nyttige vektoridentiteter

Ved å bruke definisjonene av gradient, divergens og curl, kan vi utlede vektoridentiteter som inngår i mange anvendelser.

La oss starte med å regne ut curlen til et gradientfelt $\vec{F} = \nabla f = [f_x, f_y, f_z]$. Vi bruker definisjonen og får:

$$\nabla \times (\nabla f) = \begin{vmatrix} \vec{i} & \vec{j} & \vec{k} \\ \dfrac{\partial}{\partial x} & \dfrac{\partial}{\partial y} & \dfrac{\partial}{\partial z} \\ f_x & f_y & f_z \end{vmatrix} = [f_{zy} - f_{yz}, -f_{zx} + f_{xz}, f_{yx} - f_{xy}] = \vec{0} \tag{3.61}$$

Her har vi brukt at $f_{zy} = f_{yz}$, og tilsvarende for de andre partielt deriverte. Dette viser at curlen til et gradientfelt *alltid* er lik null.

Setning 3.1

Curlen til et gradientfelt er lik null:

$$\nabla \times (\nabla f) = \vec{0} \tag{3.62}$$

Vi kan også utlede disse identitene ved å bruke definisjonene:

$$\nabla \cdot \nabla = \nabla^2 = \frac{\partial^2}{\partial x^2} + \frac{\partial^2}{\partial y^2} + \frac{\partial^2}{\partial z^2} \tag{3.63}$$

$$\nabla \cdot (\nabla \times \vec{v}) = 0 \tag{3.64}$$

$$\nabla \cdot \nabla f = \nabla^2 f \tag{3.65}$$

$$\nabla \times \nabla \times \vec{v} = \nabla(\nabla \cdot \vec{v}) - \nabla^2 \vec{v} \tag{3.66}$$

Størrelsen

$$\nabla^2 = \frac{\partial^2}{\partial x^2} + \frac{\partial^2}{\partial y^2} + \frac{\partial^2}{\partial z^2}$$

kaller vi *Laplace-operatoren*.

3.8 Oppgaver til kapittel 3

Oppgaver til avsnitt 3.2

Oppgave 1
Nedenfor er det definert noen vektorfelt. Tegn feltvektorene i de punktene som er oppgitt.

a. $\vec{F} = [1,\ 0]$ i punktene $(-1, 1)$, $(0, 0)$, $(2, 2)$, $(2, 1)$, $(2, 0)$, $(2, -1)$ og $(2, -2)$.

b. $\vec{F} = [x,\ y]$ i punktene $(1, 0)$, $(0, 1)$, $(-1, 0)$, $(0,\ -1)$ og $\left(\frac{1}{\sqrt{2}},\ \frac{1}{\sqrt{2}}\right)$.

c. $\vec{F} = [y,\ -x]$ i punktene $(1, 0)$, $(0, 1)$, $(-1, 0)$, $(0,\ -1)$ og $\left(\frac{1}{\sqrt{2}},\ \frac{1}{\sqrt{2}}\right)$.

Oppgave 2
Den elektriske feltstyrken $\vec{E}$ i avstand r fra en punktladning q er bestemt ved uttrykket

$$\vec{E} = k\frac{q}{r^2}\vec{u}_r$$

der $\vec{u}_r$ er en enhetsvektor som peker radielt vekk fra punktladningen. Størrelsen k er en konstant. Skisser vektorfeltet.

Oppgave 3
En stålplate blir varmet opp i et punkt ved at spissen av en loddebolt blir presset ned på flaten. Etter en stund er temperaturen T på overflaten av stålplata i nærheten av loddebolten bestemt ved uttrykket

$$T(x, y) = 250 - x^2 - y^2$$

a. Tegn isotermer som illustrerer temperaturfeltet.
b. I hvilken retning avtar temperaturen raskest?

Oppgave 4
Gjør rede for forskjellen mellom skalarfelt og vektorfelt.

Oppgaver til avsnitt 3.3

Oppgave 1
Bestem gradientfeltet ∇f til disse skalarfeltene:

a. $f(x, y) = 3xy^2 + x^3y$
b. $f(x, y, z) = e^{2x+3y+4z}$

Oppgave 2
Regn ut gradienten til skalarfeltene:

a. $f(x, y, z) = x + y + z$
b. $f(x, y, z) = 2x^2 + 4xy + y^2z$
c. $f(x, y, z) = e^x - e^y + e^z$
d. $f(x, y, z) = e^{xyz}$
e. $f(x, y, z) = \sin(x + y + z) + xyz$
f. $f(x, y, z) = \cos(xyz)$

Oppgave 3
Regn ut divergensen til vektorfeltene:

a. $\vec{F}(x, y) = 3x^2y\,\vec{i} + (3x + 4xy^2)\vec{j}$
b. $\vec{F}(x, y, z) = 2x\,\vec{i} + 4y\,\vec{j} + 3z\,\vec{k}$
c. $\vec{F}(x, y, z) = (x + y)\vec{i} + (y + z)\,\vec{j} + (x + z)\,\vec{k}$
d. $\vec{F}(x, y, z) = xy\,\vec{i} + yz\,\vec{j} + xz\,\vec{k}$
e. $\vec{F}(x, y, z) = e^{2x}\,\vec{i} + e^{3y}\,\vec{j} + e^{4z}\,\vec{k}$
f. $\vec{F}(x, y, z) = (\sin 2x + xz)\,\vec{i} + \left(\cos 2\pi y + \frac{1}{xz}\right)\vec{j} + e^{xyz}\,\vec{k}$

Oppgave 4
Regn ut curlen til vektorfeltene:

a. $\vec{F}(x, y, z) = y\,\vec{i} + z\,\vec{j} + x\,\vec{k}$
b. $\vec{F}(x, y, z) = (3x - 4y + z)\,\vec{i} + (2x - y + z)\,\vec{j} + (x + 5y - 6z)\,\vec{k}$
c. $\vec{F}(x, y, z) = xy\,\vec{i} + yz\,\vec{j} + xz\,\vec{k}$
d. $\vec{F}(x, y, z) = e^x\,\vec{i} + (1 + e^{3y})\,\vec{j} + (e^{4z} + x)\,\vec{k}$
e. $\vec{F}(x, y, z) = (\sin(2x + 2) + x + z)\,\vec{i} + (\cos \pi y + \frac{1}{4}x)\,\vec{j} + e^{3xyz}\,\vec{k}$

Oppgave 5
Hvilke av disse størrelsene er *ikke* definert?

a. $\nabla \times f$
b. ∇f
c. $\nabla \cdot \vec{v}$
d. $f \times \nabla$
e. $\nabla \cdot \nabla$
f. $\vec{v} \times \nabla$
g. $\nabla \times \vec{v}$
h. $f \cdot \nabla$

Oppgave 6
Skriv et kort essay der du gjør rede for størrelsene gradient, divergens og curl.

Oppgaver til avsnitt 3.4

Oppgave 1
Nedenfor er det skrevet opp noen gradientfelt. Bestem et skalarfelt f slik at ∇f er lik det oppgitte vektorfeltet.

a. $\nabla f = [2x, 2y]$
b. $\nabla f = [2x - 2y, -2x - 2y]$
c. $\nabla f = \left[6x^2 - 3y^2 + 1, -6xy - 1\right]$
d. $\nabla f = \left[2xye^{x^2y}, x^2e^{x^2y}\right]$

Oppgave 2
Nedenfor er det skrevet opp noen gradientfelt.
Bestem et skalarfelt f slik at ∇f er lik det oppgitte vektorfeltet.

a. $\nabla f = [2x, 2y, 2z]$
b. $\nabla f = \left[2x + y^3, 3xy^2 + z^2, 2yz\right]$
c. $\nabla f = \left[2xy - 3y^2z, x^2 + 2z^2 - 6xyz, 4yz - 3xy^2\right]$
d. $\nabla f = \left[2xyz\, e^{x^2yz}, x^2z\, e^{x^2yz}, x^2y\, e^{x^2yz}\right]$

Oppgave 3
Bestem et skalarfelt f slik at $\nabla f = \left[3\,x^2 - 2\,y^2 + y + 4,\ -4\,xy + x\right]$ og $f(1, 2) = 4$.

Oppgave 4

a. Bestem et skalarfelt $f(x, y)$ slik at

$$\nabla f = [3x^2 + 2y^2 + 1,\ 4xy + 2y]$$

og $f(0, 0) = 1$.

b. Bestem et skalarfelt $f(x, y)$ slik at

$$\nabla f = [e^{x+y} + 1,\ e^{x+y} + 2]$$

og $f(0, 0) = 1$.

c. Bestem et skalarfelt $f(x, y, z)$ slik at

$$\nabla f = [\sin(x + y) + 1,\ \sin(x + y) + 2z,\ 2y + 3z^2]$$

og $f(0,\ 0,\ 0) = \pi - 1$.

Oppgaver til avsnitt 3.5

Oppgave 1
Skru opp ei vannkran så mye at vannet renner rolig, uten virvler. Observer at strålen blir tynnere desto lenger vekk vi kommer fra åpningen på krana.
Beskriv dette ved å bruke begrepet *divergens*.

Oppgaver til avsnitt 3.6

Oppgave 1
Du søler vann på et bord. Hastigheten til vannet er $\vec{v} = [x, y^2]$ når $x > 0$, $y > 0$. Undersøk om det er rotasjonsbevegelse i vannet.

Oppgaver til avsnitt 3.7

Oppgave 1
Regn ut $\nabla \times \nabla(2x - yz + \sin(xyz + 2) - \pi x + 2z - 3y)$.

Oppgave 2
Utled identitetene i avsnitt 3.7.

Kapittel 4
Linjeintegral

Når vi reiser med fly, legger vi merke til at flyet stiger høyt opp selv om distansen vi skal reise ikke er så stor. Det kommer blant annet av at jo høyere vi kommer, jo "tynnere" er atmosfæren. Der er luftmotstanden mindre, og da sparer man drivstoff. Det er god økonomi! På den andre siden må en bruke mer drivstoff for å løfte flyet høyt opp. Det må altså finnes en optimal bane med hensyn på drivstofforbruk: Man veier stor høyde opp mot liten luftmotstand.

I dette kapitlet skal vi se litt på teknikker man kan bruke for å regne ut drivstofforbruket. Dette gjør vi ved å regne ut et såkalt **linjeintegral**.

Vi skal også se på tilfeller der linjeintegralene ikke avhenger av veien vi integrerer langs, og vi skal se på teknikker som gjør oss i stand til å løse linjeintegralene på enkle måter.

4.1 Læringsmål i dette kapitlet

Flere steder i dette kapitlet er det skrevet opp *nøkkelkunnskaper*. Til hver nøkkelkunnskap er det et *mål*. I tillegg til å beherske nøkkelkunnskapene, skal du kunne

1. ta utgangspunkt i hvordan riemannsummen brukes til å definere integralet $\int_a^b f(x)\,dx$, og generalisere denne tankegangen til å gjelde linjeintegraler av skalar- og vektorfelt (Avsn. 4.3, 4.6)
2. sammenlikne linjeintegral av skalarfelt og linjeintegral av vektorfelt, og diskutere forskjeller og likheter både i regneteknikk, egenskaper og tolkning (Avsn. 4.3 – 4.7)
3. gi en oversikt over egenskapene til et **konservativt felt** (Avsn. 4.8)

4.2 Innledning

Når vi nå skal begynne å arbeide med linjeintegraler (kapittel 4), multiple integraler (kapittel 5) og flateintegraler (kapittel 6), kan det være lurt å repetere at et "vanlig" bestemt integral er grensen av en "sum av uendelig mange uendelig små ledd". Dette er *Riemanns* definisjon av integral. Vi har illustrert dette i figur 4.1, der integrasjonsområdet er delt opp i 10 deler.

I alle de typene integraler vi skal komme borti, er det bruken av *riemannsummer* som danner grunnlag for definisjonene. Ideen er å "dele opp" det vi skal integrere i hensiktsmessige "smådeler", bestemme et uttrykk for hver smådel, og deretter "summere" smådelene. Når smådelene blir "veldig små", blir summen erstattet med et integral.

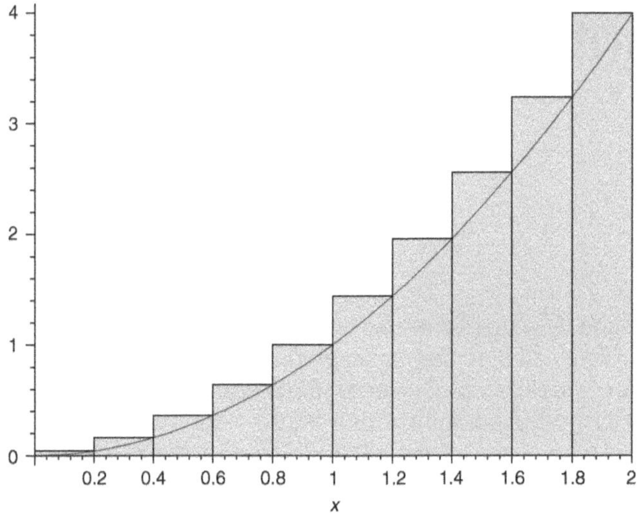

Figur 4.1 Riemannsum: Integrasjonsområdet deles opp i stadig mindre deler. Det bestemte integralet er grensen summen av arealene av alle rektanglene nærmer seg mot når grunnlinja i rektanglene går mot null.

Ha dette i "bakhodet" når du leser videre om *linjeintegraler*:

Når vi regner ut "vanlige" bestemte integraler, lar vi den variable x variere langs linja $y = 0$, som er x-aksen. Vi kan si at vi integrerer langs en linje, nemlig x-aksen. Bak integraltegnet står funksjonen $f(x)$ multiplisert med lengden av et lite kurvestykke dx. Vi skal altså "summere" ledd av typen $f(x)\,dx$.

I noen linjeintegraler skal det stå $f ds$ bak integraltegnet, der f er en funksjon av flere variable, og ds er en liten bit av kurven vi integrerer langs. Vi skal altså "summere" ledd av typen $f\,ds$.

I noen linjeintegraler skal det stå $\vec{F} \cdot d\vec{r}$ bak integraltegnet, der $\vec{F}$ er en vektor som avhenger av flere variable, og $d\vec{r}$ er en tangentvektor til en kurve. Vi skal altså summere ledd av typen $\vec{F} \cdot d\vec{r}$.

Vi skiller mellom to forskjellige slags linjeintegral:

- linjeintegralet til et *skalarfelt*
- linjeintegralet til et *vektorfelt*

Teknikkene vi bruker er på mange måter nokså like. Det er om å gjøre at vi klarer å skille de to situasjonene fra hverandre.

4.3 Linjeintegralet av et skalarfelt

Vi lar C være en kurve i rommet. Hvis $f(x, y, z)$ er et skalarfelt og ds er et lite kurvestykke langs kurven C, er **linjeintegralet** langs C gitt ved uttrykket:

Setning 4.1

$$\int_C f(x, y, z)\, ds = \int_C f(x, y, z)\sqrt{(dx)^2 + (dy)^2 + (dz)^2} \tag{4.1}$$

Vi skal begrunne dette uttrykket, og vi skal vise hvordan vi regner ut integralet.

4.3.1 Lengden av et kurvestykke *ds*

Uttrykket under rottegnet svarer til lengden av et lite kurvestykke ds langs linja C. Dette uttrykket utleder vi ved å bruke Pythagoras' setning i rommet. Dette er illustrert i figur 4.2.

Integranden i linjeintegralet $\int_C f\, ds$ er produktet av skalarfeltet f og kurvestykket ds. Når vi integrerer, "legger vi sammen" disse produktene når vi følger kurven C. Dette er analogt med det vi gjør når vi regner ut et "vanlig" integral $\int f dx$.

I rommet må kurven C være definert ved hjelp av en parametrisering. Bruker vi parametriseringen

$$x = x(t), \quad y = y(t), \quad z = z(t), \quad a \le t \le b \tag{4.2}$$

vil kurvestykket ds kunne skrives slik:

$$ds = \sqrt{(dx)^2 + (dy)^2 + (dz)^2} \tag{4.3}$$

$$= \sqrt{\left(\frac{dx}{dt}dt\right)^2 + \left(\frac{dy}{dt}dt\right)^2 + \left(\frac{dz}{dt}dt\right)^2} \tag{4.4}$$

$$= \sqrt{\left[\left(\frac{dx}{dt}\right)^2 + \left(\frac{dy}{dt}\right)^2 + \left(\frac{dz}{dt}\right)^2\right](dt)^2} \tag{4.5}$$

$$ds = \sqrt{\left(\frac{dx}{dt}\right)^2 + \left(\frac{dy}{dt}\right)^2 + \left(\frac{dz}{dt}\right)^2}\, dt \tag{4.6}$$

Setter vi dette uttrykket inn i likning 4.1, får vi dette uttrykket for kurveintegralet:

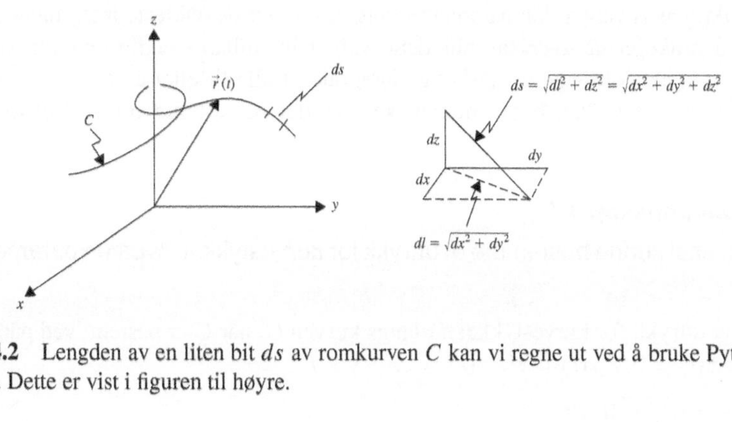

Figur 4.2 Lengden av en liten bit ds av romkurven C kan vi regne ut ved å bruke Pythagoras' setning. Dette er vist i figuren til høyre.

Setning 4.2

$$\int_C f(x,y,z)ds = \int_{t=a}^{b} f(x(t),y(t),z(t))\sqrt{\left(\frac{dx}{dt}\right)^2 + \left(\frac{dy}{dt}\right)^2 + \left(\frac{dz}{dt}\right)^2}\,dt \quad \textbf{(4.7)}$$

Dersom kurven C ligger i xy-planet, blir linjeintegralet:

$$\int_C f(x,y)\,ds = \int_{t=a}^{b} f(x(t),y(t))\sqrt{\left(\frac{dx}{dt}\right)^2 + \left(\frac{dy}{dt}\right)^2}\,dt \qquad \textbf{(4.8)}$$

Dersom vi bruker *vektornotasjon* for å parametrisere, det vil si at vi skriver $\vec{r}(t) = x(t)\vec{i} + y(t)\vec{j} + z(t)\vec{k}$, kan vi skrive integralet slik:

Setning 4.3

$$\int_C f(x,y,z)\,ds = \int_{t=a}^{b} f(\vec{r}(t))\left|\frac{d\vec{r}}{dt}\right|dt \qquad \textbf{(4.9)}$$

Merk at uttrykket for lengden av den deriverte av posisjonsvektoren blir det samme som kvadratroten i likning 4.7 ovenfor.

Integralet vil avhenge av funksjonen f og av kurven C, men det er uavhengig av hvordan vi velger å parametrisere kurven.

Setning 4.4

Linjeintegralet $\int_C f\,ds$ er uavhengig av valg av parametrisering av kurven C.

Det er viktig at vi velger den parametriseringen som gir de enkleste integralene å regne ut. Ved å bruke et *dataverktøy* blir dette valget litt mindre viktig enn før, siden de som oftest klarer å løse selv vanskelige integraler. I alle tilfeller er svaret vi skal fram til et *tall*, slik at vi kan bruke numeriske metoder og komme fram til et tilnærmet riktig svar.

✓ Nøkkelkunnskap 4.1

Mål: Du skal kunne bestemme et uttrykk for kurvestykket *ds* på en parametrisert kurve.

Bestem et uttrykk for kurvestykket ds langs kurven C, når C er bestemt ved parametriseringen $x(t) = 3t,\ y(t) = t^2,\ z(t) = 2,\ -1 \le t \le 2$.

Svar: $ds = \sqrt{9+4t^2}\,dt$

4.3.2 Teknikk for beregning av linjeintegral

Når vi skal regne ut linjeintegralet av et skalarfelt, *parametriserer* vi kurven vi skal integrere langs. Det betyr at vi for eksempel bestemmer x og y uttrykt ved parameteren t, og setter disse uttrykkene inn i integranden. Vi bruker denne systematikken:

1. Parametriser kurven C.
2. Regn ut et uttrykk for ds.
3. Sett opp integralet, og regn ut.

Eksemplene nedenfor illustrerer metoden.

Eksempel 56

a. Parametriser den rette linja mellom punktene (0, 3) og (2, −1).

b. Parametriser den delen av parabelen $y = x^2$ som ligger mellom punktene (0, 0) og (2, 4).

Løsning

a. Når vi kjenner to punkter på en rett linje, kan vi bruke *to-punktsformelen* til å bestemme likningen for linja:

$$y - y_1 = \frac{y_2 - y_1}{x_2 - x_1}(x - x_1) \qquad \textbf{(4.10)}$$

Når vi setter $x_1 = 0$, $y_1 = 3$, $x_2 = 2$ og $y_2 = -1$, får vi likningen $y = -2x + 3$. Da kan vi for eksempel velge parametriseringen:

$$x(t) = t, \quad y(t) = -2t + 3, \quad 0 \le t \le 2 \qquad \textbf{(4.11)}$$

b. Vi kjenner sammenhengen mellom x og y, og det kan vi utnytte. Vi kan for eksempel lage denne parametriseringen:

$$x(t) = t, \quad y(t) = t^2, \quad 0 \le t \le 2 \qquad \textbf{(4.12)}$$

■

Eksempel 57

Den rette linja fra punktet (2, 5) til punktet (6, 15) er bestemt ved parametriseringen

$$x(t) = 2t, \; y(t) = 5t, \; 1 \le t \le 3$$

Regn ut linjeintegralet $\int_C (x + y)\, ds$.

Løsning

Vi bruker uttrykket i likning 4.7, setter $x = 2t$ og $y = 5t$, og får:

$$\int_C (x + y)\, ds = \int_{t=1}^{3} (2t + 5t)\sqrt{\left(\frac{d}{dt}(2t)\right)^2 + \left(\frac{d}{dt}(5t)\right)^2}\, dt \qquad \textbf{(4.13)}$$

$$= \int_{t=1}^{3} 7t\sqrt{2^2 + 5^2}\, dt = 7\sqrt{29}\left[\frac{1}{2}t^2\right]_1^3 = 28\sqrt{29} \qquad \textbf{(4.14)}$$

■

Eksempel 58

Kurven C er den delen av sirkelen $x^2+y^2=1$ som ligger i 1. kvadrant. Vi følger sirkelen fra punktet $(1,\ 0)$ til $(0,\ 1)$.
Regn ut linjeintegralet til skalarfeltet $f(x,y)=xy$, det vil si integralet:

$$\int_C xy\,ds \tag{4.15}$$

Løsning

Verdien av integralet blir den samme *uansett* hva slags parametrisering vi følger. Vi velger parametriseringen:

$$x(t)=\cos t \quad y(t)=\sin t \quad 0\le t\le \frac{\pi}{2} \tag{4.16}$$

Vi kan sjekke at omløpsretningen er den riktige ved å sette inn $t=0$ for startpunktet og $t=\pi/2$ for sluttpunktet:

$$x(0)=\cos 0=1, \quad y(0)=\sin 0=0 \tag{4.17}$$

Tilsvarende finner vi at sluttpunktet er $(0,\ 1)$.

Med den valgte parametriseringen får vi:

$$ds=\sqrt{\left(\frac{dx}{dt}\right)^2+\left(\frac{dy}{dt}\right)^2}\,dt=\sqrt{(-\sin t)^2+(\cos t)^2}\,dt=\sqrt{1}\,dt=dt \tag{4.18}$$

Integralet blir:

$$\int_C xy\,ds=\int_{t=0}^{\frac{\pi}{2}}\cos t\sin t\,dt=\left[\frac{1}{2}\sin^2 t\right]_0^{\frac{\pi}{2}}=\frac{1}{2} \tag{4.19}$$

Hva blir svaret dersom $f(x,y)=1$? Kommenter resultatet. ■

Eksempel 59

En kurve C er bestemt ved parametriseringen $\vec{r}\,(t)=3t\,\vec{i}+4t\,\vec{j}$ der $0\le t\le 2$.
Regn ut linjeintegralet $\int_C y\,ds$.

Løsning

Likning 4.9 viser hvordan vi skal regne ut et linjeintegral når parametriseringen er gitt på vektorform. Parametriseringen kan også skrives

$$x(t)=3t, \quad y(t)=4t, \quad 0\le t\le 2 \tag{4.20}$$

Vi ser at y-komponenten er $4t$, så det er dette vi skal sette inn i integranden. Videre får vi:

$$\left|\frac{d\vec{r}(t)}{dt}\right| = \left|3\vec{i} + 4\vec{j}\right| = \sqrt{3^2 + 4^2} = 5 \tag{4.21}$$

som gir $ds = 5\,dt$. Da får vi:

$$\int_C y\,ds = \int_{t=0}^{2} 4t \cdot 5\,dt = 20\left[\frac{1}{2}t^2\right]_0^2 = 40 \tag{4.22}$$

■

✓ Nøkkelkunnskap 4.2

Mål: Du skal kunne regne ut linjeintegralet til et skalarfelt.

Regn ut $\int_C ds$ der C er den rett linja gitt ved parametriseringen $x(t) = t$, $y(t) = 2t$, $1 \le t \le 2$.

Svar: $\sqrt{5}$

4.3.3 Anvendelser av linjeintegral

Når vi regner ut et linjeintegral, kan svaret ha forskjellige tolkninger avhengig av hva funksjonen f uttrykker. Et par eksempler vil belyse dette.

Eksempel 60

Regn ut linjeintegralet $\int_C f(x, y)ds$ når $f(x, y) = 1$ og C er en halvsirkel med radius lik 1 og sentrum i origo.

Løsning

Siden $f(x, y) = 1$, kan vi skrive integralet $\int_C ds$. Når vi bruker Riemanns definisjon av et bestemt integral, innser vi at vi skal summere lengdene av alle "bitene" ds som til sammen utgjør halvsirkelen. Det betyr at vi finner lengden av hele linja når vi beregner integralet:

$$s = \int_C ds = \frac{1}{2} \cdot 2\pi r = \pi \tag{4.23}$$

■

Eksempel 61

Massetettheten til en tynn tråd med lengde 0,50 m er bestemt ved uttrykket $\rho(x) = (2x + 1)$ g/m. Regn ut massen til tråden.

Løsning

Massetetthet er definert som masse per lengde: $\rho = dm/dx$. Det betyr at massen til et lite kurvestykke med lengde dx er $dm = \rho\,dx$. Vi finner massen ved å integrere tettheten

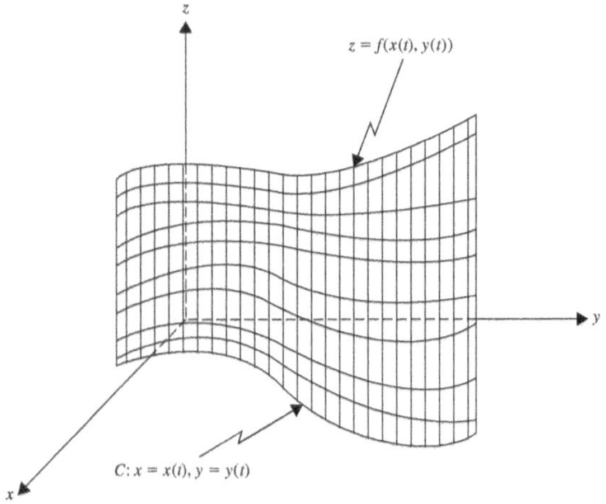

Figur 4.3 Grafisk tolkning av et linjeintegral. Linjeintegralet $\int_C f(x, y)\, ds$ svarer til arealet av den skraverte flaten. Toppen av flaten er bestemt ved $z = f(x(t), y(t))$, der $x(t)$ og $y(t)$ ligger på kurven C.

langs linja. Siden vi her har en tråd, kan vi tenke oss at vi retter den ut og legger den langs x-aksen. Vi får:

$$m = \int_C \rho\, dm = \int_{x=0}^{0,5} (2x+1)dx = \left[x^2 + x\right]_0^{0,5} = 0,75 \tag{4.24}$$

Massen av tråden er 75 gram. ■

4.4 Geometrisk tolkning av linjeintegralet av et skalarfelt

Når funksjonen f er en funksjon av *to* variable x og y, og C er en kurve i xy-planet, kan vi gi en enkel geometrisk tolkning av integralet $\int_C f(x, y)\, ds$:

Setning 4.5

Hvis $f(x, y) > 0$ langs hele kurven C i xy-planet, vil integralet $\int_C f(x, y)\, ds$ gi oss verdien av arealet av flaten som er begrenset av flaten $z = f(x, y)$ og som ligger loddrett over kurven C, se figur 4.3.

Eksempel 62

Regn ut linjeintegralet $\int_C f(x, y)\, ds = \int_C x\, ds$ der C er den rette linja fra origo til punktet $(1, 1)$. Gi en geometrisk tolkning av svaret.

Løsning

Vi finner først en parametrisering av den rette linja. Én slik parametrisering er:

$$x(t) = t, \quad y(t) = t, \quad 0 \le t \le 1 \tag{4.25}$$

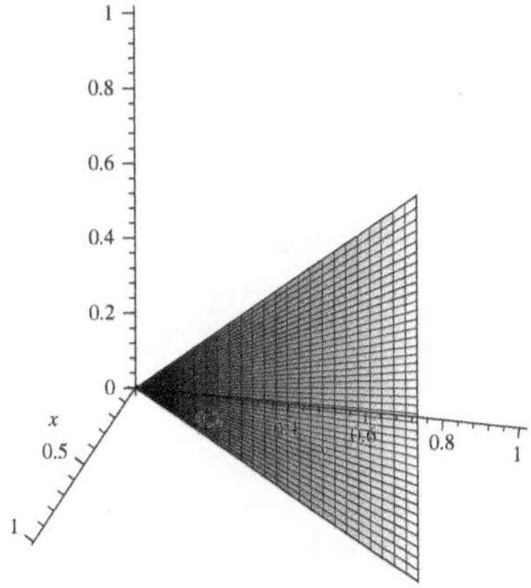

Figur 4.4 Trekanten under grafen til funksjonen $z = f(x, y) = x$ over linja $x = y$.

Når vi bruker likning 4.7, får vi:

$$\int_C x\,ds = \int_{t=0}^{1} t\,\sqrt{2}\,dt = \sqrt{2}\left[\frac{1}{2}t^2\right]_{t=0}^{1} = \frac{1}{2}\sqrt{2} \tag{4.26}$$

Flaten som ligger under grafen til $z = f(x, y) = x$ loddrett over den rette linja fra origo til $(1, 1)$, det vil si linja $y = x$ i xy-planet, er en rettvinklet trekant med grunnlinje $\sqrt{2}$ og høyde 1, se figur 4.4. Det er lett å vise at arealet av denne trekanten er $\frac{1}{2}\sqrt{2}$. Det er det samme som vi fant da vi regnet ut linjeintegralet.

Tolkningen av linjeintegralet er at verdien av det svarer til arealet av trekanten. ■

4.5 Linjeintegralet av et skalarfelt er uavhengig av kurvens orientering

Når vi parametriserer kurven C i integralet $\int_C f(x, y, z)\,ds$, vil vi følge kurven i en bestemt retning når parameteren t øker fra a til b. Siden kvadratroten i uttrykket for ds, det vil si i uttrykket $ds = \sqrt{(x'(t))^2 + (y'(t))^2 + (z'(t))^2}\,dt$, alltid er positiv, vil ikke integralet endre verdi når vi følger kurven i motsatt retning. Kaller vi kurven gjennomløpt i motsatt retning $-C$, får vi altså:

Setning 4.6

$$\int_C f\,ds = \int_{-C} f\,ds \tag{4.27}$$

Ut fra en geometrisk betraktning virker dette rimelig. Hvis C ligger i xy-planet og $f = f(x, y)$, er $\int_C f(x, y)\,ds$ arealet av en flate, se avsnitt 4.4. Arealet må være det samme uansett i hvilken retning vi gjennomløper kurven.

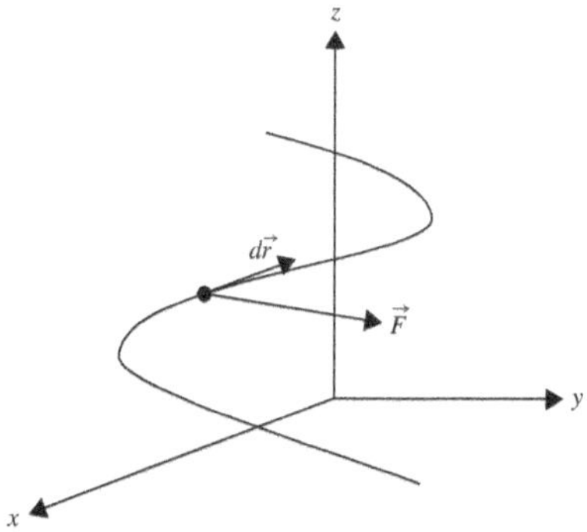

Figur 4.5 Figuren viser vektoren $d\vec{r}$ og vektoren $\vec{F}$. Vektoren $d\vec{r}$ er tangent til banen. Arbeidet kraften utfører når kraften flytter en partikkel et stykke $d\vec{r}$ langs banen, er definert som $dW = \vec{F} \cdot d\vec{r}$.

Eksempel 63

Vi tar for oss det samme linjeintegralet som i eksempel 62, men orienterer kurven C i motsatt retning. Regn ut linjeintegralet $\int_C f(x, y)\, ds = \int_C x\, ds$ der C er den rette linja fra origo til punktet $(1, 1)$. Orienter kurven C slik at den gjennomløpes fra punktet $(1, 1)$ til punktet $(0, 0)$.

Løsning

Vi må parametrisere kurven annerledes enn i eksempel 62. En mulig parametrisering er:

$$x(t) = 1 - t, \quad y(t) = 1 - t, \quad 0 \leq t \leq 1 \tag{4.28}$$

Vi setter inn i likning 4.7 og får:

$$\int_C x\, ds = \int_{t=0}^{1} (1-t)\sqrt{((1-t)')^2 + ((1-t)')^2}\, dt = \sqrt{2}\left[t - \frac{1}{2}t^2\right]_0^1 = \frac{1}{2}\sqrt{2} \tag{4.29}$$

Som ventet får vi det samme svaret som i eksempel 62. ■

4.6 Linjeintegralet av et vektorfelt

Når vi skal regne ut kurveintegralet av et vektorfelt, bruker vi samme tankegang som ligger til grunn for riemannsummen: "del opp i biter – bestem et uttrykk for biten – legg sammen ved hjelp av et integral".

Det mest kjente eksemplet på beregning av kurveintegralet av et vektorfelt er kanskje utregning av **arbeid**. Dersom en kraft $\vec{F}$ virker på et legeme over en liten strekning $d\vec{r}$ (se figur 4.5), er arbeidet dW *definert* som:

DEFINISJON 4.1

$$dW = \vec{F} \cdot d\vec{r} \tag{4.30}$$

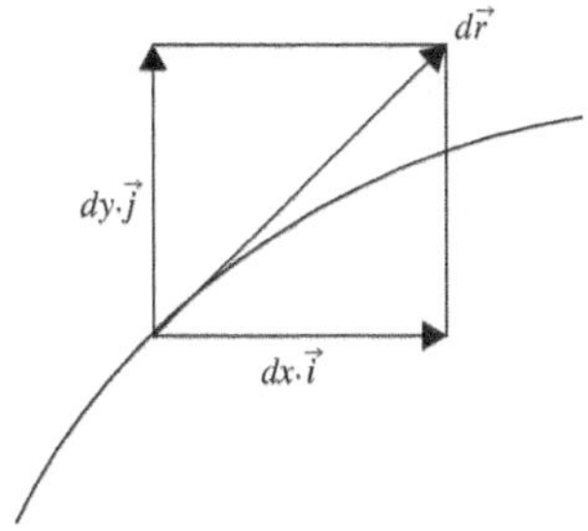

Figur 4.6 Vektoren $d\vec{r} = dx\,\vec{i} + dy\,\vec{j} = [dx, dy]$ er tangent til banen.

Vektoren $d\vec{r} = [dx, dy]$ er tangent til banen, se figur 4.6. Hvis $\vec{T}$ er en enhetsvektor som er tangent til banen, skriver vi ofte $d\vec{r} = \vec{T}\,ds$, der ds er et lite veistykke langs banen. Arbeidet kan da skrives:

$$dW = \vec{F} \cdot d\vec{r} = \vec{F} \cdot \vec{T}\,ds \tag{4.31}$$

Enhetstangenten $\vec{T}$ kan vi regne ut ved å bruke at farten $\vec{v}$ er tangent til banen: $\vec{T} = \vec{v}/|\vec{v}|$ der $\vec{v} = d\vec{r}/dt$.

Vi kan også skrive skalarproduktet slik: $\vec{F} \cdot d\vec{r} = F\,dr\,\cos\alpha = F_t\,dr$ der F_t er komponenten av $\vec{F}$ tangentielt til banen. I denne boka skal vi bruke skrivemåten i likning 4.30.

Skal vi bestemme hele arbeidet kraften utfører når vi flytter legemet langs en kurve, må vi legge sammen alle disse "små-arbeidene". Summen regnes ut ved å beregne et integral. Vi må da sørge for at vi følger kurven når vi integrerer, og det betyr at integralet blir et linjeintegral.

Setning 4.7

Arbeidet kraften $\vec{F}$ utfører når den flytter en partikkel langs banen C, er bestemt ved linjeintegralet:

$$W = \int_C dW = \int_C \vec{F} \cdot d\vec{r} \tag{4.32}$$

Hvis bevegelsen foregår i planet, kan vi skrive $\vec{F} = P(x, y)\,\vec{i} + Q(x, y)\,\vec{j}$ og $d\vec{r} = dx\,\vec{i} + dy\,\vec{j}$. Skalarproduktet mellom disse vektorene er

$$\vec{F} \cdot d\vec{r} = (P\,\vec{i} + Q\,\vec{j}) \cdot (dx\,\vec{i} + dy\,\vec{j}) = P\,dx + Q\,dy$$

Da får vi:

Setning 4.8

Arbeidet en kraft $\vec{F} = P\vec{i} + Q\vec{j}$ utfører langs en kurve C i xy-planet, kan beregnes ved uttrykket:

$$W = \int_C \vec{F} \cdot d\vec{r} = \int_C P\,dx + Q\,dy \tag{4.33}$$

På høyre side i uttrykket for arbeidet burde det ha stått en parentes rundt integranden: $\int_C (P\,dx + Q\,dy)$. Som oftest utelater man parentesen. Da er det underforstått at det er begge leddene som skal integreres.

Hvis vi skal regne ut arbeidet langs en kurve i rommet, generaliserer vi uttrykket i likning 4.33:

Setning 4.9

Hvis $\vec{F} = P\,\vec{i} + Q\,\vec{j} + R\,\vec{k}$ er et vektorfelt, er linjeintegralet av $\vec{F}$ langs kurven C:

$$\int_C \vec{F}\cdot d\vec{r} = \int_C (P\,\vec{i} + Q\,\vec{j} + R\,\vec{k})\cdot(dx\,\vec{i} + dy\,\vec{j} + dz\,\vec{k})$$

$$= \int_C P\,dx + Q\,dy + R\,dz \qquad \textbf{(4.34)}$$

Kurven C må parametriseres på en hensiktsmessig måte. Av uttrykket

$$\int_C \vec{F}\cdot d\vec{r} = \int_C P\,dx + Q\,dy + R\,dz$$

ser vi at vi trenger uttrykk for dx, dy og dz. Framgangsmåten for å bestemme disse uttrykkene kan oppsummeres slik:

$$x = x(t) \qquad y = y(t) \qquad z = z(t) \qquad a \le t \le b \qquad \textbf{(4.35)}$$

$$dx = x'(t)\,dt \qquad dy = y'(t)\,dt \qquad dz = z'(t)\,dt \qquad \textbf{(4.36)}$$

Her har vi skrevet $dx/dt = x'(t)$ gir $dx = x'(t)\,dt$ osv. Eksemplene nedenfor viser hvordan vi regner ut integralene i praksis.

Eksempel 64

Regn ut linjeintegralet $\int_C x\,dx + y\,dy$. Kurven C er bestemt ved parametriseringen $x(t) = t$, $y(t) = 2t$, $0 \le t \le 1$.

Løsning

Vi bestemmer først uttrykk for dx og dy:

$$x = t \qquad y = 2t \qquad 0 \le t \le 1 \qquad \textbf{(4.37)}$$

$$dx = 1\,dt \qquad dy = 2\,dt \qquad \textbf{(4.38)}$$

Vi setter dette inn i integralet samtidig som vi også setter inn for x og y. Da får vi:

$$\int_C (x\,dx + y\,dy) = \int_{t=0}^{1} t\cdot dt + 2t\cdot 2\,dt = \int_{t=0}^{1} 5t\,dt = \left[\frac{5}{2}t^2\right]_0^1 = \frac{5}{2} \qquad \textbf{(4.39)}$$

■

Eksempel 65

Regn ut integralet $\int_C (x^2 - y^2)\,dx + 2xy\,dy + xz\,dz$ der C er kurven bestemt ved parametriseringen $x(t) = t^2$, $y(t) = t^3$, $z = t$, $0 \le t \le 2$.

Løsning

Vi starter med å bestemme uttrykkene for dx og dy:

$$x = t^2 \qquad y = t^3 \qquad z = t \qquad 0 \le t \le 2 \tag{4.40}$$

$$dx = 2t\,dt \qquad dy = 3t^2\,dt \qquad z = dt \tag{4.41}$$

Vi setter inn for x, y, z, dx, dy og dz i integralet og får:

$$I = \int_C (x^2 - y^2)\,dx + 2xy\,dy + xz\,dz \tag{4.42}$$

$$= \int_{t=0}^{2} ((t^2)^2 - (t^3)^2) \cdot 2t\,dt + 2t^2 \cdot t^3 \cdot 3t^2\,dt + t^2 \cdot t\,dt \tag{4.43}$$

$$= \int_{t=0}^{2} \left(t^3 + 2t^5 + 4t^7\right) dt = \frac{460}{3} \tag{4.44}$$

■

Eksempel 66

Et vektorfelt er definert ved uttrykket $\vec{F} = x\,\vec{i} + y\,\vec{j}$.
Regn ut $\int_C \vec{F} \cdot d\vec{r}$ langs den rette linja fra punktet A (1, 2) til punktet B (2, 3).

Løsning

Linjeintegralet kan skrives:

$$\int_C \vec{F} \cdot d\vec{r} = \int_C \left(x\vec{i} + y\vec{j}\right) \cdot \left(dx\,\vec{i} + dy\,\vec{j}\right) = \int_C x\,dx + y\,dy \tag{4.45}$$

Kurven C kan skrives på formen $y = x + 1$. En mulig parametrisering er:

$$x = t \qquad y = t + 1 \qquad 1 \le t \le 2 \tag{4.46}$$

$$dx = 1\,dt \qquad dy = 1\,dt \tag{4.47}$$

Vi setter inn for x, y, dx og dy og lar t variere fra $t = 1$ til $t = 2$. Da får vi:

$$\int_C \vec{F} \cdot d\vec{r} = \int_C x\,dx + y\,dy = \int_{t=1}^{2} (t + t + 1)\,dx = 4 \tag{4.48}$$

■

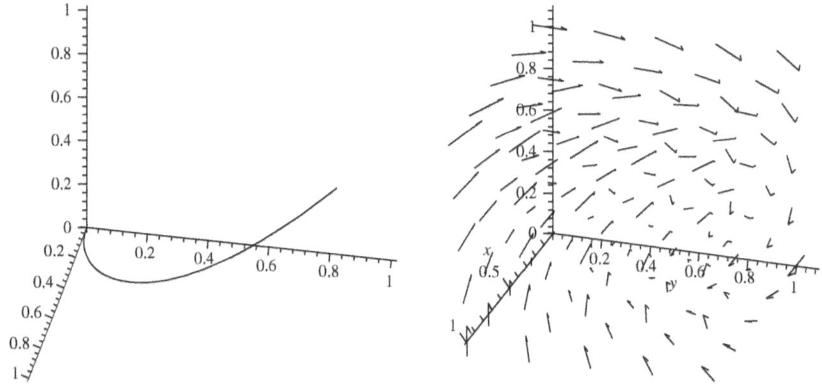

(a) Kurven C bestemt ved parametriseringen $x = t$, $y = t^2$, $z = t^3$ fra punktet (0, 0, 0) til (1, 1, 1).

(b) Feltet $\vec{F}(x, y, z) = y\vec{i} + z\vec{j} + x\vec{k}$

Figur 4.7 Kurven og feltet i eksempel 67.

Eksempel 67

Regn ut linjeintegralet av vektorfeltet $\vec{F}(x, y, z) = y\,\vec{i} + z\,\vec{j} + x\,\vec{k}$ langs kurven bestemt ved parametriseringen $x = t,\ y = t^2,\ z = t^3$ fra punktet (0, 0, 0) til (1, 1, 1).

Løsning

Skalarproduktet $\vec{F} \cdot d\vec{r}$ blir:

$$\vec{F} \cdot d\vec{r} = y\,dx + z\,dy + x\,dz$$

Vi tar utgangspunkt i parametriseringen, deriverer og får:

$$x = t \qquad y = t^2 \qquad z = t^3 \qquad 0 \le t \le 1 \tag{4.49}$$

$$dx = 1\,dt \qquad dy = 2t\,dt \qquad dz = 3t^2\,dt \tag{4.50}$$

Da blir linjeintegralet:

$$\int_C \vec{F} \cdot d\vec{r} = \int_C y\,dx + z\,dy + x\,dz = \int_{t=0}^{1} t^2 \cdot dt + t^3 \cdot 2tdt + t \cdot 3t^2 dt$$

$$= \int_{t=0}^{1} \left(t^2 + 3t^3 + 2t^4\right) dt = \frac{89}{60}$$

I figur 4.7a har vi tegnet kurven C, og i figur 4.7b har vi tegnet vektorfeltet $\vec{F}$.

Det kan være vanskelig å se av figurer hvordan et tredimensjonalt vektorfelt ser ut. Tegner vi feltet ved hjelp av et dataprogram derimot, er det nokså enkelt å se det fra forskjellige sider ved å rotere figuren. Det kan gi oss et godt inntrykk av hvordan et felt ser ut. ■

✓ Nøkkelkunnskap 4.3

Mål: Du skal kunne regne ut linjeintegralet av et vektorfelt.

Regn ut $\int_C \vec{F} \cdot d\vec{r}$ der C er kurven gitt ved parametriseringen $x(t) = t,\ y(t) = 2t,\ 0 \leq t \leq 1$ og $\vec{F} = x\vec{i} + y\vec{j}$.

Svar: $\frac{5}{2}$

4.7 Linjeintegralet av et vektorfelt avhenger av kurven *C*'s orientering

Vi har tidligere sett at linjeintegralet av skalarfeltet f ikke endrer verdi når vi gjennomløper kurven i motsatt retning:

$$\int_C f\,ds = \int_{-C} f\,ds$$

Dette er *ikke* tilfellet når vi integrerer et vektorfelt.

Setning 4.10

Integralet av vektorfeltet $\vec{F}$ langs kurven C avhenger *ikke* av parametriseringen vi velger.

Derimot avhenger verdien av integralet av i hvilken retning vi gjennomløper kurven C:

$$\int_C \vec{F} \cdot d\vec{r} = -\int_{-C} \vec{F} \cdot d\vec{r} \tag{4.51}$$

4.8 Konservative felt

I dette avsnittet skal vi ta for oss en type vektorfelt vi kaller **konservative**. For å få en antydning om hva dette dreier seg om, starter vi med et eksempel.

▼

Eksempel 68

Et skalarfelt er definert ved uttrykket

$$f(x, y) = x^2 + xy + y^3 \tag{4.52}$$

Vi definerer vektorfeltet $\vec{F}$ som gradienten til f, det vil si at $\vec{F} = \nabla f$.

a. Regn ut $\vec{F}$.
b. Regn ut $\nabla \times \vec{F}$.
c. Regn ut linjeintegralet til $\vec{F}$ langs den lukkede kurven vi får når vi følger sidene i trekanten som har hjørner i punktene A (0, 0), B (1, 0) og C (1, 1). Vi starter i (0, 0) og går i retning mot klokka.

d. Regn ut $f(0,0) - f(1,1)$. Sammenlikn svaret med integralet fra C til A i spørsmål c.

Løsning

a. Vi bruker definisjonen av gradient og får:

$$\vec{F} = \nabla f = [f_x, f_y] = [2x + y, 3y^2 + x] \tag{4.53}$$

b. For å regne ut curlen til $\vec{F}$ kan vi bruke definisjonen. Men siden vektorfeltet i dette tilfellet er et gradientfelt, $\vec{F} = \nabla f$, vet vi at curlen er lik null (se avsnitt 3.7): $\nabla \times \vec{F} = \vec{0}$.

Husk: Curlen til en gradient er *alltid* null.

c. For å regne ut linjeintegralet rundt trekanten, parametriserer vi hver av sidene. Mulige parametriseringer er:

AB: $x = t, \quad y = 0, \quad 0 \leq t \leq 1$
BC: $x = 1, \quad y = t, \quad 0 \leq t \leq 1$
CA: $x = 1 - t, \quad y = 1 - t, \quad 0 \leq t \leq 1$

Når vi regner ut linjeintegralet, får vi:

$$\int_{ABCA} \vec{F} \cdot d\vec{r} = \int_A^B \vec{F} \cdot d\vec{r} + \int_B^C \vec{F} \cdot d\vec{r} + \int_C^A \vec{F} \cdot d\vec{r} \tag{4.54}$$

$$\int_{ABCA} \vec{F} \cdot d\vec{r} = \int_0^1 2t\, dt + \int_0^1 (3t^2 + 1)\, dt + \int_0^1 (3t^2 - 10t + 7)(-dt) \tag{4.55}$$

$$\int_{ABCA} \vec{F} \cdot d\vec{r} = 1 + 2 + (-3) = 0 \tag{4.56}$$

d. Ved innsetting får vi $f(0,0) - f(1,1) = 0 - (1 + 1 + 1) = -3$. Dette ser vi er det samme som $\int_C^A \vec{F} \cdot d\vec{r}$.

o o O o o

Vi oppsummerer resultatene slik:

1. Vektorfeltet er gradienten til et skalarfelt, et **gradientfelt**.
2. Curlen til gradientfeltet er lik null.
3. Linjeintegralet av gradientfeltet rundt den lukkede kurven er lik null.
4. Linjeintegralet av gradientfeltet mellom to punkter er lik forskjellen i verdien av skalarfeltet mellom slutt- og startpunktet for integrasjonen.

Som vi skal se nedenfor, er dette eksempler på generelle egenskaper til vektorfelter som er *konservative*. ∎

I eksempel 68 integrerte vi et vektorfelt rundt en lukket kurve. Vi skrev dette som $\int_{ABCA} \vec{F} \cdot d\vec{r}$. Det er vanlig å bruke et eget symbol for integrasjon rundt en lukket kurve.

DEFINISJON 4.2

Når vi beregner et linjeintegral én gang rundt en lukket kurve C, skriver vi:

$$\oint_C \vec{F} \cdot d\vec{r} \tag{4.57}$$

Dette linjeintegralet kaller vi **sirkulasjonen** til vektorfeltet. Tilsvarende symbol brukes for linjeintegralet av et skalarfelt.

Vanligvis avhenger et linjeintegral av den "integrasjonsveien" vi følger. Dersom vi regner ut et linjeintegral av et vektorfelt, og verdien av integralet er *uavhengig* av kurven C vi følger, sier vi at feltet er **konservativt**.

For et **konservativt felt** går det an å vise at disse utsagnene er ekvivalente:

Setning 4.11

1)	Feltet $\vec{F}$ er konservativt.	
2)	Curlen til et konservativt felt er null for alle verdier av de variable.	$\nabla \times \vec{F} = \vec{0}$ **(4.58)**
3)	Det fins et skalarfelt f som er slik at gradienten til dette skalarfeltet er lik det konservative feltet. Det konservative vektorfeltet er altså et **gradientfelt**. Skalarfeltet f kaller vi **potensialet** eller **potensialfunksjonen** til vektorfeltet $\vec{F}$.	$\vec{F} = \nabla f$ **(4.59)**
4)	Når vi integrerer et konservativt felt helt rundt en vilkårlig, lukket kurve, blir integralet lik null: **Sirkulasjonen** til et konservativt felt er lik null.	$\oint_C \vec{F} \cdot d\vec{r} = 0$ **(4.60)**
5)	Når vi integrerer et konservativt felt, avhenger verdien av integralet bare av start- og sluttpunktet for integrasjonen, ikke av hvilken kurve vi følger mellom dem.	$\int_A^B \vec{F} \cdot d\vec{r}$ **(4.61)** avhenger bare av punktene A og B, ikke av veien mellom dem.

Hvis vi slår sammen resultatene i likning 4.59 og 4.61, ser vi at vi kan skrive:

Setning 4.12

$$\int_A^B \vec{F} \cdot d\vec{r} = \int_A^B \nabla f \cdot d\vec{r} = \left[f(\vec{r})\right]_A^B = f(B) - f(A) \tag{4.62}$$

Dersom vi vet at feltet $\vec{F}$ har et potensial f, er likning 4.62 en enkel måte å regne ut kurveintegralet $\int_A^B \vec{F} \cdot d\vec{r}$. Dette er et resultat som er kjent fra grunnleggende fysikkurs. Der vet vi at tyngden, som er en konservativ kraft, gjør et arbeid som bare avhenger av start- og sluttpunktet for bevegelsen. Arbeidet er det samme som endring i potensiell energi:

$$\int_A^B \vec{F} \cdot d\vec{r} = \int_A^B m\vec{g} \cdot d\vec{r} = mgh_B - mgh_A \tag{4.63}$$

Potensialet i et homogent tyngdefelt er potensiell energi per masse, og er altså bestemt ved uttrykket gh.

Dersom vi skal vise at et vektorfelt er konservativt, kan vi bruke hvilket som helst av de fire utsagnene 4.58 – 4.61 ovenfor. Men bruker vi likning 4.60 eller likning 4.61, må vi vise at utsagnene gjelder for *alle* kurver C, og det er ikke alltid så lett.

Den enkleste måten å vise at et vektorfelt er konservativt på, er å regne ut curlen og vise at $\nabla \times \vec{F} = \vec{0}$.

Merk at det motsatte utsagnet av uttrykket i likning 4.58 også gjelder:

Setning 4.13

Dersom $\nabla \times \vec{F} \neq \vec{0}$, er feltet *ikke* konservativt.

Eksempel 69

Undersøk om vektorfeltet $\vec{F} = xy\,\vec{i} + (2x + yz)\,\vec{j} + (y - z)\,\vec{k}$ er konservativt.

Løsning

Den enkleste måten å undersøke om et vektorfelt er konservativt på, er å undersøke om curlen til feltet er lik null. Vi får:

$$\nabla \times \vec{F} = \begin{vmatrix} \vec{i} & \vec{j} & \vec{k} \\ \dfrac{\partial}{\partial x} & \dfrac{\partial}{\partial y} & \dfrac{\partial}{\partial z} \\ xy & 2x + yz & y - z \end{vmatrix} = (1 - y)\,\vec{i} - (0 - 0)\,\vec{j} + (2 - x)\,\vec{k} \neq \vec{0}$$

Siden curlen er forskjellig fra null, er feltet *ikke* konservativt. ■

Eksempel 70

Vektorfeltet $\vec{F}(x, y) = (2x + 2y)\,\vec{i} + (2x + 6y)\,\vec{j}$ er konservativt.
Bestem et potensial $f = f(x, y)$ til feltet $\vec{F}(x, y)$.

Løsning

I avsnitt 3.4 så vi på to metoder vi kan bruke for å bestemme et skalarfelt når gradienten er kjent. Vi bruker den samme metoden nå.

Et potensial f til et vektorfelt er slik at $\vec{F} = \nabla f$. Det vil si at vektorfeltet er lik gradienten til f. Da kan vi sette:

$$\vec{F}(x, y) = (2x + 2y)\vec{i} + (2x + 6y)\vec{j} = \frac{\partial f}{\partial x}\vec{i} + \frac{\partial f}{\partial y}\vec{j} \tag{4.64}$$

Når vi sammenlikner komponentene, får vi:

$$\frac{\partial f}{\partial x} = 2x + 2y \qquad \frac{\partial f}{\partial y} = 2x + 6y \tag{4.65}$$

$$f(x, y) = \int (2x + 2y)\, dx \qquad f(x, y) = \int (2x + 6y)\, dy \tag{4.66}$$

$$f(x, y) = x^2 + 2xy + g(y) + C_1 \qquad f(x, y) = 2xy + 3y^2 + h(x) + C_2 \tag{4.67}$$

Vi ser at skalarfeltet $f(x, y) = x^2 + 2xy + 3y^2 + C$ tilfredsstiller begge uttrykkene, så dette er et potensial for vektorfeltet $\vec{F}$. ■

▼

Eksempel 71

Regn ut linjeintegralet $\int_C [(2x + 2y)\vec{i} + (2x + 6y)\vec{j}\,]\cdot d\vec{r}$ der C er grafen til funksjonen $y = y(x) = \sin x$ mellom punktene der $x = 0$ og $x = \pi$.

Løsning

I eksempel 70 så vi at vektorfeltet vi skal integrere er konservativt. Vi regnet også ut et potensial til dette feltet. Ifølge likning 4.62 er integralet lik differensen mellom verdiene av potensialet i slutt- og startpunktet. Siden potensialet er $f(x, y) = x^2+2xy+6y^2+C$, får vi:

$$\int_C \left((2x + 2y)\vec{i} + (2x + 6y)\vec{j}\right) \cdot d\vec{r} = f(\pi, 0) - f(0, 0) \tag{4.68}$$

$$= (\pi^2 + 2\pi \cdot 0 + 6 \cdot 0^2) - (0) = \pi^2 \tag{4.69}$$

■

▼

Eksempel 72

Et skalarfelt er definert ved uttrykket

$$\phi(x, y, z) = x^2 + xy + yz^2 \tag{4.70}$$

Vi definerer et vektorfelt $\vec{F}$ ved uttrykket $\vec{F} = \nabla\phi$

a. Bruk *definisjonen* av curl til å vise at $\nabla \times \vec{F} = \vec{0}$
b. Regn ut linjeintegralet $\int_C \vec{F} \cdot d\vec{r}$ der C er en vilkårlig kurve mellom de to punktene $A(1, -1, 0)$ og $B(2, 2, 1)$.

Løsning

a. Vi må først bestemme $\vec{F}$ ved å regne ut gradienten til ϕ. Deretter kan vi regne ut curlen til $\vec{F}$. Vi får:

$$\vec{F} = \nabla\phi = \frac{\partial\phi}{\partial x}\vec{i} + \frac{\partial\phi}{\partial y}\vec{j} + \frac{\partial\phi}{\partial z}\vec{z} = (2x+y)\vec{i} + (x+z^2)\vec{j} + 2yz\vec{k} \qquad \textbf{(4.71)}$$

Så bruker vi definisjonen av curl til å vise at $\nabla \times \vec{F} = \vec{0}$:

$$\nabla \times \vec{F} = \begin{vmatrix} \vec{i} & \vec{j} & \vec{k} \\ \frac{\partial}{\partial x} & \frac{\partial}{\partial y} & \frac{\partial}{\partial z} \\ 2x+y & x+z^2 & 2yz \end{vmatrix} = (2z-2z)\vec{i} - (0-0)\vec{j} + (1-1)\vec{k} = \vec{0}$$

Dette svaret kunne vi ha skrevet opp med én gang. Grunnen er at vi vet at curlen til gradienten til et skalarfelt alltid er lik null-vektoren: $\nabla \times \nabla\phi = \vec{0}$.

b. Siden $\nabla \times \vec{F} = \vec{0}$, kan vi bruke likning 4.62. Linjeintegralet er uavhengig av kurven vi følger mellom de to punktene, og avhenger bare av start- og sluttpunktet. Vi får:

$$\begin{aligned} \int_A^B \vec{F} \cdot d\vec{r} &= \phi(B) - \phi(A) = \phi(2,2,1) - \phi(1,-1,0) \\ &= \left[2^2 + 2\cdot 2 + 2\cdot 1^2\right] - \left[1^2 + 1\cdot(-1) + (-1)\cdot 0^2\right] = 10 \end{aligned}$$

■

✓ Nøkkelkunnskap 4.4

Mål: Du skal kunne avgjøre om et vektorfelt er konservativt.

Undersøk om vektorfeltet $\vec{F} = 2x\,\vec{i} - xy^2\,\vec{j} + 3xz\,\vec{k}$ er konservativt.

Svar: Feltet er ikke konservativt.

4.9 Oppgaver til kapittel 4

Oppgaver til avsnitt 4.3

Oppgave 1

Bestem et uttrykk for kurvestykket ds, uttrykt ved parameteren t, langs kurven C, når C er:

a. den rette linja mellom punktene $(1, 2)$ og $(3, 7)$.
b. parabelen $y = x^2 - 4x + 2$.
c. kurven definert ved $x(t) = \sin t,\ \ y(t) = \cos t + 2t,\ \ 0 \le t \le \pi$.
d. kurven definert ved $x(t) = t^2,\ \ y(t) = t^3 - 2t,\ \ z(t) = 2t^2 - 4t^3,\ \ 0 \le t \le \pi$.

Oppgave 2

Regn ut linjeintegralet $\int_C (x + 2y)\ ds$ der C er bestemt ved parameterframstillingen $x(t) = t,\ y(t) = 2t,\ 0 \le t \le 2$.

Oppgave 3

Regn ut linjeintegralet $\int_C f(x, y)\, ds$ der $f(x, y) = x^2 + 2y$ og C er bestemt ved parameterframstillingen $x(t) = 3t,\ y(t) = 2t,\ 0 \le t \le 1$.

Oppgave 4

Regn ut linjeintegralet $\int_C (x^2 + 2xy)\, ds$ der C er den rette linja fra $(1, 2)$ til $(4, -1)$.

Oppgave 5

a. Lag en parametrisering for den rette linja $y = x$.

b. Regn ut linjeintegralet til funksjonen $z = f(x, y) = 1$ langs den rette linja $y = x$ fra origo til punktet $(1, 1)$.

c. Tegn en figur, og prøv å finne ut hva resultatet betyr.

Oppgave 6

En sirkel med radius a har sentrum i origo og ligger i xy-planet. La kurven C være den delen av sirkelen som ligger over x-aksen, dvs. der $y \ge 0$.

a. Bestem to forskjellige parametriseringer av C.

b. Vis at linjeintegralet av funksjonen $f(x, y) = y$ langs C blir $2a^2$ i begge tilfeller.

Oppgave 7

En tynn, homogen tråd har massetetthet $\rho(t) = 1 + t$ gram per lengdeenhet. Vi klipper av forskjellige lengder av tråden. Regn ut hvor stor massen er når tråden:

a. ligger langs x-aksen fra origo til punktet $(2, 0)$.

b. ligger langs kurven $\vec{r}\,(t) = 3t\,\vec{i} + 3t^2\,\vec{j} + 2t^3\,\vec{k}$ når $0 \le t \le 1$.

Oppgave 8

Grafene til de to funksjonene definert ved uttrykkene $z = x^2$ og $z = 2 - x^2 - 2y^2$ skjærer hverandre langs en kurve C i første oktant ($x \ge 0,\ y \ge 0,\ z \ge 0$) i et tredimensjonalt, rettvinklet koordinatsystem. Se figur 4.8.

a. Vis at punktene $(0, 1, 0)$ og $(1, 0, 1)$ ligger på begge flatene, og altså på skjæringslinja mellom flatene.

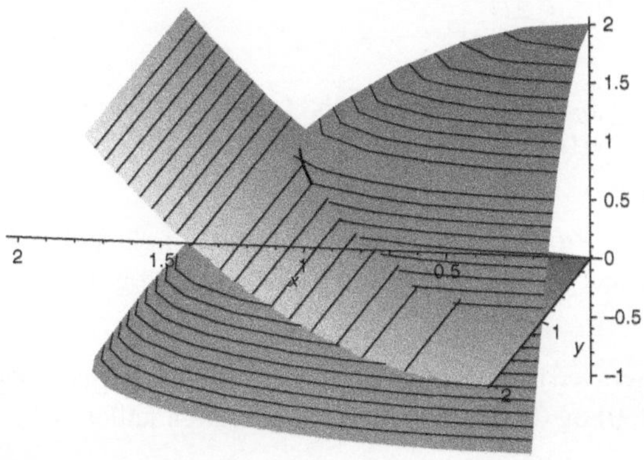

Figur 4.8 Grafene til funksjonene $z = x^2$ og $z = 2 - x^2 - 2y^2$. (Se oppgave 8.)

b. Vis at skjæringslinja kan parametriseres ved:

$$x(t) = t,\ y(t) = \sqrt{1-t^2},\ z(t) = t^2,\ 0 \le t \le 1$$

En tråd med massetetthet $\rho = xy$ bli lagt langs skjæringslinja.

c. Vis at tråden har masse $\frac{\pi+2}{8}$. (Tips: Bruk et dataverktøy til å regne ut integralet.)

Oppgave 9
Regn ut linjeintegralet $\int_C f(x, y, z)\, ds$ der C er den rette linja mellom origo og punktet $(1, 1, 1)$, og $f(x, y, z) = x - 3y^2 + z$.

Oppgave 10
En spiralfjær har massetetthet $\rho = 1$. Fjæra ligger langs kurven

$$\vec{r}(t) = \cos 4t\,\vec{i} + \sin 4t\,\vec{j} + t\,\vec{k},\quad 0 \le t \le 2\pi$$

a. Tegn en skisse av fjæra.
b. Vis at fjæra har masse $m = 2\pi\sqrt{17}$.

Oppgaver til avsnitt 4.6

Oppgave 1
Regn ut $W = \int_C \vec{F} \cdot d\vec{r}$ når $\vec{F}$ og C er:

a. $\vec{F} = [2, 0]$. Kurven C er den rette linja fra $(0, 0)$ til $(3, 0)$.
b. $\vec{F} = [2, 0]$. Kurven C er den rette linja fra $(0, 0)$ til $(0, 2)$.
c. $\vec{F} = [x, 0]$. Kurven C er den rette linja fra $(1, 0)$ til $(3, 0)$.
d. $\vec{F} = [x, 0]$. Kurven C er den rette linja fra $(1, 0)$ til $(3, 2)$.

Oppgave 2
Regn ut arbeidet $W = \int_C \vec{F} \cdot d\vec{r}$ når:

a. $\vec{F}(x, y) = [xy, -x]$. Kurven C er bestemt ved parametriseringen $x = t$, $y = 2t^2$, $0 \le t \le 1$.
b. $\vec{F}(x, y, z) = [xz, xy, x]$. Kurven C er bestemt ved parametriseringen $x = t^2$, $y = 2t$, $z = t^3$, $0 \le t \le 1$.

Oppgave 3
Regn ut linjeintegralet $\int_C (2x\,\vec{i} + 3y\,\vec{j}) \cdot d\vec{r}$ der C er kurven bestemt ved parameterframstillingen $x(t) = -t,\ y(t) = t^2,\ 1 \le t \le 2$.

Oppgave 4
Regn ut integralet $\oint_C \vec{F} \cdot d\vec{r}$ langs den lukkede kurven C i planet når $\vec{F} = y^2\,\vec{i} + x^2\,\vec{j}$ og C er randen til kvadratet med hjørner i $(0, 0)$, $(1, 0)$, $(1, 1)$ og $(0, 1)$.

Oppgave 5
Et vektorfelt er definert ved uttrykket $\vec{F} = xy\,\vec{i} + y^2\,\vec{j}$. Flaten R er trekanten med hjørner i punktene $(0, 0)$, $(2, 0)$ og $(0, 2)$. Randen rundt trekanten kaller vi C.

Regn ut $\oint_C \vec{F} \cdot d\vec{r}$ når C omløpes i retning mot klokka.

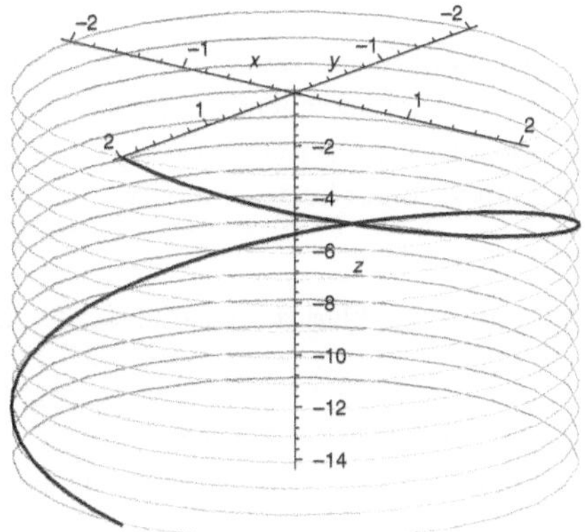

Figur 4.9 Kurven $\vec{r}(t) = [2\cos t, 2\sin t, -\sqrt{5}t]$, $0 \le t \le 2\pi$, se oppgave 6.

Oppgave 6

Regn ut arbeidet $W = \int_C \vec{F} \cdot d\vec{r}$ når:

a. $\vec{F}(x, y) = [x, y^2]$. Kurven C er den delen av grafen til $y = x^2$ der $0 \le x \le 1$. Kurven er orientert slik at x øker.
b. $\vec{F}(x, y) = [-y, x]$. Kurven C er den delen av sirkelen $x^2 + y^2 = 1$ der $y \ge 0$. Kurven er orientert mot klokka.
c. $\vec{F}(x, y, z) = [-y, x, z]$. Kurven C er bestemt ved uttrykket $\vec{r}(t) = [2\cos t, 2\sin t, -\sqrt{5}\,t]$, $0 \le t \le 2\pi$, se figur 4.9.
d. $\vec{F}(x, y, x) = [xyz, z, y]$. Kurven C er skjæringskurven mellom den delen av xz-planet der $z \ge 0$ og paraboloiden $z = 4 - x^2 - y^2$. Kurven er orientert slik at x øker.

Oppgave 7

Det elektriske feltet $\vec{E}$ rundt en positivt ladd punktladning er rettet radielt vekk fra origo.

a. Begrunn at vi kan skrive $\vec{E}(x, y, z) = f(x, y, z)\vec{r}$, der $\vec{r} = [x, y, z]$ og $f(x, y, z) > 0$.
b. Forklar at $\int_C \vec{E} \cdot d\vec{r} = 0$ der C er en vilkårlig kurve som ligger på ei kule med sentrum i origo.

Oppgave 8

Forklar, uten regning, at $\int_C [x, y, 0] \cdot d\vec{r} = 0$ der kurven C er bestemt ved uttrykket $\vec{r}(t) = [2\cos t, 2\sin t, -\sqrt{5}t]$, $0 \le t \le 2\pi$. (Se oppgave 6.)

Oppgaver til avsnitt 4.8

Oppgave 1

Vis at feltene er konservative. Bestem deretter en potensialfunksjon til feltene.

a. $\vec{F}(x, y) = [3x^2y + 1,\ x^3]$
b. $\vec{F}(x, y, z) = [2xz, 1 - z^2,\ x^2 - 2yz]$
c. $\vec{F}(x, y) = [2x\sin xy + x^2y\cos xy,\ x^3\cos xy]$

Oppgave 2
Kurven C er den delen av grafen til funksjonen $y = \cos x$ som ligger mellom punktene $(0, 1)$ og $(\pi, -1)$. Kurven er orientert i avtagende retning av x.
Regn ut arbeidet feltene i oppgave 1 utfører langs C.
Hvor stort blir arbeidet dersom vi følger kurven i motsatt retning?

Oppgave 3
Vektorfeltet $\vec{F}$ er gitt. Anta at vi har klart å bevise at $\oint_C \vec{F} \cdot d\vec{r} = 0$ for alle mulige lukkede kurver C.

a. Hva kaller vi vektorfelt som har denne egenskapen?
b. Skriv opp noen ekvivalente utsagn om felt som har denne egenskapen.

Oppgave 4
Et vektorfelt $\vec{F}$ er definert ved uttrykket $\vec{F} = [2x + y, x + 4y]$.

a. Vis at feltet er konservativt ved å regne ut $\nabla \times [2x + y, x + 4y, 0]$.
b. Vis at $f(x, y) = x^2 + xy + 2y^2$ er en potensialfunksjon til $\vec{F}$ ved å regne ut ∇f.
c. Vis at $f(x, y) = x^2 + xy + 2y^2$ er en potensialfunksjon til $\vec{F}$ ved å regne ut f med utgangspunkt i uttrykket for $\vec{F}$.

   Kurven C er den delen av grafen til $y = x^2$ som ligger mellom punktene $(0, 0)$ og $(1, 1)$.
d. Regn ut $\int_C \vec{F} \cdot d\vec{r}$ ved direkte utregning. Kurven gjennomløpes fra origo til $(1, 1)$.
e. Regn ut $\int_C \vec{F} \cdot d\vec{r}$ ved å bruke potensialfunksjonen.
f. Regn ut $\oint_K \vec{F} \cdot d\vec{r}$ der K er ellipsen $(x-2)^2+3(y-4)^2 = 11$. Ellipsen gjennomløpes ett omløp.

Oppgave 5
Et skalarfelt er bestemt ved uttykket $f(x, y) = x^3 + xy + y^3$. Skalarfeltet er potensialet til vektorfeltet $\vec{F}$.

a. Bestem vektorfeltet $\vec{F}$. En sirkel har radius 3 og har sentrum i punktet $(0, 3)$.
b. Regn ut linjeintegralet til $\vec{F}$ langs ett omløp av sirkelen.
c. Regn ut linjeintegralet til $\vec{F}$ langs parabelen $y = x^2$ fra $(0, 0)$ til $(2, 4)$.

Oppgave 6

a. Vis at vektorfeltet $\vec{F} = yz\vec{i} + xz\vec{j} + xy\vec{k}$ er konservativt.
b. Bestem en potensialfunksjon til $\vec{F}$.
c. Regn ut $\int_A^B \vec{F} \cdot d\vec{s}$ langs en passende integrasjonsvei fra $A\ (1, 4, 2)$ til $B\ (-1, 5, 1)$.

Oppgave 7
Et vektorfelt $\vec{F}$ er definert ved uttrykket

$$\vec{F}(x, y, z) = [4x^3 \sin y \cos z,\ x^4 \cos y \cos z,\ -x^4 \sin y \sin z]$$

a. Vis at $f(x, y, z) = x^4 \sin y \cos z$ er en potensialfunksjon til dette vektorfeltet.

Kula K har sentrum i origo og radius 1. Planet $y = \frac{1}{2}$ skjærer den delen av K der $x \geq 0$ og $z \geq 0$ langs en kurve. Vi kaller kurven C.

b. Regn ut arbeidet $\vec{F}$ utfører langs C.

Oppgave 8

Kurven C er den delen av parabelen $y = 1 - x^2$ der $-1 \leq x \leq 1$. Et vektorfelt er definert ved uttrykket $\vec{F}(x, y) = [2x + 1, 2y]$.

a. Vis at vektorfeltet er konservativt.

b. Regn ut arbeidet vektorfeltet utfører langs C i retningen som er slik at x avtar.

Oppgave 9

Flatene $y = 4x - x^2,\ y \geq 0$ og $z = 2$ skjærer hverandre langs en kurve C.

a. Tegn en skisse av kurven C.

b. Regn ut arbeidet vektorfeltet $\vec{F} = [2y^2 + z, 4xy + z, x + y]$ utfører langs C i retning av økende x-verdi.

Oppgave 10

a. Vis at

$$\nabla f(x, y) = (6x + 4y)\vec{i} + (4x + 18y^2)\vec{j}$$

der $f(x, y) = 3x^2 + 4xy + 6y^3$.

b. Regn ut linjeintegralet

$$\int_C \left[(6x + 4y)\vec{i} + (4x + 18y^2)\vec{j}\right] \cdot d\vec{r}$$

der C er den delen av grafen til funksjonen $y = x^3$ som ligger mellom punktene $(0, 0)$ og $(1, 1)$.

c. Regn ut linjeintegralet

$$\oint_C \left[(6x + 4y)\vec{i} + (4x + 18y^2)\vec{j}\right] \cdot d\vec{r}$$

der C er linja som følger sidene i trekanten ABC som har hjørner $(1, 1)$, $(2, 3)$ og $(4, -1)$.

Oppgave 11

a. Vis at

$$\nabla f(x, y) = (6x^2 + 4y)\vec{i} + (4x + 2y)\vec{j}$$

der $f(x, y) = 2x^3 + 4xy + y^2$.

b. Regn ut linjeintegralet

$$\int_C \left[(6x^2+4y)\vec{i}+(4x+2y)\vec{j}\right]\cdot d\vec{r}$$

der C er den delen av grafen til funksjonen $y = \sqrt{2x+1}$ som ligger mellom punktene $(0, 1)$ og $(\frac{3}{2}, 2)$.

En lukket kurve C_1 består av den delen av sirkelen $x^2 + y^2 = 4$ som ligger over x-aksen, og den delen av parabelen $y = x^2 - 4$ som ligger under x-aksen.

c. Tegn en figur som viser C_1.

d. Regn ut linjeintegralet

$$\oint_{C_1} \left[(6x^2+4y)\vec{i}+(4x+2y)\vec{j}\right]\cdot d\vec{r}$$

der C_1 er definert i spørsmål c og kurven gjennomløpes i en retning motsatt av klokka.

Oppgaver til avsnittene 4.1–4.8

Oppgave 1
Lag en systematisk oversikt der du gjør rede for forskjeller og likheter mellom linjeintegral av skalarfelt og linjeintegral av vektorfelt.

Oppgave 2
I fysikk i videregående skole har du lært at summen av potensiell og kinetisk energi er bevart når det bare er tyngden som gjør arbeid. Du har også lært at denne summen ikke er bevart når det er friksjonen som gjør arbeid.

Utdyp dette ved å bruke begreper fra kapittel 4 i læreboka.

Oppgave 3
Gjør rede for begrepet **konservativ kraft**.

Kapittel 5
Multiple integraler

I videregående skole lærte vi å regne ut integraler. Da arbeidet vi med funksjoner av én variabel, og vi regnet ut både bestemte og ubestemte integraler. Vi tolket det bestemte integralet som arealet under grafen til den funksjonen vi integrerte.

Når vi har funksjoner med *flere* variable, må vi bestemme oss for hva vi mener med å integrere en slik funksjon. Det skal vi se på i dette kapitlet.

5.1 Læringsmål i dette kapitlet

Flere steder i dette kapitlet er det skrevet opp *nøkkelkunnskaper*. Til hver nøkkelkunnskap er det et *mål*. I tillegg til å beherske nøkkelkunnskapene, skal du kunne

1. ta utgangspunkt i hvordan riemannsummen brukes til å definere integralet $\int_a^b f(x)\,dx$, og generalisere denne tankegangen til å gjelde dobbeltintegral og trippelintegral (Avsn. 5.2, 5.3, 5.6)
2. gjøre rede for metoder for å bestemme integrasjonsgrenser for dobbeltintegraler, både i kartesiske koordinater og i polarkoordinater, og regne ut dobbeltintegralene (Avsn. 5.3, 5.5)
3. gjøre rede for metoder for å bestemme integrasjonsgrenser for trippelintegraler, både i kartesiske koordinater, sylinderkoordinater og kulekoordinater, og regne ut trippelintegralene (Avsn. 5.6, 5.9, 5.10)
4. gjøre rede for egenskaper ved dobbelt- og trippelintegraler (Avsn. 5.4, 5.7)

5.2 Integral som grense for sum

Vi definerer et *dobbeltintegral* på en måte som likner det vi gjorde da vi lærte å beregne bestemte integraler. Vi starter med en kort gjennomgang av definisjonen av integralet $\int_a^b f(x)\,dx$.

5.2.1 Arealet under grafen til en funksjon $f(x, y)$

Litt upresist kan vi si at det bestemte integralet $\int_a^b f(x)\,dx$ er definert som den grensen summen av arealene av rektanglene under grafen nærmer seg, se figur 5.1 og 5.2.

Vi antar at $f(x) \geq 0$ i det intervallet vi betrakter. For å regne ut arealet under grafen til funksjonen $f(x)$ i intervallet $a \leq x \leq b$, deler vi opp intervallet i linjestykker med lengde Δx. Så lager vi et rektangel med høyde lik funksjonsverdien $f(x^*)$, der x^* ligger i

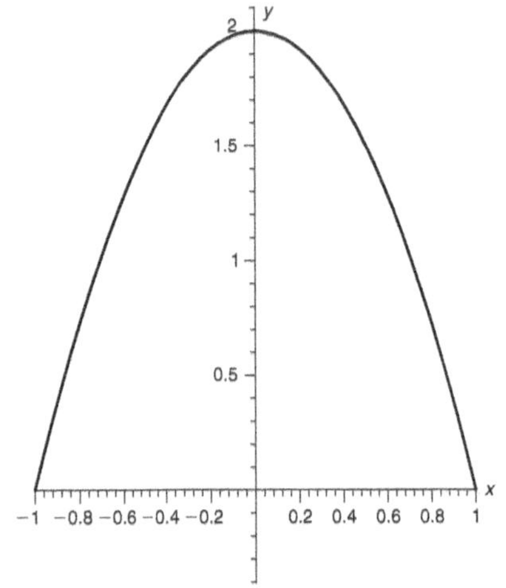

Figur 5.1 Grafen til funksjonen $f(x) = -2x^2 + 2$ over området $-1 \leq x \leq 1$.

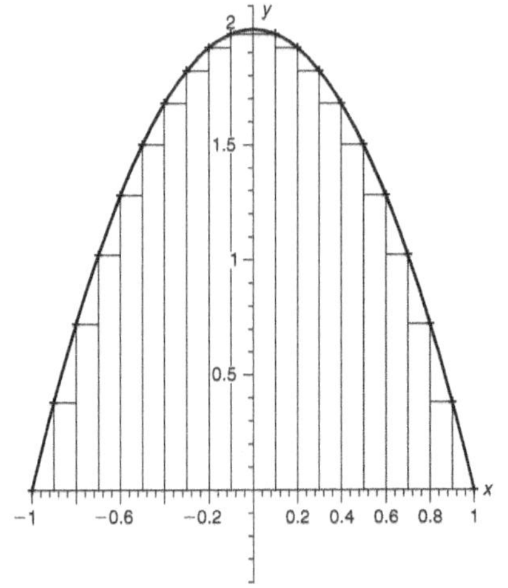

Figur 5.2 Grafen til funksjonen $f(x) = -2x^2 + 2$ over området $-1 \leq x \leq 1$. Intervallet $-1 \leq x \leq 1$ er delt opp i linjestykker, og arealet under grafen erstattet med rektangler.

linjestykket. Arealet av ΔA av rektangelet er $\Delta A = f(x^*)\Delta x$. En tilnærmet verdi av arealet under grafen blir summen av arealene: $A \approx \Sigma f(x^*)\Delta x$. Når vi lar lengden av linjestykkene gå mot null, går denne summen *per definisjon* mot integralet $\int_a^b f(x)\,dx$.

For å regne ut integralet, bestemmer vi først den antideriverte $F(x)$ til $f(x)$, $F'(x) = f(x)$, og deretter regner vi ut $F(b) - F(a)$:

$$\int_a^b f(x)\,dx = F(b) - F(a) \tag{5.1}$$

5.2.2 Volumet under grafen til en funksjon $f(x, y)$

Når vi skal integrere en funksjon med *to* variable, kan vi bygge på ideene fra integrasjon med én variabel.

Vi antar at $f(x, y) \geq 0$ når punktet (x, y) er i området R i xy-planet. Vi deler R inn i ruter med areal ΔA. Deretter multipliserer vi dette arealet med funksjonsverdien $f(x^*, y^*)$, der punktet (x^*, y^*) ligger inne i ruta. Verdien $f(x^*, y^*)$ svarer til avstanden mellom xy-planet og grafen til f. Produktet $\Delta V = f(x^*, y^*)\Delta A$ svarer da til volumet av et prisme med grunnflateareal ΔA og høyde $f(x^*, y^*)$. Vi har illustrert dette i figur 5.3.

Når vi summerer alle ΔV-ene over området R, vil vi få en tilnærmet verdi av volumet som ligger rett over området R i xy-planet og under grafen til f. Jo mindre vi gjør rutene, desto nærmere kommer vi den eksakte verdien av volumet. Dette danner grunnlaget for definisjonen av **dobbeltintegralet** av f over området R:

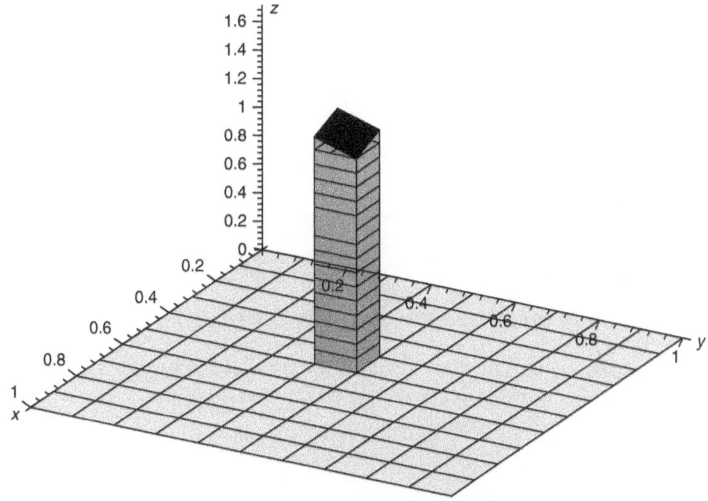

Figur 5.3 Området $[0, 1] \times [0, 1]$ er delt inn i 10×10 ruter. For hver rute lager vi et prisme med høyde $f(x^*, y^*)$. Volumet av prismet er tilnærmet $\Delta V \approx \Delta A \cdot f(x^*, y^*)$.

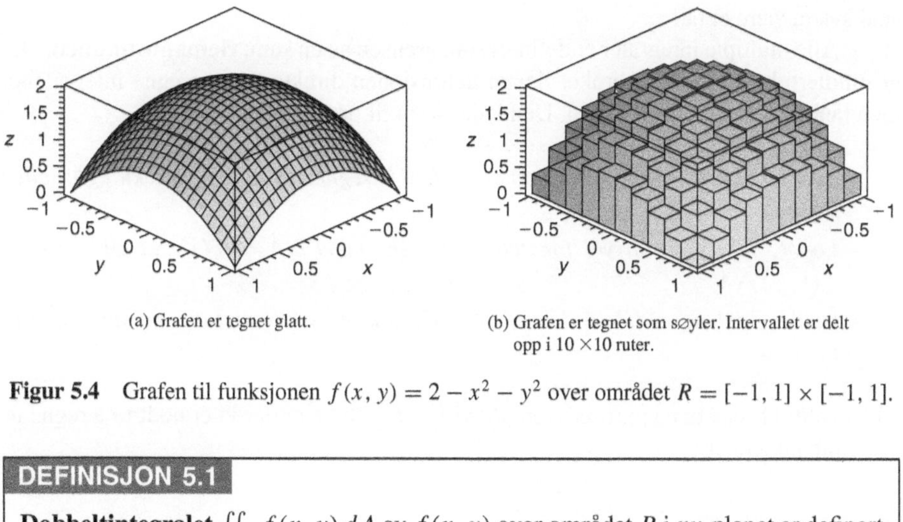

(a) Grafen er tegnet glatt.

(b) Grafen er tegnet som søyler. Intervallet er delt opp i 10 ×10 ruter.

Figur 5.4 Grafen til funksjonen $f(x, y) = 2 - x^2 - y^2$ over området $R = [-1, 1] \times [-1, 1]$.

DEFINISJON 5.1

Dobbeltintegralet $\iint_R f(x, y)\, dA$ av $f(x, y)$ over området R i xy-planet er definert ved uttrykket:

$$\iint_R f(x, y)\, dA = \lim_{\Delta A \to 0} \sum f(x^*, y^*)\Delta A \tag{5.2}$$

Vi har illustrert definisjonen av dobbeltintegral i figurene 5.4a og 5.4b. Uttrykket i definisjonen viser hvordan vi skriver et dobbeltintegral.

Fra argumentasjonen over, virker det rimelig å *definere* volumet av et legeme under grafen til en funksjon av to variable ved hjelp av et dobbeltintegral.

DEFINISJON 5.2

Hvis $f(x, y) \geq 0$ over et lukket område R i xy-planet, definerer vi **volumet** V av legemet under grafen til $f(x, y)$ og over R som:

$$V = \iint_R f(x, y)\, dA \tag{5.3}$$

✓ Nøkkelkunnskap 5.1

Mål: Du skal kunne gi en tolkning av dobbeltintegralet $\iint_R f(x, y)\, dA$.

Bestem, uten å regne ut et integral, verdien av dobbeltintegralet $\iint_R 3\, dA$ der R er rektangelet med hjørner i punktene $(0, 0)$, $(1, 0)$, $(1, 2)$ og $(0, 2)$.

Svar: 6

5.2.3 Multiple integraler

Multiple integraler er en samlebetegnelse på dobbeltintegraler, trippelintegraler osv. Alle multiple integraler er *bestemte* integraler. Når vi for eksempel regner ut et dobbeltintegral, skal svaret være et tall.

Alle multiple integraler er definert som grensen av en sum, **riemannsummen**. Det er imidlertid sjelden at vi bruker denne definisjonen direkte til å beregne integralene, men tankegangen er svært viktig. Den leder fram til prosedyren:

- *del opp i geometriske deler som er enkle å beregne, for eksempel rektangler eller prismer*
- *lag et "tilnærmet uttrykk for delen", for eksempel* $\Delta A = f(x)\,\Delta x$ *eller* $\Delta V = f(x, y)\,\Delta A$
- *summer delene ved å la delene bli små, slik at vi kan erstatte summen med et integral*

Vi kan alltid bruke denne prosedyren når vi løser problemer der vi er nødt til å regne ut bestemte integraler.

5.3 Dobbeltintegral

For et bestemt integral med bare én variabel integrerer vi over det *lukkede intervallet* mellom a og b på x-aksen. Vi skriver $a \leq x \leq b$. Dette gir det bestemte integralet $\int_a^b f(x)\, dx$.

For et dobbeltintegral integrerer vi over en *lukket* del R av xy-planet. Når R er et rektangel, kan vi skrive $a \leq x \leq b, c \leq y \leq d$. Vi kan også bruke skrivemåten $R = [a, b] \times [c, d]$. Vi kaller R **integrasjonsområdet** til dobbeltintegralet. At området er *lukket*, betyr at randen til området skal tas med. Det svarer til at vi tar med endepunktene a og b når vi regner ut integralet $\int_a^b f(x)\, dx$. Som vi skal se, kan integrasjonsområdet R ha en vilkårlig form.

5.3.1 Teknikk for å regne ut et dobbeltintegral

Et dobbeltintegral skrives

$$\iint_R f(x, y)\, dA$$

når vi bruker kartesiske koordinater. Størrelsen dA er arealet av en liten "rute" inne i integrasjonsområdet R. Vanligvis lar vi ruta være et rektangel med sider dx og dy. Da kan vi sette:

$$dA = dx\, dy = dy\, dx \tag{5.4}$$

Da kan vi skrive dobbeltintegralet slik:

$$\iint_R f(x, y)\, dA = \iint_R f(x, y)\, dx\, dy = \iint_R f(x, y)\, dy\, dx \tag{5.5}$$

I konkrete oppgaver må vi sette integrasjonsgrenser på hvert av integraltegnene i stedet for å skrive R under integraltegnene. Et eksempel på dette er:

$$\iint_R f(x, y)\, dx\, dy = \int_2^5 \int_1^2 f(x, y)\, dx\, dy = \int_{y=2}^5 \int_{x=1}^2 f(x, y)\, dx\, dy \tag{5.6}$$

I det siste dobbeltintegralet har vi markert på den nedre grensen hvilken variabel integraltegnet "hører sammen med". Det er denne skrivemåten vi skal bruke i denne boka.

Rekkefølgen vi skriver differensialene dx og dy har betydning. Står det $dx\, dy$, betyr det at vi *først* skal integrere med hensyn på x mens vi oppfatter y som en konstant. Deretter integrerer vi resultatet med hensyn på y. Dersom det står $dy\, dx$, skal vi integrere med hensyn på y først. Det betyr at vi først oppfatter x som en konstant og integrerer med hensyn på y, og deretter integrerer vi med hensyn på x.

Dobbeltintegrasjon er en **iterativ prosess**. Det vil si at vi først regner ut **det indre integralet**, deretter **det ytre integralet**. I dobbeltintegralet

$$\int_{x=0}^1 \int_{y=1}^2 xy\, dy\, dx \quad \text{er det indre integralet} \quad \int_{y=1}^2 xy\, dy$$

og det er dette integralet vi skal regne ut først. Vi har vist grafen til $f(x, y) = xy$ og integrasjonsområdet der $0 \leq x \leq 1$ og $1 \leq y \leq 2$ i figur 5.5.

Vi starter med å integrere med hensyn på y mens vi holder x konstant. Deretter skal vi integrere resultatet med hensyn på x. Dette gir:

$$\int_{x=0}^1 \int_{y=1}^2 xy\, dy\, dx = \int_{x=0}^1 \left(\int_{y=1}^2 xy\, dy \right) dx = \int_{x=0}^1 \left[x \cdot \frac{1}{2} y^2 \right]_{y=1}^2 dx \tag{5.7}$$

$$= \int_{x=0}^1 \frac{3}{2} x\, dx = \frac{3}{2} \left[\frac{1}{2} x^2 \right]_{x=0}^1 = \frac{3}{4} \tag{5.8}$$

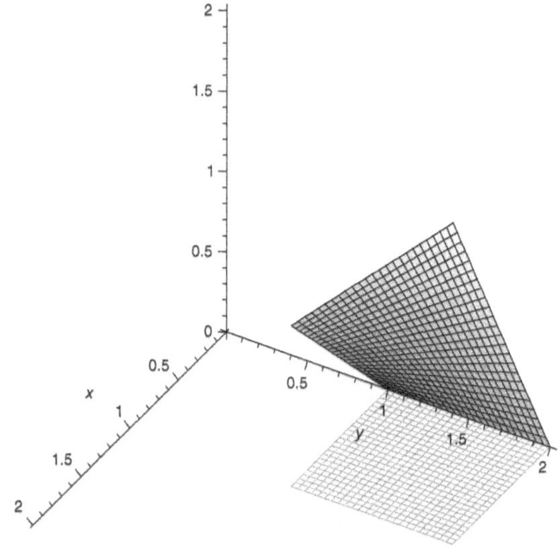

Figur 5.5 Grafen til $f(x, y) = xy$ og integrasjonsområdet der $0 \leq x \leq 1$ og $1 \leq y \leq 2$.

Legg merke til at når vi har regnet ut det indre integralet, har y-en blitt borte fordi vi jo har beregnet et bestemt integral der y er den variable. Sånn skal det alltid være: Etter hvert som vi integrerer "innenfra og utover", vil de variable "forsvinne" i tur og orden.

Det går an å vise at verdien av et dobbeltintegral ikke endrer seg dersom vi bytter integrasjonsrekkefølge.

Setning 5.1

Vi kan bytte om rekkefølgen vi integrerer i uten at dobbeltintegralet endrer verdi. Det betyr at:

$$\iint_R f(x, y)\, dx\, dy = \iint_R f(x, y)\, dy\, dx \tag{5.9}$$

Eksempel 73

Regn ut dobbeltintegralene $\int_{y=0}^{1} \int_{x=0}^{2} (x + y)\, dx\, dy$ og $\int_{x=0}^{2} \int_{y=0}^{1} (x + y)\, dy\, dx$.

Løsning

Slik det første integralet er skrevet, skal vi først integrere med hensyn på x, deretter med hensyn på y. Når vi integrerer med hensyn på x, oppfatter vi y som en konstant. Det betyr at uttrykket vi får for den antideriverte blir:

$$\int (x + y)\, dx = \frac{1}{2}x^2 + xy + C \tag{5.10}$$

når vi integrerer med hensyn på x.

Når vi setter inn grenser og integrerer med hensyn på begge de variable, får vi:

$$\int_{y=0}^{1}\int_{x=0}^{2}(x+y)\,dx\,dy = \int_{y=0}^{1}\left[\frac{1}{2}x^2+xy\right]_{x=0}^{2}dy \tag{5.11}$$

$$= \int_{y=0}^{1}\left(\frac{1}{2}\cdot 2^2+2y-\left(\frac{1}{2}\cdot 0^2+0\cdot y\right)\right)dy \tag{5.12}$$

$$= \int_{y=0}^{1}(2+2y)\,dy = [2y+y^2]_{y=0}^{1} \tag{5.13}$$

$$= 2+1^2 = 3 \tag{5.14}$$

Så regner vi ut det andre integralet:

$$\int_{x=0}^{2}\int_{y=0}^{1}(x+y)\,dy\,dx = \int_{x=0}^{2}\left[xy+\frac{1}{2}y^2\right]_{y=0}^{1}dx \tag{5.15}$$

$$= \int_{x=0}^{2}\left(x\cdot 1+\frac{1}{2}\cdot 1^2-\left(x\cdot 0+\frac{1}{2}\cdot 0^2\right)\right)dx \tag{5.16}$$

$$= \int_{x=0}^{2}\left(x+\frac{1}{2}\right)dx = \left[\frac{1}{2}x^2+\frac{1}{2}x\right]_{x=0}^{2} \tag{5.17}$$

$$= 2+1 = 3 \tag{5.18}$$

Som ventet får vi samme svar som i det første av integralene vi regnet ut. ■

✓ Nøkkelkunnskap 5.2

Mål: Du skal kunne regne ut dobbeltintegraler.

Regn ut $\int_{x=0}^{1}\int_{y=0}^{1}4xy\,dy\,dx$.

Svar: 1

5.3.2 Rektangulære integrasjonsområder

I eksempel 73 ser vi av grensene på integraltegnene at x er i intervallet $0 \le x \le 2$, og at y er i intervallet $0 \le y \le 1$. Det betyr at integrasjonsområdet R er et rektangel med sider parallelle med koordinataksene, og med hjørner i punktene (0, 0), (2, 0), (2, 1) og (0, 1). Vi kan skrive dette slik: $R = [0, 2] \times [0, 1]$.

Generelt gjelder det at dersom integrasjonsgrensene i et dobbeltintegral er konstanter, er integrasjonsområdet et rektangel. I dobbeltintegralet

$$\int_{x=a}^{b}\int_{y=c}^{d}f(x,y)\,dy\,dx$$

er $a \le x \le b$, $c \le y \le d$, og integrasjonsområdet er derfor rektangelet med hjørner i punktene (a, c), (b, c), (b, d) og (a, d). Vi kan skrive dette som $R = [a, b] \times [c, d]$.

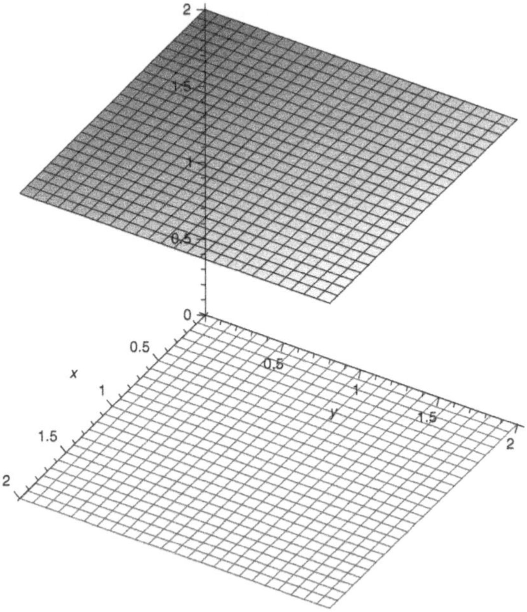

Figur 5.6 Grafen til $f(x, y) = 2$ og integrasjonsområdet R, som er kvadratet med hjørner i punktene $(0, 0)$, $(2, 0)$, $(2, 2)$ og $(0, 2)$, se eksempel 74.

Omvendt gjelder at dersom integrasjonsområdet R er rektangulært, vil integrasjonsgrensene bli konstanter. Da blir utregningen "rett fram", slik vi så i eksempel 73.

Gjør det til en vane å tegne en figur av integrasjonsområdet. Det vil gjøre det lettere å bestemme integrasjonsgrensene.

Eksempel 74

Regn ut dobbeltintegralet $\iint_R 2\,dx\,dy$ der R er et kvadrat med hjørner i punktene $(0, 0)$, $(2, 0)$, $(2, 2)$ og $(0, 2)$.

Løsning

I figur 5.6 har vi tegnet grafen til $f(x, y) = 2$ og integrasjonsområdet R.

Vi velger å integrere først med hensyn på x, deretter med hensyn på y. Siden integrasjonsområdet er et kvadrat, er det beskrevet ved uttrykket $0 \le x \le 2,\ 0 \le y \le 2$. Da blir det lett å bestemme integrasjonsgrensene. Vi får:

$$\iint_R 2\,dx\,dy = \int_{y=0}^{2}\int_{x=0}^{2} 2\,dx\,dy = \int_{y=0}^{2} [2x]_{x=0}^{2}\,dy$$

$$= \int_{y=0}^{2} 4\,dy = [4y]_{y=0}^{2} = 8 \qquad \textbf{(5.19)}$$

■

Eksempel 75

Gi en geometrisk tolkning av resultatet i eksempel 74.

Løsning

Funksjonen vi skal integrere er konstant lik 2. Det betyr at grafen til f er et plan parallelt med xy-planet i avstand $s = 2$ fra dette.

I avsnitt 5.2.2 argumenterte vi for at verdien av dobbeltintegralet $\iint_R f(x, y)\,dx\,dy$ svarer til volumet av det legemet som ligger rett over området R og under grafen til f. Legemet vi skal regne ut volumet av i dette eksemplet, er altså en terning med sidekant $s = 2$. Området vi skal integrere over (kvadratet R) har areal lik $A = 2 \cdot 2 = 4$. Volumet mellom R og grafen til funksjonen er altså lik

$$V = As = s^3 = 2 \cdot 2 \cdot 2 = 8$$

Vi ser at dobbeltintegralet har samme verdi som volumet av terningen mellom området R og grafen til funksjonen. ■

Eksempel 76

En funksjon er definert ved uttrykket $f(x, y) = 4 - x - y$.
Regn ut dobbeltintegralet av funksjonen over området R definert ved $R = [0, 1] \times [1, 2]$.
Gi en geometrisk tolkning av svaret.

Løsning

Integrasjonsområdet er et rektangel med hjørner i punktene $(0, 1)$, $(1, 1)$, $(1, 2)$ og $(0, 2)$. Da er det enkelt å bestemme integrasjonsgrensene: De blir de samme som grensene for området. Vi har tegnet grafen til funksjonen og integrasjonsområdet i figur 5.7.

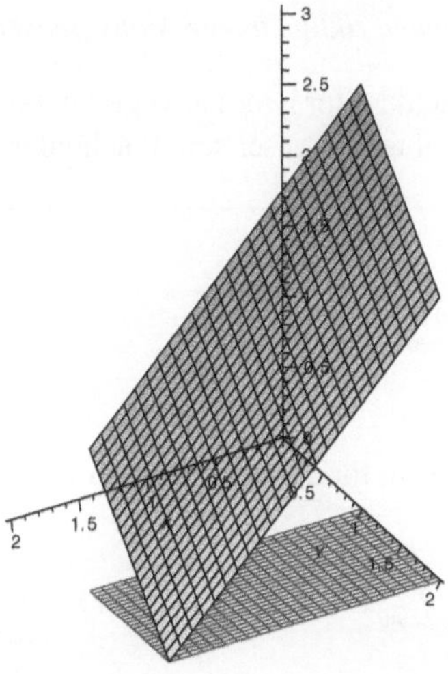

Figur 5.7 Grafen til funksjonen $f(x, y) = 4 - x - y$ og integrasjonsområdet $0 \leq x \leq 1$, $1 \leq y \leq 2$, se eksempel 76.

Vi velger å integrere med hensyn på x først. Da oppfatter vi y som konstant. Vi får:

$$I = \int_{y=1}^{2}\int_{x=0}^{1}(4-x-y)\,dx\,dy = \int_{y=1}^{2}\left[4x-\frac{1}{2}x^2-xy\right]_{x=0}^{1}dy \tag{5.20}$$

$$I = \int_{y=1}^{2}\left(4-\frac{1}{2}\cdot 1^2-y-(0-0-0)\right)dy = \int_{y=1}^{2}\left(\frac{7}{2}-y\right)dy \tag{5.21}$$

$$I = \left[\frac{7}{2}y-\frac{1}{2}y^2\right]_{y=1}^{2} = (7-2)-\left(\frac{7}{2}-\frac{1}{2}\right) \tag{5.22}$$

$$I = 2 \tag{5.23}$$

Resultatet svarer til volumet av legemet som ligger rett over kvadratet og under grafen til funksjonen $f(x, y) = 4 - x - y$. ■

✓ Nøkkelkunnskap 5.3

Mål: Du skal kunne skrive opp integrasjonsgrensene på et dobbeltintegral når integrasjonsområdet er et rektangel.

Skriv opp grensene på dobbeltintegralet $\iint_R f(x, y)\,dA$ der R er kvadratet med hjørner i punktene $(1, 2)$, $(1, 4)$, $(3, 2)$ og $(3, 4)$.

Svar: $\int_{x=1}^{3}\int_{y=2}^{4} f(x, y)\,dy\,dx$

5.3.3 Integrasjonsområder som ikke er rektangulære

Hvis integrasjonsområdet ikke er rektangulært, vil integrasjonsgrensene avhenge av en av de variable. Vi må "analysere" området for å kunne bestemme integrasjonsgrensene.

> *"Kunsten" i det å regne ut dobbeltintegraler er å beskrive området R på en riktig måte og å bestemme riktige integrasjonsgrenser.*

I det følgende skal vi vise metoder for hvordan vi gjør dette. Men la oss først se hvordan vi regner ut et dobbeltintegral med grenser som inneholder en av de variable.

Eksempel 77

Regn ut dobbeltintegralet $\int_{x=0}^{1}\int_{y=x^2}^{x} 2\,dy\,dx$.

Løsning

Vi går fram på samme måte som for dobbeltintegraler der grensene er konstante. Vi får:

$$\int_{x=0}^{1}\int_{y=x^2}^{x} 2\,dy\,dx = \int_{x=0}^{1}[2y]_{y=x^2}^{x}\,dx$$

$$= \int_{x=0}^{1}(2x-2x^2)\,dx = \left[x^2-\frac{2}{3}x^3\right]_{x=0}^{1} = \frac{1}{3} \tag{5.24}$$

■

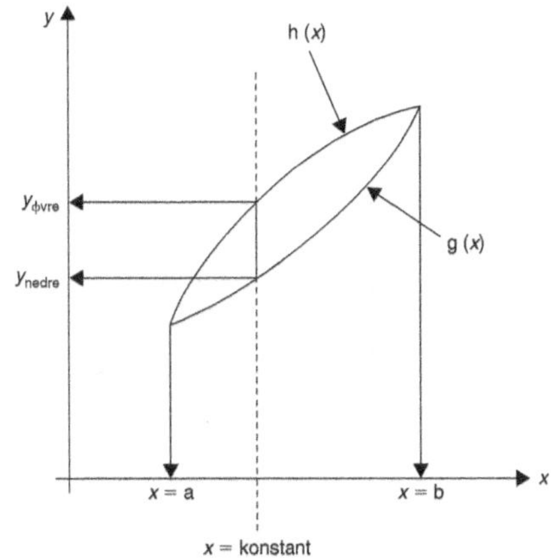

Figur 5.8 Figuren viser hvordan vi lager en figur for å bestemme nedre og øvre grenser for et dobbeltintegral. Integralet kan skrives $\int_{x=a}^{b} \int_{y=g(x)}^{h(x)} f(x, y)\, dy\, dx$.

Når vi skal bestemme integrasjonsgrensene, gjør vi oppgaven lettere for oss selv *ved å tegne gode figurer*. Derfor er det viktig å kunne lage skisser av integrasjonsområdene, og å kunne bruke disse til å bestemme integrasjonsgrensene. Det skal vi ta for oss i de neste eksemplene.

Metoden for å bestemme integrasjonsgrensene for et område R som ikke er kvadratisk, kan vi oppsummere slik, se figur 5.8:

1. Anta at vi vil integrere med hensyn på y først. Da skal x holdes konstant.
2. Trekk en $x =$ *konstant*-linje som går gjennom området R. $x =$ *konstant*-linja er parallell med y-aksen.
3. Følg $x =$ *konstant*-linja nedenfra og oppover.
4. y-verdien der $x =$ *konstant*-linja kommer inn i R er nedre grense for integrasjon med hensyn på y.
5. y-verdien der $x =$ *konstant*-linja går ut av R er øvre grense for integrasjon med hensyn på y.
6. Intervallet $a \leq x \leq b$ der vi kan trekke $x =$ *konstant*-linja for at den skal skjære R, gir oss nedre grense $x = a$ og øvre grense $x = b$ for integrasjon med hensyn på x.
7. Med henvisning til betegnelsene på figur 5.8 kan vi skrive integralet slik:

$$\int_{x=a}^{b} \int_{y=g(x)}^{h(x)} f(x, y)\, dy\, dx$$

Hvis vi skal integrere med hensyn på x først, går vi fram på tilsvarende måte. Vi må starte med å trekke en $y =$ *konstant*-linje som går gjennom R.

Vi skal nå se på eksempler der vi bruker denne framgangsmåten til å bestemme integrasjonsgrenser.

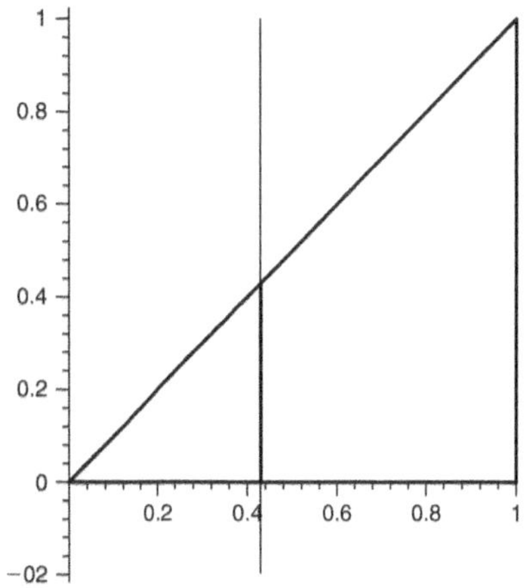

Figur 5.9 Linja parallell med y-aksen viser hvordan vi finner integrasjonsgrensene for y. Den tykke delen av linja markerer der vi er inni integrasjonsområdet.

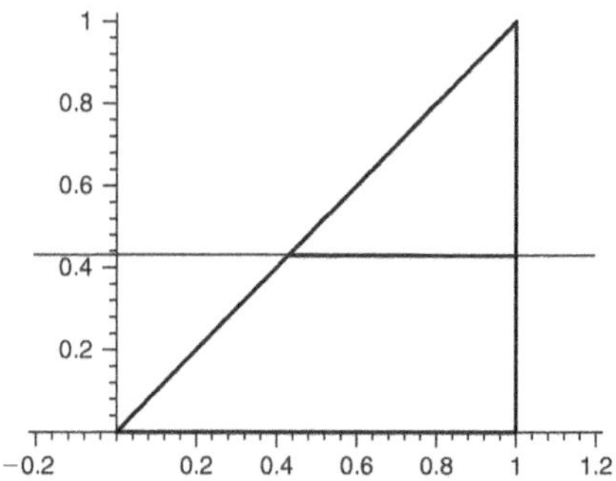

Figur 5.10 Linja parallell med x-aksen viser hvordan vi finner integrasjonsgrensene for x. Den tykke delen av linja markerer der vi er inni integrasjonsområdet.

Eksempel 78

Regn ut integralet $I = \iint_R xy\,dA$ der R er trekanten med hjørner (0, 0), (1, 0) og (1, 1).

Løsning

Det er en god vane *alltid* å tegne en figur som viser integrasjonsområdet. Figur 5.9 viser integrasjonsområdet R. Av figuren ser vi at R er begrenset av de tre rette linjene $y = 0$ (x-aksen), $x = 1$ og $y = x$.

Vi skal regne ut integralet på to måter. Vi velger å integrere med hensyn på y først. Deretter bytter vi integrasjonsrekkefølgen.

Når vi integrerer med hensyn på y, holder vi x konstant. Vi trekker en x = *konstant*-linje gjennom området R for å bestemme integrasjonsgrensene, se figur 5.9. Hvis vi følger denne x = *konstant*-linja nedenfra og oppover, ser vi at den går inn i R når den krysser x-aksen. Der er $y = 0$. Linja går ut av R når den krysser linja $y = x$. Derfor er $0 \leq y \leq x$ på den delen av x = *konstant*-linja som ligger inni området R. Nedre grense for integrasjon med hensyn på y blir derfor $y = 0$, og øvre grense blir $y = x$.

Siden vi kan trekke x-*konstant*-linja hvor som helst i intervallet $0 \leq x \leq 1$ for at den skal skjære R, vil integrasjonsgrensene for x bli 0 og 1. Integralet blir:

$$I = \int_{x=0}^{1} \int_{y=0}^{x} xy\,dy\,dx = \int_{x=0}^{1} \left[\frac{1}{2}xy^2\right]_{y=0}^{x} dx = \int_{x=0}^{1} \left(\frac{1}{2}x \cdot x^2 - 0\right) dx \tag{5.25}$$

$$I = \frac{1}{2}\int_{x=0}^{1} x^3\,dx = \frac{1}{2}\left[\frac{1}{4}x^4\right]_{x=0}^{1} = \frac{1}{8} \tag{5.26}$$

Vi bytter nå integrasjonsrekkefølgen. Da trekker vi en linje parallell med x-aksen. Vi følger linja fra venstre mot høyre og ser hvor den skjærer grensene for integrasjonsområdet, se figur 5.10. Vi ser at y = *konstant*-linja går inn i R når den krysser linja

$y = x$. Den går ut av R når den den krysser linja $x = 1$. For en valgt y-verdi vil x være i intervallet $y \leq x \leq 1$. Da blir nedre grense $x = y$ og øvre grense $x = 1$.

For å trekke $y = konstant$-linja slik at den skjærer R, må $0 \leq y \leq 1$. Integrasjonsgrensene for y blir 0 og 1. Vi får:

$$I = \int_{y=0}^{1} \int_{x=y}^{1} xy \, dx \, dy = \int_{y=0}^{1} \left[\frac{1}{2} x^2 y \right]_{x=y}^{1} dy \tag{5.27}$$

$$I = \int_{y=0}^{1} \left(\frac{1}{2} \cdot 1^2 \cdot y - \frac{1}{2} \cdot y^2 \cdot y \right) dy = \frac{1}{2} \int_{y=0}^{1} (y - y^3) \, dy \tag{5.28}$$

$$I = \frac{1}{2} \left[\frac{1}{2} y^2 - \frac{1}{4} y^4 \right]_{y=0}^{1} = \frac{1}{8} \tag{5.29}$$

Vi ser at vi får det samme svaret i begge tilfellene. ■

Eksempel 79

Området R er den delen av xy-planet som er begrenset av grafene til $y_1(x) = x$ og $y_2(x) = x^2$. Regn ut:

a. $\iint_R xy \, dy \, dx$ b. $\iint_R xy \, dx \, dy$

Løsning

Ved å sette $y_1(x) = y_2(x)$ finner vi skjæringspunktene mellom de to grafene. Løser vi likningen $x = x^2$, ser vi at grafene skjærer hverandre i $x = 0$ og $x = 1$.

a. For å regne ut dobbeltintegralet, må vi først bestemme integrasjonsgrensene. Vi tegner grafene til $y_1(x)$ og $y_2(x)$ i samme koordinatsystem. Siden vi skal integrere med hensyn på y først, trekker vi en $x = konstant$-linje som krysser integrasjonsområdet. Dette har vi vist i figur 5.11.

   På figuren ser vi at:

   - $x^2 \leq y \leq x$ når vi er inne i området R for den x-verdien vi har valgt.
   - $x = konstant$-linja skjærer R når vi lar $0 \leq x \leq 1$.

   Dette gir oss integrasjonsgrensene vi er ute etter. Vi får:

$$\iint_R xy \, dy \, dx = \int_{x=0}^{1} \int_{y=x^2}^{x} xy \, dy \, dx = \int_{x=0}^{1} \left[\frac{1}{2} x y^2 \right]_{y=x^2}^{x} dx \tag{5.30}$$

$$= \int_{x=0}^{1} \frac{1}{2} (x^3 - x^5) \, dx = \left[\frac{1}{2} \left(\frac{1}{4} x^4 - \frac{1}{6} x^6 \right) \right]_{x=0}^{1} \tag{5.31}$$

$$= \frac{1}{24} \tag{5.32}$$

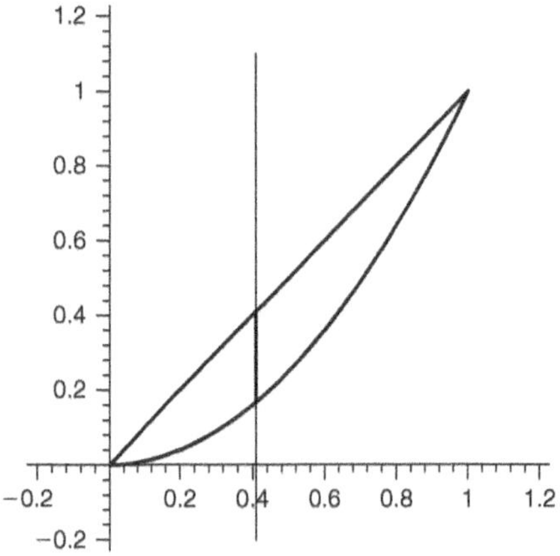

Figur 5.11 Skjæringspunktene mellom grensene til området R og $x = konstant$-linja gir oss integrasjonsgrensene med hensyn på y.

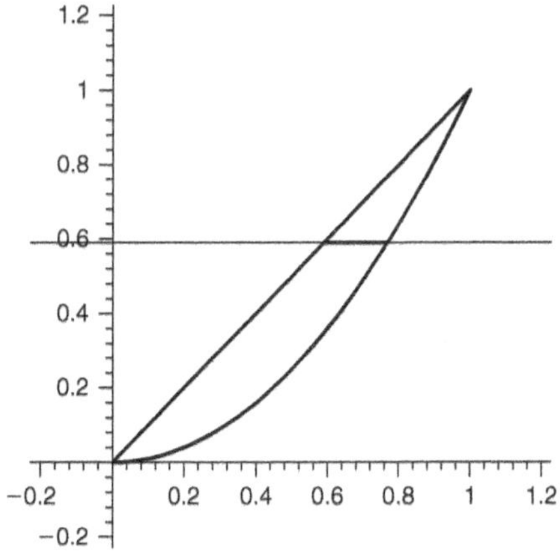

Figur 5.12 Skjæringspunktene mellom grensene til området R og $y = konstant$-linja gir oss integrasjonsgrensene med hensyn på x.

b. Vi skal nå bytte integrasjonsrekkefølgen. Da trekker vi en $y = konstant$-linje som går gjennom integrasjonsområdet. Dette har vi vist i figur 5.12. Når $y = konstant = y_0$, vil $y = konstant$-linja skjære grafen til $y_1(x)$ når $y_0 = x$, og til $y_2(x)$ når $y_0 = x^2$. x-verdiene i skjæringspunktene blir da $x = y_0$ og $x = \sqrt{y_0}$.

Ved å betrakte figur 5.12 ser vi da:

- $y \leq x \leq \sqrt{y}$ når vi er inne i området R for den y-verdien vi har valgt.
- $y = konstant$-linja skjærer R når vi lar $0 \leq y \leq 1$.

Dette gir oss integrasjonsgrensene vi er ute etter. Vi får:

$$\iint_R xy\,dx\,dx = \int_{y=0}^{1}\int_{x=y}^{\sqrt{y}} xy\,dx\,dy = \int_{y=0}^{1}\left[\frac{1}{2}x^2y\right]_{x=y}^{\sqrt{y}} dy \tag{5.33}$$

$$= \int_{y=0}^{1}\frac{1}{2}(y^2 - y^3)\,dy = \left[\frac{1}{2}\left(\frac{1}{3}y^3 - \frac{1}{4}y^4\right)\right]_{y=0}^{1} \tag{5.34}$$

$$= \frac{1}{24} \tag{5.35}$$

Vi ser at svaret blir det samme i spørsmål a og spørsmål b, noe vi visste på forhånd.

■

✓ Nøkkelkunnskap 5.4

Mål: Du skal kunne regne ut dobbeltintegraler når integrasjonsgrensene inneholder en av de variable.

Regn ut dobbeltintegralet $\int_{y=1}^{2}\int_{x=y}^{2y} 2\,dx\,dy$.

Svar: 3

5.3.4 Vertikalt og horisontalt enkle integrasjonsområder

I eksempel 78 og 79 så vi hvordan vi kunne bestemme integrasjonsgrenser for to forskjellige integrasjonsområder. I begge eksemplene så vi at det ene settet med grenser var konstanter, mens det andre var funksjoner, for eksempel

$$\int_{x=0}^{1} \int_{y=x^2}^{x} xy\, dy\, dx$$

Integrasjonsområdet er i dette tilfellet beskrevet ved uttrykket:

$$0 \leq x \leq 1 \quad x^2 \leq y \leq x \tag{5.36}$$

Et integrasjonsområde som er beskrevet på en slik måte, sier vi er **vertikalt enkelt**. Generelt kan vi beskrive et vertikalt enkelt område ved uttrykket

$$a \leq x \leq b \quad y_1(x) \leq y \leq y_2(x) \tag{5.37}$$

Et område av denne typen er slik at når vi trekker en $x = \textit{konstant}$-linje gjennom det, vil vi bare få to skjæringspunkter mellom denne linja og grenselinjene for området, ett nede og ett oppe.

Et område som er slik at en $y = \textit{konstant}$-linje bare har to skjæringspunkter med grenselinjene for integrasjonsområdet – ett til venstre og ett til høyre – kaller vi **horisontalt enkelt**. Et horisontalt enkelt område er beskrevet ved uttrykket:

$$c \leq y \leq d \quad x_1(y) \leq x \leq x_2(y) \tag{5.38}$$

Vi oppsummerer dette slik:

Setning 5.2

Hvis integrasjonsområdet R er vertikalt enkelt, er

$$\iint_R f(x, y)\, dA = \int_{x=a}^{b} \int_{y=y_1(x)}^{y_2(x)} f(x, y)\, dy\, dx \tag{5.39}$$

Hvis integrasjonsområdet R er horisontalt enkelt, er

$$\iint_R f(x, y)\, dA = \int_{y=c}^{d} \int_{x=x_1(y)}^{x_2(y)} f(x, y)\, dx\, dy \tag{5.40}$$

La oss se på noen flere eksempler på hvordan vi bestemmer integrasjonsgrenser for mer kompliserte integrasjonsområder R.

▼

Eksempel 80

I tabellen nedenfor har vi skrevet opp noen integrasjonsområder R og de tilhørende integralene av en funksjon $f = f(x, y)$. Start med å tegne områdene slik de er definert. Deretter setter du opp uttrykket for dobbeltintegralet med riktige grenser. Vis at integrasjonsgrensene stemmer slik de er skrevet opp i tabellen. Som øvelse kan du regne ut integralene når $f(x, y) = 1$.

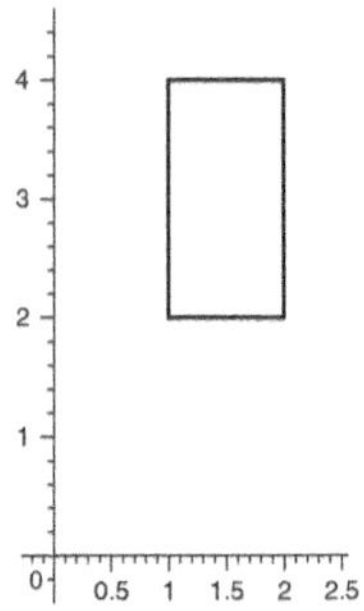

Figur 5.13 Område 1, se eksempel 80.

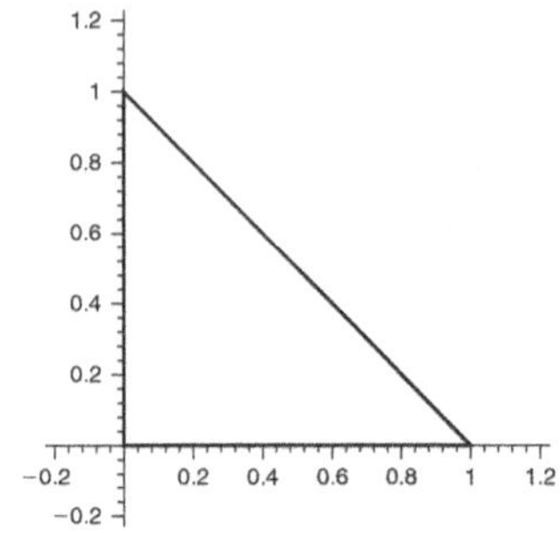

Figur 5.14 Område 2, se eksempel 80.

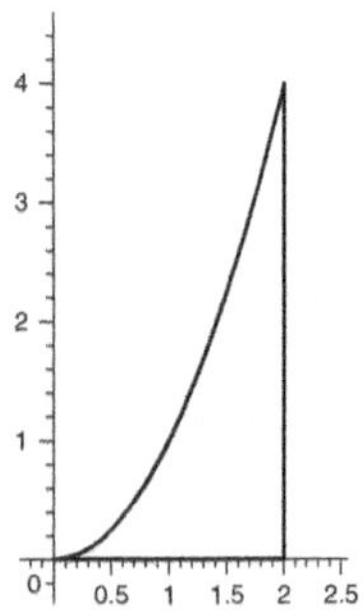

Figur 5.15 Område 3, se eksempel 80.

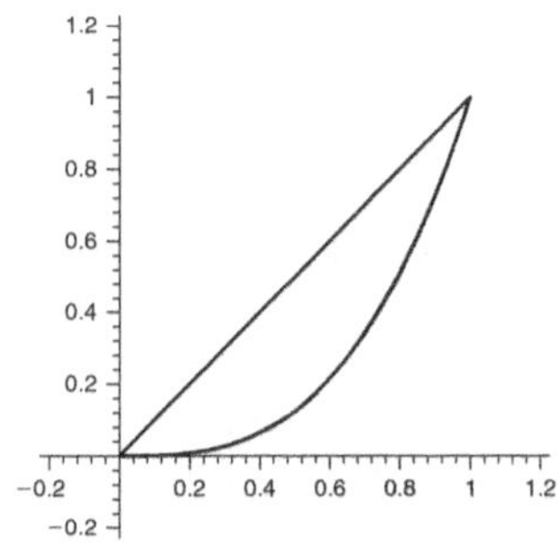

Figur 5.16 Område 4, se eksempel 80.

Løsning

I tabellen har vi skrevet opp integralene for hvert av de fire områdene. I figurene 5.13–5.16 har vi vist skisser av de fire områdene.

Område	Grenser. Først integrasjon mhp. x, så y	Grenser. Først integrasjon mhp. y, så x
Området $1 \leq x \leq 2$, $2 \leq y \leq 4$	$\int_{y=2}^{4} \int_{x=1}^{2} f(x, y)\, dx\, dy$	$\int_{x=1}^{2} \int_{y=2}^{4} f(x, y)\, dy\, dx$
Området begrenset av $x = 0$, $y = 0$ og $y = -x + 1$	$\int_{y=0}^{1} \int_{x=0}^{-y+1} f(x, y)\, dx\, dy$	$\int_{x=0}^{1} \int_{y=0}^{-x+1} f(x, y)\, dy\, dx$
Området begrenset av x-aksen, grafen til funksjonen $f(x) = x^2$ og linja $x = 2$	$\int_{y=0}^{4} \int_{x=\sqrt{y}}^{2} f(x, y)\, dx\, dy$	$\int_{x=0}^{2} \int_{y=0}^{x^2} f(x, y)\, dy\, dx$
Det lukkede området mellom grafene til funksjonene $f(x) = x^3$ og $g(x) = x$, og $x > 0$	$\int_{y=0}^{1} \int_{x=y}^{y^{\frac{1}{3}}} f(x, y)\, dx\, dy$	$\int_{x=0}^{1} \int_{y=x^3}^{x} f(x, y)\, dy\, dx$

■

La oss se hvordan vi regner ut dobbeltintegralet over ett av disse områdene.

Eksempel 81

Regn ut integralet av funksjonen $f(x, y) = xy$ over området begrenset av x-aksen, grafen til funksjonen $f(x) = x^2$ og linja $x = 2$ (se eksempel 80).

Løsning

Vi kan integrere i den rekkefølgen vi vil. Vi velger å integrere med hensyn på y først. Da skal vi holde x konstant. På figuren som viser integrasjonsområdet (se figur 5.15) trekker vi en linje som er parallell med y-aksen, det vil si en linje som oppfyller kravet $x = konstant$. Da ser vi at y skal gå fra $y = 0$ til skjæring med grafen til $y = x^2$. (Dette er resultatet fra eksempel 80.) Vi får:

$$\int_{x=0}^{2}\int_{y=0}^{x^2} xy\,dy\,dx = \int_{x=0}^{2}\left[x\cdot\frac{1}{2}y^2\right]_{y=0}^{x^2} dx$$

$$= \int_{x=0}^{2} x\cdot\left(\frac{1}{2}(x^2)^2 - \frac{1}{2}\cdot 0^2\right)dx \tag{5.41}$$

$$= \frac{1}{2}\int_{x=0}^{2} x^5 dx = \frac{1}{2}\left[\frac{1}{6}x^6\right]_{x=0}^{x=2} = \frac{64}{12} = \frac{16}{3} \tag{5.42}$$

Som vi vet, svarer verdien av dette integralet til volumet av det legemet som har integrasjonsområdet til grunnflate, loddrette vegger og flaten $z = f(x, y) = xy$ til toppflate.

Vis ved regning at verdien av integralet blir den samme dersom vi bytter om integrasjonsrekkefølgen. ■

✓ Nøkkelkunnskap 5.5

Mål: Du skal kunne bestemme integrasjonsgrensene for et dobbeltintegral når integrasjonsområdet er bestemt av grafene til funksjoner.

Skriv opp grensene på dobbeltintegralet $\iint_R f(x, y)\,dy\,dx$ der R er området avgrenset av grafen til $f(x) = x$ og grafen til $g(x) = \sqrt{x}$.

Svar: $\int_{x=0}^{1}\int_{y=x}^{\sqrt{x}} f(x, y)\,dy\,dx$

5.3.5 Strategi for å regne ut et dobbeltintegral

Strategien for å regne ut dobbeltintegraler er:

1. Tegn en skisse av integrasjonsområdet R.
2. Hvis vi skal integrere med hensyn på y først, trekker vi en linje gjennom R parallelt med y-aksen. Det nedre skjæringspunktet mellom linja og grenselinja til R er nedre integrasjonsgrense for y, og det øvre skjæringspunktet er øvre integrasjonsgrense.

   Bestem deretter intervallet $a \leq x \leq b$ slik at x-*konstant*-linja skjærer R når x er i dette intervallet.

3. Hvis vi skal integrere med hensyn på x først, trekker vi en linje gjennom R parallelt med x-aksen. Vi regner ut x-verdiene i venstre og høyre skjæringspunkt mellom linja og grenselinja til R. Disse x-verdiene er nedre og øvre integrasjonsgrense.
   Bestem deretter intervallet $c \leq y \leq d$ slik at *y-konstant*-linja skjærer R når y er i dette intervallet.

I denne boka blir det å regne ut den antideriverte til funksjonene vi arbeider med, moderat vanskelig. De funksjonene vi kommer til å ta for oss, vil stort sett være potensfunksjoner, eksponentialfunksjoner og trigonometriske funksjoner. Enkel bruk av delvis integrasjon og integrasjon ved substitusjon forekommer, men stort sett vil denne delen av oppgavene anses som enkel – nivået tatt i betraktning.

5.4 Noen egenskaper ved dobbeltintegral

Nedenfor har vi skrevet opp noen viktige egenskaper ved dobbeltintegral.

5.4.1 Dobbeltintegral og areal

Vi kan regne ut arealet av en flate i xy-planet ved å beregne et dobbeltintegral:

Setning 5.3

Arealet av området R i xy-planet er:

$$A_R = \iint_R 1\,dA = \iint_R dA \tag{5.43}$$

Dersom arealet av området R er lik null, blir $\iint_R f(x,y)\,dA = 0$.

Eksempel 82

En trekant har hjørner $(0,0)$, $(1,0)$ og $(1,1)$.
Regn ut arealet av trekanten ved å beregne et dobbeltintegral.

Løsning

Ifølge likning 5.43 kan vi regne ut arealet ved å beregne integralet $\iint_R dA$. Vi velger å integrere med hensyn på y først, deretter med hensyn på x. Trekanten er begrenset av linjene $y = 0$, $x = 1$ og $y = x$. Integrasjonsgrensene blir da: $0 \leq y \leq x$ og $0 \leq x \leq 1$. Arealet blir:

$$A = \int_{x=0}^{1}\int_{y=0}^{x} 1\,dy\,dx = \int_{x=0}^{1} [y]_{y=0}^{x}\,dx = \int_{x=0}^{1} x\,dx = \left[\frac{1}{2}\right]_{x=0}^{1} = \frac{1}{2} \tag{5.44}$$

Trekanten har grunnlinje $g = 1$ og høyde $h = 1$. Bruker vi den vanlige formelen for å regne ut arealet av en trekant, får vi $A = \frac{1}{2}gh = \frac{1}{2}$. Dette er det samme resulatet som vi fikk ved å regne ut dobbeltintegralet. ■

✓ Nøkkelkunnskap 5.6

Mål: Du skal kunne regne ut arealet av en plan flate ved å regne ut et dobbeltintegral.

Regn ut arealet av trekanten med hjørner i punktene (0, 0), (1, 0) og (0, 3) ved å regne ut et dobbeltintegral.

Svar: $\frac{3}{2}$

5.4.2 Dobbeltintegral og volum

Hvis $f(x, y) \geq 0$ når $(x, y) \in R$, og R er et lukket område i xy-planet, er volumet av legemet som ligger rett over området R i xy-planet og under grafen til f *definert* ved et dobbeltintegral:

DEFINISJON 5.3

Volumet mellom xy-planet og grafen til $z = f(x, y)$, $f(x, y) \geq 0$, rett over området R, er definert som:

$$V = \iint_R f(x, y)\, dA \tag{5.45}$$

Dersom $f(x, y) \leq 0$ når $(x, y) \in R$, og R er et lukket område i xy-planet, er volumet av legemet som ligger rett under R og over grafen til f bestemt ved et dobbeltintegral:

Setning 5.4

Volumet mellom xy-planet og grafen til $z = f(x, y)$, $f(x, y) \leq 0$, rett under området R, er:

$$V = -\iint_R f(x, y)\, dA \tag{5.46}$$

▼

Eksempel 83

Regn ut volumet av legemet som ligger under grafen til $z = x + 1$ og rett over trekanten med hjørner i punktene (0, 0), (1, 0) og (1, 1).

Løsning

Vi ser at $z = x + 1 > 0$ for alle verdier av x og y inni trekanten. Trekanten er den samme som i eksempel 82. Når vi bruker uttrykket i likning 5.45, får vi:

$$V = \int_{x=0}^{1} \int_{y=0}^{x} (x+1)\,dy\,dx = \int_{x=0}^{1} [xy + y]_{y=0}^{x}\,dx \qquad \textbf{(5.47)}$$

$$= \int_{x=0}^{1} (x^2 + x)\,dx = \left[\frac{1}{3}x^3 + \frac{1}{2}x^2\right]_{x=0}^{1} = \frac{5}{6} \qquad \textbf{(5.48)}$$

■

5.4.3 Volumet av et legeme avgrenset av to grafer

Dersom grafene til $z_1 = f(x, y)$ og $z_2 = g(x, y)$ avgrenser et legeme i rommet, kan vi beregne volumet av legemet ved å regne ut et dobbeltintegral.

Setning 5.5

Anta at grafene til $z_1 = f(x, y)$ og $z_2 = g(x, y)$ avgrenser et legeme T i rommet. Anta videre at $z_2 > z_1$, og at området R er "skyggen" av T i xy-planet. Da er volumet av T bestemt ved uttrykket:

$$V_T = \iint_R (z_2 - z_1)\,dA \qquad \textbf{(5.49)}$$

▼

Eksempel 84

Et legeme T er avgrenset av grafene til funksjonene $z_1 = f(x, y) = x^2 + y^2$ og $z_2 = g(x, y) = 4$. Skriv opp dobbeltintegralet du må regne ut for å beregne volumet av T.

Løsning

De to grafene skjærer hverandre når $z_1 = z_2$, det vil si når $x^2 + y^2 = 4$. Skjæringslinja er en sirkel med radius 2. Sirkelen ligger i planet $z = 4$, og har sentrum i punktet $(0, 0, 4)$.

"Skyggen" av T er sirkelen $x^2 + y^2 = 4$ i xy-planet. Integrasjonsområdet R er derfor flaten $x^2 + y^2 \leq 4$.

Når vi velger x- og y-verdier innenfor R, er $z_1 \leq z_2$. Derfor skal vi regne ut integralet av $z_2 - z_1 = 4 - (x^2 + y^2)$.

Volumet av T bestemmer vi ved å regne ut dobbeltintegralet:

$$V_T = \iint_R (4 - x^2 - y^2)\,dA \qquad \textbf{(5.50)}$$

der R er flaten $x^2 + y^2 \leq 4$. I avsnitt 5.5 skal vi se hvordan vi lettest kan regne ut dette dobbeltintegralet. ■

✓ Nøkkelkunnskap 5.7

Mål: Du skal kunne regne ut et volum ved å regne ut et dobbeltintegral.

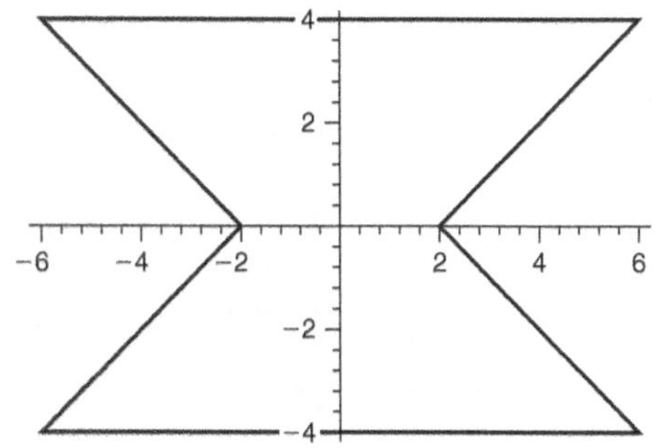

Figur 5.17 Området er *ikke* vertikalt enkelt. Men området kan deles i to langs x-aksen, og da får vi to delområder som hvert er vertikalt enkelt.

Regn ut volumet av legemet som ligger under planet $z = 4$ og rett over trekanten med hjørner $(0, 0)$, $(1, 0)$ og $(1, 2)$.

Svar: 4

5.4.4 Dobbeltintegral over sammensatte områder

Noen ganger kan vi bli nødt til å dele opp sammensatte integrasjonsområder i mindre, enklere områder og integrere del for del. Hvis et område for eksempel ikke er vertikalt eller horisontalt enkelt, kan vi dele det opp i mindre deler der hver del har en av disse egenskapene. Et eksempel på dette er vist i figur 5.17. Dette området er *ikke* vertikalt enkelt. Men hver av de to halvdelene over og under x-aksen er det.

Grunnen til at vi kan dele opp et integrasjonsområde i mindre deler og integrere hver del, er at dobbeltintegrasjon (og tilsvarende for trippelintegrasjon) er additiv over områder som ikke overlapper hverandre.

Setning 5.6

Hvis området R er unionen av områdene R_1 og R_2, er:

$$\iint_R f(x, y)\,dx\,dy = \iint_{R_1} f(x, y)\,dx\,dy + \iint_{R_2} f(x, y)\,dx\,dy \qquad (5.51)$$

Eksempel 85

Skriv integralet $\iint_R f(x, y)\,dxdy$ som en sum av integraler på formen $\int_{y=a}^{b}\int_{x=c}^{d} f(x, y)\,dx\,dy$ når R er området innenfor trekanten med hjørner $(0, 0)$, $(1, 1)$ og $(0, 2)$. Størrelsene a, b, c og d kan være konstanter eller uttrykk som inneholder x og/eller y.

Løsning

Figur 5.18 viser integrasjonsområdet. Vi har delt området i to med linja $y = 1$. Området innenfor trekanten, men under denne linja, kaller vi R_1. Området over linja kaller vi R_2.

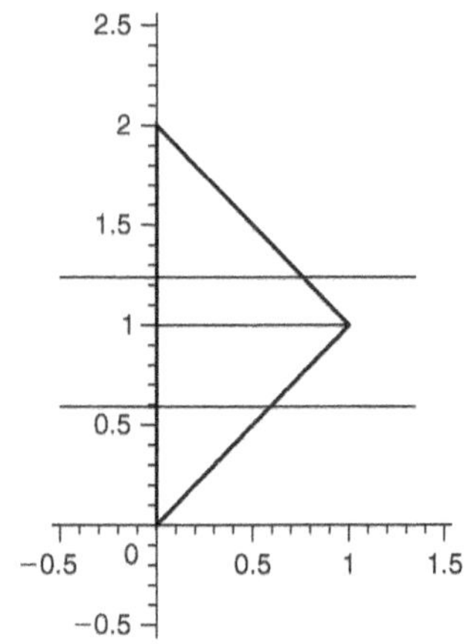

Figur 5.18 Integrasjonsområdet R er området innenfor trekanten med hjørner (0, 0), (1, 1) og (0, 2). Når vi integrerer med hensyn på x, holder vi y konstant. Det er illustrert med de to horisontale linjene. Linja $y = 1$ deler integrasjonsområdet i to deler, R_1 og R_2.

Når vi skal integrere med hensyn på x, skal y være konstant. For å bestemme integrasjonsgrensene trekker vi en linje parallell med x-aksen og bestemmer den minste og den største verdien x kan ha når den er inne i området R. Vi ser at vi får forskjellige resultater avhengig av om y er større eller mindre enn 1.

For å kunne bestemme integrasjonsgrensene må vi kjenne likningene for de rette linjene som er sider i trekanten R. Linja mellom (0, 0) og (1, 1) har likningen $y = x$, og linja mellom (1, 1) og (0, 2) har likning $y = -x + 2$. Vi bestemmer disse likningene ved å bruke "to-punktsformelen", siden vi kjenner to punkter hver av linjene skal gå gjennom.

Den nederste av de tre horisontale linjene viser hvordan vi skal finne integrasjonsgrensen når $0 \leq y \leq 1$. Denne linja skjærer linja $y = x$ når x har verdien $x = y$. Da ser vi at $0 \leq x \leq y$ så lenge vi er innenfor området R_1.

Den øverste av de tre horisontale linjene viser tilfellet $1 \leq y \leq 2$. Når denne horisontale linja skjærer linja $y = -x + 2$, er $x = -y + 2$. Da ser vi at $0 \leq x \leq -y + 2$ når vi er innenfor integrasjonsområdet R_2.

På denne måten har vi klart å bestemme integrasjonsgrensene. Vi får:

$$\iint_R f(x, y)\,dx\,dy = \iint_{R_1} f(x, y)\,dx\,dy + \iint_{R_2} f(x, y)\,dx\,dy \tag{5.52}$$

$$= \int_{y=0}^{1} \int_{x=0}^{y} f(x, y)\,dx\,dy + \int_{y=1}^{2} \int_{x=0}^{-y+2} f(x, y)\,dx\,dy \tag{5.53}$$

■

5.4.5 Sum av dobbeltintegraler. Multiplikasjon med konstant

Dobbeltintegrasjon er en **lineær operasjon**. Når a og b er konstanter, kan vi skrive:

Setning 5.7

$$\iint_R [a \cdot f(x, y) \pm b \cdot g(x, y)]\, dx\, dy$$
$$= a \iint_R f(x, y)\, dx\, dy \pm b \iint_R g(x, y)\, dx\, dy \qquad \textbf{(5.54)}$$

5.5 Skifte av koordinater i dobbeltintegraler

Ofte er det hensiktsmessig å "bytte" koordinatsystem når vi integrerer. Vi sier vi **transformerer** fra et koordinatsystem til et annet. Grunnen til at vi transformerer, er at integralene skal bli enklere å regne ut. Noen ganger lønner det seg å transformere til et koordinatsystem som er rotert i forhold til det vi opprinnelig bruker, andre ganger er det lurt å transformere til *polarkoordinater*.

Når vi vurderer om det er hensiktsmessig å transformere, må vi studere både integranden og integrasjonsområdet. Vær spesielt på utkikk etter symmetriske integrasjonsområder og integrander. At vi har symmetri, kan for eksempel si at vi kan bytte x og y og allikevel få det samme uttrykket for integranden.

I ingeniørfag er det særlig transformasjonen fra kartesiske koordinater til polarkoordinater som er mye brukt. I det tredimensjonale rommet er transformasjoner til kule- og sylinderkoordinater mest aktuelle.

5.5.1 Transformasjon til polarkoordinater

Transformasjonslikningene mellom kartesiske koordinater og polarkoordinater ser slik ut:

$$x = r\cos\theta \qquad y = r\sin\theta$$
$$r^2 = x^2 + y^2 \qquad \theta = \tan^{-1}\left(\frac{y}{x}\right) \qquad \textbf{(5.55)}$$

Et arealelement dA i polarkoordinater – et *polarrektangel* – er bestemt ved uttrykket:

$$dA = r \cdot dr\, d\theta \qquad \textbf{(5.56)}$$

At arealelementet dA blir transformert på denne måten, kan vi se ved å tegne figurer. Figur 5.19a viser et rektangulært arealelement dA med sider dx og dy. Et tilsvarende arealelement i polarkoordinater vil være *tilnærmet* likt et rektangel som har sider $rd\theta$ og dr, se figur 5.19b. At den ene siden i polarrektangelet blir $rd\theta$, ser vi ved å bruke definisjonen av en vinkel målt i radianer.

Et dobbeltintegral blir transformert på denne måten når vi går fra kartesiske koordinater til polarkoordinater:

Setning 5.8

$$\iint_R f(x, y)\, dx\, dy = \iint_R f(r, \theta)\, r\, dr\, d\theta \qquad \textbf{(5.57)}$$

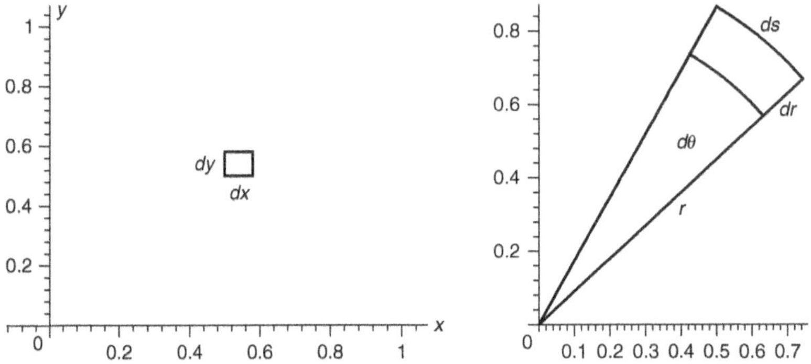

(a) Kartesiske koordinater. (b) Polarkoordinater.

Figur 5.19 Arealelementer i kartesiske koordinater og i polarkoordinater.

Når vi skal transformere fra kartesiske koordinater til polarkoordinater, setter vi inn $r\cos\theta$ overalt der det står x, og $r\sin\theta$ der det står y. I tillegg erstatter vi $dx\,dy$ med $r\,dr\,d\theta$. Legg spesielt merke til faktoren r. Den er et resultat av den transformasjonen vi har valgt. Ved transformasjon til andre koordinater vil vi få en annen faktor, se avsnitt 5.5.2.

Det er særlig når integranden eller integrasjonsområdet inneholder ledd av typen x^2+y^2 at en transformasjon til polarkoordinater er nyttig. Også når integrasjonsområdet er en sirkel, eller en del av en sirkel, bør vi vurdere en slik transformasjon. Det kommer av at uttrykket $x^2+y^2=a^2$ beskriver en sirkel med radius a. I polarkoordinater blir uttrykket for en sirkel:

$$r = a, \quad 0 \le \theta \le 2\pi \tag{5.58}$$

La oss se på noen eksempler der det er lurt å transformere til polarkoordinater.

Eksempel 86

Regn ut integralet $I = \iint_R y\,dx\,dy$ der R er området i første kvadrant som er avgrenset av de positive koordinataksene og kurven $x^2+y^2=a^2$.

Løsning

Vi starter med å tegne en figur av integrasjonsområdet R. Kurven er en sirkel med sentrum i origo og radius a. Siden integrasjonsområdet R også er avgrenset av den positive x-aksen og den positive y-aksen, blir R en kvart-sirkel med sentrum i origo. Vi har vist dette i figur 5.20.

Siden R er en del av en sirkel, er det hensiktsmessig å transformere til polarkoordinater. Når vi bruker polarkoordinater, er området R bestemt ved $0 \le r \le a$ og $0 \le \theta \le \frac{\pi}{2}$.

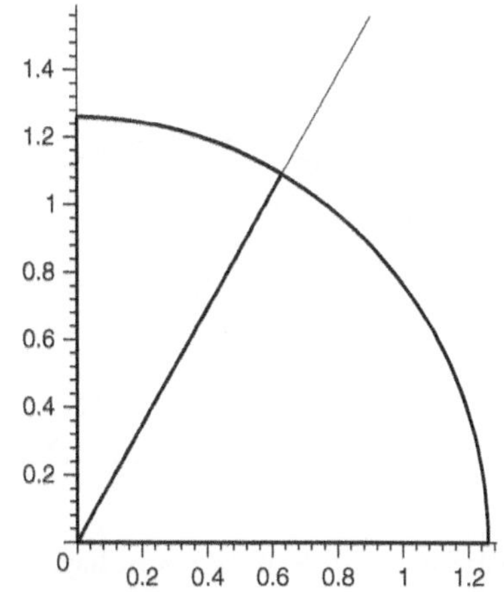

Figur 5.20 Integrasjonsområdet begrenset av $x = 0$ og $y = 0$ og kurven $x^2 + y^2 = a^2$. Linja $\theta = konstant$ er inne i integrasjonsområdet når $0 \leq r \leq a$ og $0 \leq \theta \leq \frac{\pi}{2}$. Se eksempel 86.

For å bestemme integrasjonsgrensene, følger vi den samme strategien med å trekke "konstantlinjer" som da vi regnet ut dobbeltintegraler i kartesiske koordinater:

1. Vi trekker *først* en $\theta = konstant$-linje gjennom integrasjonsområdet. Integrasjonsgrensene for r blir $r = 0$ som nedre grense, og $r = a$ som øvre grense. Når r blir større enn a, kommer vi utenfor integrasjonsområdet.
2. Når vi trekker $\theta = konstant$-linja, må $0 \leq \theta \leq \frac{\pi}{2}$ for at den skal gå gjennom integrasjonsområdet. Grensene for θ blir derfor $\theta = 0$ som nedre grense, og $\theta = \frac{\pi}{2}$ som øvre grense. Ligger θ utenfor dette intervallet, er vi utenfor R.

Vi setter inn $y = r \sin\theta$. Integralet blir:

$$I = \iint_R y\,dxdy = \int_{\theta=0}^{\frac{\pi}{2}} \int_{r=0}^{a} (r \sin\theta) \cdot r\,dr\,d\theta$$

$$= \int_{\theta=0}^{\frac{\pi}{2}} \int_{r=0}^{a} r^2 \sin\theta\,dr\,d\theta \tag{5.59}$$

$$I = \int_{\theta=0}^{\frac{\pi}{2}} \left[\frac{1}{3} r^3 \sin\theta\right]_{r=0}^{a} d\theta = \int_{\theta=0}^{\frac{\pi}{2}} \left(\frac{1}{3} a^3 \sin\theta\right) d\theta \tag{5.60}$$

$$I = \frac{1}{3} a^3 \left[-\cos\theta\right]_{\theta=0}^{\frac{\pi}{2}} = \frac{1}{3} a^3 \tag{5.61}$$

■

Eksempel 87

En kurve er definert i polarkoordinater ved uttrykket $r = \theta,\ 0 \leq \theta \leq \pi$. Kurven og den negative x-aksen avgrenser en lukket flate R.
Regn ut arealet av flaten ved å regne ut et dobbeltintegral.

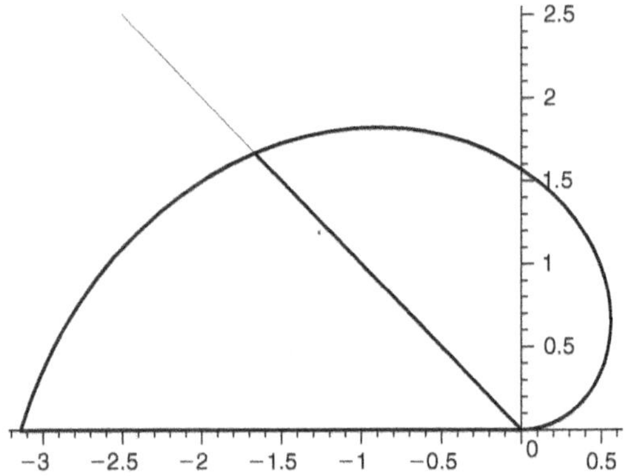

Figur 5.21 Figuren viser polarkurven $r = \theta$, $0 \leq \theta \leq \pi$ og linja $\theta = konstant$. Se eksempel 87.

Løsning

Figur 5.21 viser flaten R avgrenset av polarkurven $r = \theta$ og den negative x-aksen. Ved å trekke linja $\theta =$ *konstant* ser vi at linja er inni R når $0 \leq r \leq \theta$, når $0 \leq \theta \leq \pi$.

Vi vet at arealet av en flate R kan regnes ut ved dobbeltintegralet $A = \iint_R dA$. Når vi regner i polarkoordinater, er $dA = r\,dr\,d\theta$. Arealet blir da:

$$A = \iint_R dA = \int_{\theta=0}^{\pi} \int_{r=0}^{\theta} r\,dr\,d\theta = \int_{\theta=0}^{\pi} \left[\frac{1}{2}r^2\right]_{r=0}^{\theta} d\theta = \left[\frac{1}{6}\theta^3\right]_{\theta=0}^{\pi} = \frac{1}{6}\pi^3 \quad \textbf{(5.62)}$$

Arealet av området R er altså $A = \frac{1}{6}\pi^3$. ■

Eksempel 88

Et legeme er avgrenset av sylinderen $x^2 + y^2 = a^2$ og planene $z = y$, $x = 0$ og $z = 0$. Legemet er altså den delen av sylinderen som ligger under planet $z = y$ i første oktant. Planene og sylinderen er vist i figur 5.22.
Regn ut volumet av legemet.

Løsning

For å regne ut volumet, bruker vi egenskapen i likning 5.45. Siden planet $z = y$ skjærer xy-planet langs x-aksen, blir integrasjonsområdet R den delen av sirkelen $x^2 + y^2 = a^2$ som ligger i første kvadrant i xy-planet. Funksjonen vi skal integrere er $z = f(x, y) = y$. Vi får:

$$V = \iint_R y\,dx\,dy \quad \textbf{(5.63)}$$

Vi ser at dette er det samme integralet som vi regnet ut i eksempel 86. Volumet blir derfor $V = \frac{1}{3}a^3$. ■

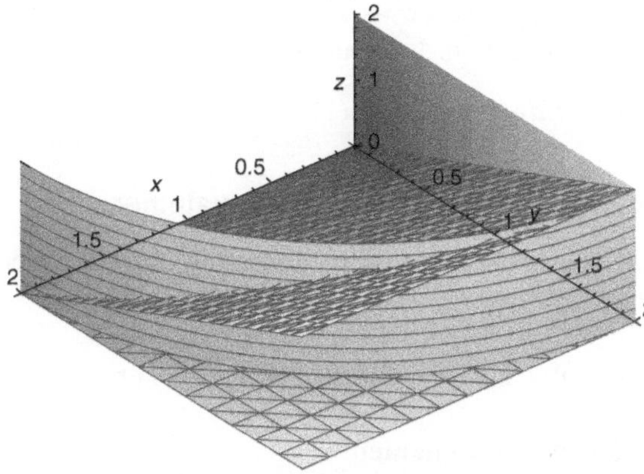

Figur 5.22 Figuren viser legemet avgrenset av sylinderen $x^2 + y^2 = a^2$ og planene $z = y, x = 0$ og $z = 0$. Se eksempel 88.

Eksempel 89

Regn ut dobbeltintegralet

$$\iint_{x^2+y^2\leq 4} e^{x^2+y^2}\, dx\, dy \tag{5.64}$$

ved å transformere til polarkoordinater.

Løsning

Vi ser at integrasjonsområdet er området innenfor en sirkel med radius 2. Når vi innfører polarkoordinater, blir uttrykket i eksponenten:

$$x^2 + y^2 = (r\cos\theta)^2 + (r\sin\theta)^2 = r^2\left(\cos^2\theta + \sin^2\theta\right) = r^2 \cdot 1 = r^2 \tag{5.65}$$

Når vi transformerer til polarkoordinater, får vi:

$$\iint_{x^2+y^2\leq 4} e^{x^2+y^2}\, dx\, dy = \iint_{r\leq 2,\ 0\leq\theta\leq 2\pi} e^{r^2}\, r\, dr\, d\theta = \int_{\theta=0}^{\theta=2\pi}\int_{r=0}^{r=2} e^{r^2}\, r\, dr\, d\theta \tag{5.66}$$

Ubestemte integraler av typen $\iint_R e^{x^2+y^2} dx\, dy$ klarer vi ikke å regne ut eksakt i kartesiske koordinater, men det siste integralet ovenfor lar seg enkelt løse med substitusjonen $t = r^2$. Gjennomfør utregningen, og vis at svaret blir $\pi(e^4 - 1)$. ■

I de foregående eksemplene har vi først integrert med hensyn på r, deretter med hensyn på θ. Det er fullt mulig å bytte integrasjonsrekkefølgen. Men ofte er det slik at det er lettere å bestemme integrasjonsgrensene dersom vi starter med å trekke en $\theta =$ *konstant*-linje, og så bestemmer integrasjonsgrensene for r ved å betrakte denne linja.

✓ Nøkkelkunnskap 5.8

Mål: Du skal kunne overføre et dobbeltintegral fra kartesiske koordinater til polarkoordninater, og regne ut dobbeltintegralet i polarkoordinater.

Overfør dobbeltintegralet $\iint_R 2\cos(x^2 + y^2)\, dx\, dy$ til et dobbeltintegral i polarkoordinater. Området R er sirkelflaten med sentrum i origo og radius $r = 1$.

Svar: $\int_{\theta=0}^{2\pi} \int_{r=0}^{1} \sin(r^2) \cdot r\, dr\, d\theta = 2\pi \ \sin(1)$

5.5.2 Transformasjoner mellom koordinatsystemer

I det generelle tilfellet, der koordinatene blir transformert fra (x, y)-koordinater til (u, v)-koordinater, skriver vi transformasjonslikningene på denne måten:

$$x = x(u, v) \quad y = y(u, v) \quad dA_{x,y} = dx\, dy \rightarrow dA_{u,v} = J(x, y, u, v)\, du\, dv \tag{5.67}$$

der $J(x, y, u, v)$ er **jacobideterminanten**.

DEFINISJON 5.4

Jacobideterminanten for transformasjon fra (x, y)-koordinater til (u, v)-koordinater i likning 5.67 er definert ved uttrykket:

$$J(x, y, u, v) = \begin{vmatrix} \dfrac{\partial x}{\partial u} & \dfrac{\partial x}{\partial v} \\ \dfrac{\partial y}{\partial u} & \dfrac{\partial y}{\partial v} \end{vmatrix} = \begin{vmatrix} x_u & x_v \\ y_u & y_v \end{vmatrix} \tag{5.68}$$

Noen gangen bruker vi denne kompakte skrivemåten for jacobideterminanten:

$$J(x, y, u, v) = \left| \frac{\partial(x, y)}{\partial(u, v)} \right| \tag{5.69}$$

Eksempel 90

Vis at jacobideterminanten for transformasjon fra kartesiske (x, y)-koordinater til polarkoordinater (r, θ) er $J(x, y, r, \theta) = r$.

Løsning

Transformasjonslikningene for koordinatene er $x = r\cos\theta$ og $y = r\sin\theta$. Når vi bruker definisjonen av jacobideterminanten, får vi:

$$J(x, y, r, \theta) = \left| \frac{\partial(x, y)}{\partial(r, \theta)} \right| = \begin{vmatrix} \dfrac{\partial x}{\partial r} & \dfrac{\partial x}{\partial \theta} \\ \dfrac{\partial y}{\partial r} & \dfrac{\partial y}{\partial \theta} \end{vmatrix} = \begin{vmatrix} \cos\theta & r(-\sin\theta) \\ \sin\theta & r\cos\theta \end{vmatrix} \tag{5.70}$$

$$= \cos\theta \cdot r\cos\theta - (\sin\theta \cdot (-r\sin\theta)) \tag{5.71}$$

$$= r\cos^2\theta + r\sin^2\theta = r(\cos^2\theta + \sin^2\theta) = r \tag{5.72}$$

■

Det generelle uttrykket for å transformere et dobbeltintegral fra (x, y)-koordinater til (u, v)-koordinater kan skrives:

$$\iint_R f(x, y)\, dx\, dy = \iint_R f(u, v) \cdot J(x, y, u, v)\, du\, dv \tag{5.73}$$

Husk at *grunnen* til at vi transformerer, er at vi skal få enklere integraler å regne ut.

✓ Nøkkelkunnskap 5.9

Mål: Du skal kunne regne ut jacobideterminanten for transformasjonen fra (x, y)-koordinater til (u, v)-koordinater.

Regn ut jacobideterminanten for transformasjonen $x = 2u + 3v,\ \ y = u - v$.

Svar: -5.

5.6 Trippelintegral

Vi har lært hvordan vi integrerer en funksjon av to variable over et område R i planet ved å beregne et dobbeltintegral. Vi skal nå se hvordan vi kan integrere en funksjon av tre variable over et område T i rommet.

5.6.1 Innledning

I avsnitt 5.2 repeterte vi hvordan vi kunne bruke integralregning til å regne ut arealet under grafen til en funksjon av én variabel, $f(x)$. Utgangspunktet for argumentasjonen var at vi definerte en størrelse $\Delta A = f(x^*) \cdot \Delta x$, og så summerte slike uttrykk over et lukket intervall $a \leq x \leq b$.

I det samme avsnittet lærte vi også hvordan vi kan regne ut volumet under grafen til en funksjon av to variable, $f(x, y)$. Utgangspunktet var at vi summerte ledd av typen $\Delta V = f(x^*, y^*) \cdot \Delta A$ over et lukket område R i xy-planet.

Integralene $\int_a^b f(x)\, dx$ og $\iint_R f(x, y)\, dA$ ble definert som en grense for en sum, **riemannsummen,** av ledd av typen $\Delta A = f(x^*)\Delta x$ og $\Delta V = f(x^*, y^*)\Delta A$.

Vi kan integrere funksjoner av tre variable også. Men siden vi ikke kan tegne grafen til en funksjon $f(x, y, z)$, er det ikke opplagt at vi kan gi en geometrisk tolkning av hva integralet representerer. La oss se hvordan vi definerer **trippelintegralet** av en funksjon av tre variable.

Vi tar for oss et *lukket* og *begrenset* område T i rommet. Vi kan tenke på dette området som en ball, en stein eller en leirklump. Rundt et punkt (x^*, y^*, z^*) inne i T tenker vi oss at vi legger en rettvinklet eske med sidekanter Δx, Δy og Δz. Volumet av denne esken er $\Delta V = \Delta x \Delta y \Delta z$. Vi definerer størrelsen ΔP slik at

$$\Delta P = f(x^*, y^*, z^*) \cdot \Delta V$$

Vi summerer så alle ΔP-ene som ligger inne i området T, og lar volumet av eskene gå mot null. Denne grensen av summen definerer vi som **trippelintegralet** av funksjonen f over området T.

Figur 5.23 En drage bygd av legoklosser. Ved å summere volumet av alle klossene finner vi volumet av dragen. Dragen har tilnærmet avrundede former fordi klossene er små i forhold til størrelsen av dragen.

DEFINISJON 5.5

Trippelintegralet $\iiint_T f(x, y, z)\,dV$ over området T i xyz-rommet er:

$$\iiint_T f(x, y, z)\,dV = \lim_{\Delta V \to 0} \sum f(x^*, y^*, z^*)\,\Delta V \qquad \textbf{(5.74)}$$

Hvis $f(x, y, z) = 1$, virker det rimelig å tolke integralet $\iiint_T f(x, y, z)\,dV = \iiint_T 1\,dV$ som en sum av alle eskene med volum ΔV. Denne grensen av summen *definerer* vi som volumet av området T.

DEFINISJON 5.6

Volumet V av et lukket område T i rommet er definert ved uttrykket

$$V = \iiint_T dV \qquad \textbf{(5.75)}$$

Tanken om å sette sammen området T av små esker, likner på å bygge med lego. Med legoklosser kan vi bygge store figurer. Jo mindre klosser vi bruker, desto mer "avrundet" framstår figuren. Volumet av figuren er summen av volumene til alle klossene som har gått med under byggingen. Vi har illustrert dette i figur 5.23.

5.6.2 Hvordan vi regner ut et trippelintegral

Et trippelintegral over et lukket område T i rommet skrives

$$\iiint_T f(x, y, z)\, dV$$

når vi bruker *kartesiske koordinater*. Størrelsen dV er en liten "eske" inni integrasjonsområdet T. Vi lar esken være rettvinklet med sider dx, dy og dz. Da kan vi sette:

$$dV = dx\, dy\, dz \tag{5.76}$$

Da skriver vi dobbeltintegralet slik:

$$\iiint_T f(x, y, z)\, dV = \iiint_T f(x, y, z)\, dx\, dy\, dz \tag{5.77}$$

Når vi skal regne ut et trippelintegral, må vi sette integrasjonsgrenser på hvert av integraltegnene i stedet for å skrive T under dem. Et eksempel på dette er:

$$\begin{aligned}\iiint_T f(x, y, z)\, dx\, dy\, dz &= \int_0^3 \int_2^5 \int_1^2 f(x, y, z)\, dx\, dy\, dz \\ &= \int_{z=0}^3 \int_{y=2}^5 \int_{x=1}^2 f(x, y, z)\, dx\, dy\, dz\end{aligned} \tag{5.78}$$

I det siste trippelintegralet har vi markert på den nedre grensen hvilken variabel integraltegnet "hører sammen med", slik vi gjorde for dobbeltintegraler.

Rekkefølgen vi skriver differensialene dx, dy og dz i har betydning. Står det $dxdydz$, betyr det at vi *først* skal integrere med hensyn på x mens vi oppfatter y og z som konstante. Deretter integrerer vi resultatet med hensyn på y mens vi oppfatter z som konstant. Til slutt integrerer vi med hensyn på z.

Dersom det står $dy\, dx\, dz$, skal vi integrere med hensyn på y først. Det betyr at vi først integrerer med hensyn på y og oppfatter x og z som konstante. Deretter integrerer vi med hensyn på x mens vi holder z konstant.

Akkurat som dobbeltintegrasjon er en iterativ prosess, er trippelintegrasjon det også. Det vil si at vi først regner ut **det indre integralet**, og så arbeider oss "utover". I trippelintegralet

$$\iiint_T xyz\, dV = \int_{x=0}^1 \int_{y=1}^2 \int_{z=0}^2 xyz\, dz\, dy\, dx \tag{5.79}$$

er det indre integralet $\int_{z=0}^2 xyz\, dz$. Det er dette integralet vi skal regne ut først.

La oss se hvordan vi regner ut trippelintegralet:

$$\int_{x=0}^{1}\int_{y=1}^{2}\int_{z=0}^{2} xyz\,dz\,dy\,dx = \int_{x=0}^{1}\int_{y=1}^{2}\left[xy\cdot\frac{1}{2}z^2\right]_{z=0}^{2} dy\,dx$$

$$= 2\int_{x=0}^{1}\int_{y=1}^{2} xy\,dy\,dx \tag{5.80}$$

$$= 2\int_{x=0}^{1}\left[x\cdot\frac{1}{2}y^2\right]_{y=1}^{2} dx = 3\int_{x=0}^{1} x\,dx \tag{5.81}$$

$$= 3\left[\frac{1}{2}x^2\right]_{x=0}^{1} = \frac{3}{2} \tag{5.82}$$

Vi ser at metodikken vi bruker når vi regner ut trippelintegraler, er den samme som vi brukte for dobbeltintegraler.

Akkurat som for dobbeltintegraler, kan vi bytte rekkefølgen vi integrerer i.

Setning 5.9

Vi kan bytte om integrasjonsrekkefølgen i et trippelintegral uten at trippelintegralet endrer verdi. Det betyr for eksempel at

$$\iiint_T f(x,y,z)\,dx\,dy\,dz = \iiint_T f(x,y,z)\,dz\,dy\,dx \tag{5.83}$$

Alle de seks mulige integrasjonsrekkefølgene gir samme resultat.

Eksempel 91

Regn ut trippelintegralet $\int_{z=1}^{2}\int_{y=2}^{3}\int_{x=3}^{4}(x+y+z)\,dx\,dy\,dz$.

Løsning

Vi bruker samme teknikk som når vi regner ut dobbeltintegraler. Det vil si at vi starter med det indre integralet og fortsetter utover. Vi får da:

$$\int_{z=1}^{2}\int_{y=2}^{3}\int_{x=3}^{4}(x+y+z)\,dx\,dy\,dz = \int_{z=1}^{2}\int_{y=2}^{3}\left[\frac{1}{2}x^2+xy+xz\right]_{x=3}^{4} dy\,dz \tag{5.84}$$

$$= \int_{z=1}^{2}\int_{y=2}^{3}\left(y+z+\frac{7}{2}\right)dy\,dz = \int_{z=1}^{2}(z+6)\,dz = \frac{15}{2} \tag{5.85}$$

I utregningen ovenfor har vi utelatt å vise alle mellomregningene. ■

✓ Nøkkelkunnskap 5.10

Mål: Du skal kunne regne ut et trippelintegral der grensene er konstanter.

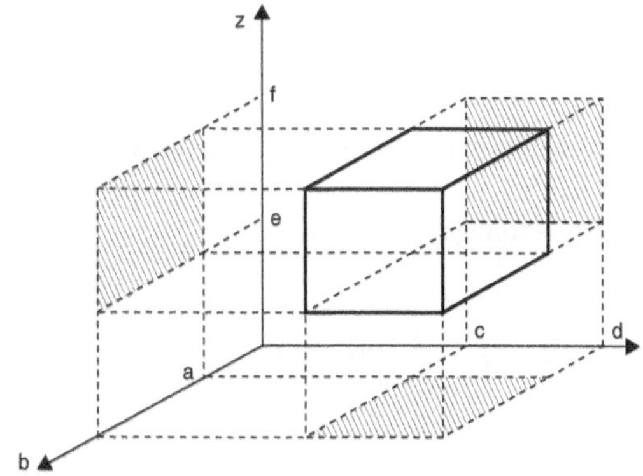

Figur 5.24 Området T definert ved $a \leq x \leq b,\ c \leq y \leq d,\ e \leq z \leq f$.

Regn ut trippelintegralet $\int_{z=0}^{1} \int_{y=-1}^{1} \int_{x=-2}^{2} dx\, dy\, dz$.

Svar: 8

5.6.3 Trippelintegral over rette "esker"

I de to utregningene av trippelintegraler vi har sett på til nå, har integrasjonsgrensene vært av typen

$$\int_{x=a}^{b} \int_{y=c}^{d} \int_{z=e}^{f} f(x, y, z)\, dz\, dy\, dx$$

der $a, b, \ldots, f$ er konstanter. Det betyr at de variable ligger innenfor lukkede intervaller:

$$a \leq x \leq b \quad c \leq y \leq d \quad e \leq z \leq f \tag{5.86}$$

Disse ulikhetene beskriver en rettvinklet "eske" i rommet. Esken har sider med lengder $b - a$, $d - c$ og $f - e$. De åtte hjørnene i esken ligger i punktene

$$(a, c, e),\ (b, c, e),\ (a, d, e),\ (b, d, e),\ (a, c, f),\ (b, c, f),\ (a, d, f),\ (b, d, f)$$

Vi har tegnet en skisse av dette integrasjonsområdet i figur 5.24.

Å regne ut et trippelintegral når integrasjonsområdet T er rettvinklede esker, gir enkle beregninger. I slike tilfeller er integrasjonsgrensene konstante. Dette svarer til å integrere over rektangler når vi beregner dobbeltintegral.

Eksempel 92

Integrasjonsområdet T er en rettvinklet "eske" som har hjørner i punktene:

$$(0, 0, 0), (2, 0, 0), (0, 1, 0), (2, 1, 0), (0, 0, 3), (2, 0, 3), (0, 1, 3) \text{ og } (2, 1, 3)$$

Hvilken geometrisk betydning har trippelintegralet $\iiint_T dV$? Regn ut trippelintegralet.

Løsning

I henhold til definisjon 5.6 vil integralet gi oss volumet av området T.

Dersom vi tegner en figur, ser vi at esken har et hjørne i origo og sidekanter langs (og parallelt med) koordinataksene. Lengden av kantene er $s_x = 2$ i x-retning, $s_y = 1$ i y-retning og $s_z = 3$ i z-retning.

Når vi regner ut trippelintegralet, får vi:

$$V = \iiint_T dV = \int_{z=0}^{3} \int_{y=0}^{1} \int_{x=0}^{2} dx\,dy\,dz \tag{5.87}$$

$$V = \int_{z=0}^{3} \int_{y=0}^{1} [x]_{x=0}^{2}\,dy\,dz = \int_{z=0}^{3} \int_{y=0}^{1} 2\,dy\,dz \tag{5.88}$$

$$V = \int_{z=0}^{3} [2y]_{y=0}^{1}\,dz = \int_{z=0}^{3} 2 \cdot 1\,dz \tag{5.89}$$

$$V = [2z]_{z=0}^{3} = 2 \cdot 3 = 6 \tag{5.90}$$

Vi har her integrert over et legeme T som er en rettvinklet eske. Volumet av esken er $V = s_x \cdot s_y \cdot s_z = 2 \cdot 1 \cdot 3 = 6$. Dette er det samme svaret som vi fant da vi regnet ut trippelintegralet. ■

▼

Eksempel 93

En rektangulær eske T er bestemt ved ulikhetene $0 \le x \le a,\ 0 \le y \le b,\ 0 \le z \le c$. Regn ut integralet

$$I = \iiint_T (xy^2 + z^3)\,dV \tag{5.91}$$

Løsning

Her er integrasjonsgrensene enkle. Vi kan regne ut integralet ved å integrere i rekkefølge. Vi får:

$$I = \int_{z=0}^{c} \int_{y=0}^{b} \int_{x=0}^{a} (xy^2 + z^3)\,dx\,dy\,dz \tag{5.92}$$

$$= \int_{z=0}^{c} \int_{y=0}^{b} \left[\frac{1}{2}x^2y^2 + xz^3\right]_{x=0}^{a} dy\,dz = \int_{z=0}^{c} \int_{y=0}^{b} \left(\frac{1}{2}a^2y^2 + az^3\right) dy\,dz \tag{5.93}$$

$$= \cdots = \frac{a^2b^3c}{6} + \frac{abc^4}{4} \tag{5.94}$$

Her har vi hoppet over en del av utregningene. Gjennomfør disse utregningene selv, og vis at svaret stemmer. ■

5.6.4 Integrasjonsområder som ikke er rette esker

Når integrasjonsområdet T ikke er en rett eske, blir det mer komplisert å bestemme integrasjonsgrensene. Da vil integrasjonsgrensene være avhengige av de variable. Vi skal beskrive en framgangsmåte i 4 punkter som vi kan bruke for å bestemme grensene. Men først skal vi se på et eksempel som viser hvordan vi regner ut et trippelintegral der integrasjonsgrensene ikke er konstanter.

Eksempel 94

Regn ut trippelintegralet

$$\int_{x=0}^{1} \int_{y=0}^{x} \int_{z=0}^{xy} x \, dz \, dy \, dx \tag{5.95}$$

Løsning

I dette eksemplet er integrasjonsgrensene kjent. Vi starter med det indre integralet og arbeider oss "utover", slik vi gjorde da integrasjonsgrensene var tall. Vi får:

$$\int_{x=0}^{1} \int_{y=0}^{x} \int_{z=0}^{xy} x \, dz \, dy \, dx = \int_{x=0}^{1} \int_{y=0}^{x} [xz]_{z=0}^{xy} \, dy \, dx = \int_{x=0}^{1} \int_{y=0}^{x} x^2 y \, dy \, dx \tag{5.96}$$

$$= \int_{x=0}^{1} \left[\frac{1}{2} x^2 y^2\right]_{y=0}^{x} dx = \int_{x=0}^{1} \frac{1}{2} x^4 \, dx \tag{5.97}$$

$$= \frac{1}{10} \tag{5.98}$$

■

Vi skal nå se hvordan vi skal gå fram for å bestemme integrasjonsgrensene i trippelintegralet

$$\iiint_T f(x, y, z) \, dz \, dy \, dz$$

Framgangsmåten kan oppsummeres i 4 punkter:

1. *Lag en oversikt over situasjonen.*

   Vi starter med å lage en skisse av integrasjonsområdet T, se figur 5.25. I nedkant er T begrenset av grafen til funksjonen $z = g_1(x, y)$, og i overkant er T begrenset av grafen til funksjonen $z = g_2(x, y)$.

   "Skyggen" av T i xy-planet er et lukket område. Vi kaller dette området R.

2. *Bestem integrasjonsgrensene for z.*

   Slik vi har skrevet opp trippelintegralet, skal vi integrere med hensyn på z først. For å bestemme integrasjonsgrensene for z, starter vi med å velge et punkt $P(x, y)$ inne i "skyggen" R. Gjennom P trekker vi en linje som er parallell med z-aksen, se figur 5.26.

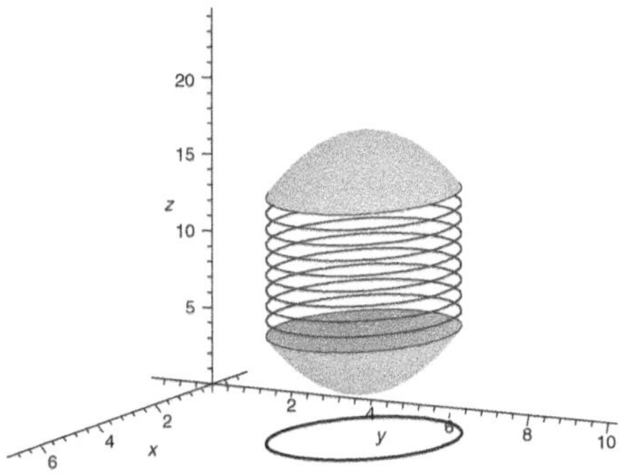

Figur 5.25 Figuren viser et område T i rommet. I xy-planet har vi tegnet "skyggen" av T som en "ring". Denne skyggen er integrasjonsområdet R for x og y etter at vi har integrert med hensyn på z.

Når vi følger denne linja oppover, vil den gå inn i T når vi treffer grafen til $z = g_1(x, y)$. Dette blir nedre grense for integralet.

Når vi fortsetter oppover langs linja, vil vi forlate T når vi treffer grafen til $z = g_2(x, y)$. Dette blir øvre grense for integralet.

Når $g_2(x, y) > g_1(x, y)$ for punkter (x, y) i skyggen R, kan vi skrive trippelintegralet slik:

$$\iiint_T f(x, y, z)\, dV = \iint_R \left[\int_{z=g_1(x,y)}^{g_2(x,y)} f(x, y, z)\, dz \right] dA \tag{5.99}$$

3. *Bestem integrasjonsgrensene for* y.

Når vi har regnet ut det indre integralet i likning 5.99, sitter vi igjen med et ordinært dobbeltintegral. Integrasjonsområdet for dobbeltintegralet er skyggen R.

Vi må bestemme området R. Dersom grafene til g_2 og g_1 skjærer hverandre, bestemmer vi randen til R ved å løse likningen $g_2(x, y) = g_1(x, y)$. Velger vi punkter inni R, vil $g_2 > g_1$.

For å bestemme integrasjonsgrensene for y, trekker vi en linje i xy-planet. Linja skal gå gjennom R og være parallell med y-aksen, se figur 5.27.

Vi antar at R er begrenset av grafene til funksjonene $y = h_1(x)$ og $y = h_2(x)$. Linja går inn i R når den krysser grafen til $h_1(x)$. Dette blir nedre grense for integralet med hensyn på y.

Linja går ut av R når den krysser grafen til $h_2(x)$. Dette blir øvre grense for integralet med hensyn på y, se figur 5.28.

Trippelintegralet kan nå skrives slik:

$$\iiint_T f(x, y, z)\, dV = \iint_R \left[\int_{g_1(x,y)}^{g_2(x,y)} f(x, y, z)\, dz \right] dA \tag{5.100}$$

$$= \int_I \left[\int_{y=h_1(x)}^{h_2(x)} \left[\int_{z=g_1(x,y)}^{g_2(x,y)} f(x, y, z)\, dz \right] dy \right] dx \tag{5.101}$$

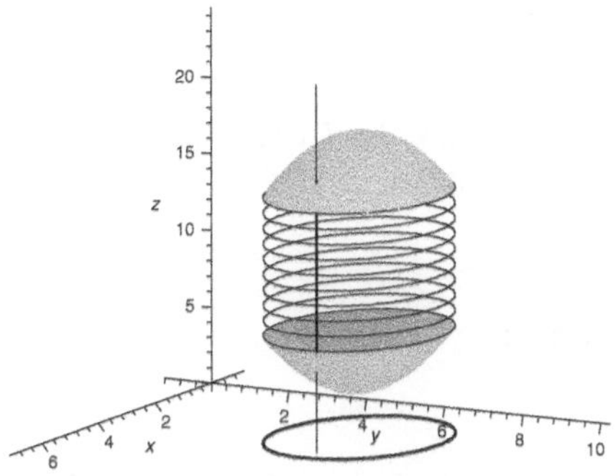

Figur 5.26 Vi velger et punkt (x, y) inne i området R, og trekker en linje parallell med z-aksen gjennom dette punktet. Skjæringen mellom denne linja og T gir oss øvre og nedre grense for integrasjon med hensyn på z.

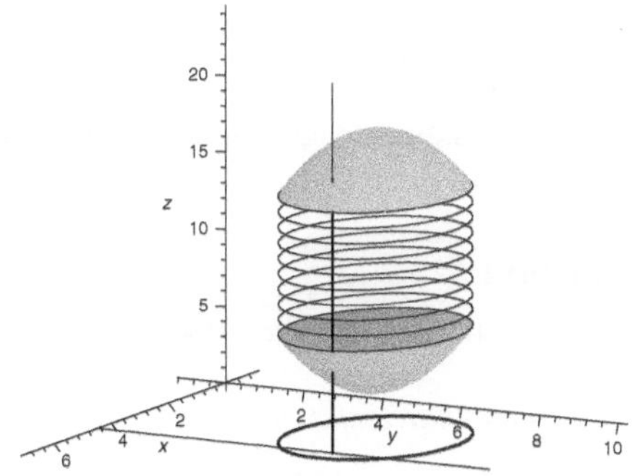

Figur 5.27 For å bestemme integrasjonsgrensene med hensyn på y, trekker vi en linje parallell med y-aksen gjennom (x, y).

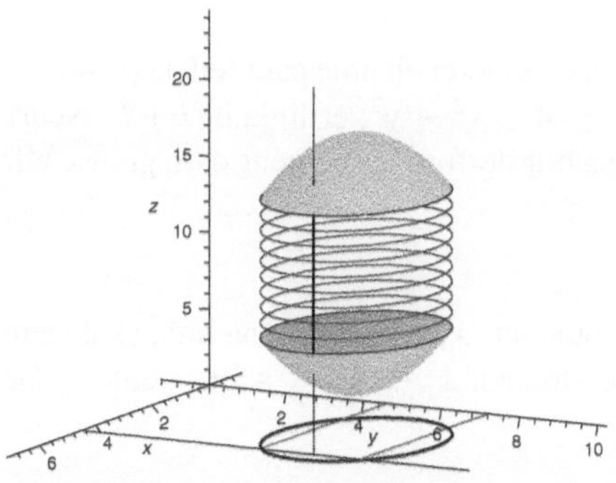

Figur 5.28 Skjæringspunktene mellom linja parallell med y-aksen gir oss grensene for integrasjon med hensyn på y. Disse er markert med linjer parallelle med x-aksen.

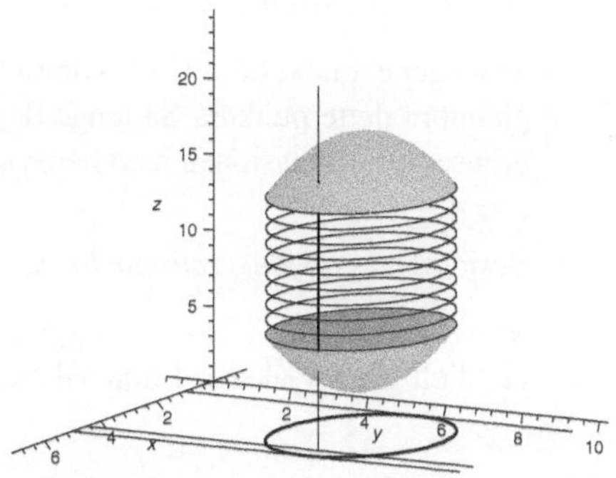

Figur 5.29 Ved å trekke linjer parallelle med y-aksen kan vi bestemme integrasjonsgrensene med hensyn på x.

Her er I intervallet $a \leq x \leq b$ som er slik at linja går gjennom R.

4. *Bestem integrasjonsgrensene for* x.

   For å bestemme integrasjonsgrensene for x, undersøker vi hvor vi kan trekke en linje parallell med y-aksen, og som er slik at den går gjennom R. Dette gir nedre grense a og øvre grense b for integralet, se figur 5.29.

   Trippelintegralet kan nå skrives:

$$\iiint_R f(x, y, z)\,dV = \int_{x=a}^{b} \int_{y=h_1(x)}^{h_2(x)} \int_{z=g_1(x,y)}^{g_2(x,y)} f(x, y, z)\,dz\,dy\,dx \qquad \textbf{(5.102)}$$

La oss ta for oss et eksempel som viser hvordan vi bruker denne framgangsmåten til å bestemme integrasjonsgrenser i et trippelintegral.

Eksempel 95

Bestem integrasjonsgrensene for trippelintegralet $\iiint_T dV$ der T er området begrenset av grafen til funksjonen $g(x, y) = 4 - x^2 - y^2$ og xy-planet.

Løsning

Vi følger framgangsmåten slik den er beskrevet foran.

1. *Lag en oversikt over situasjonen.*

   Vi starter med å lage en skisse av integrasjonsområdet T. Figur 5.30 viser grafen til $z = g(x, y)$. Området er en "bolle" med bunnen opp, og med en del av xy-planet som "lokk".

   Grafen skjærer xy-planet når $z = 0$. Skjæringskurven blir sirkelen $x^2+y^2 = 4$, og "skyggen" R av T i xy-planet er derfor flaten begrenset av denne sirkelen. Når vi velger punkter innenfor denne sirkelen, er $g(x, y) = 4 - x^2 - y^2 > 0$.

2. *Bestem integrasjonsgrensene for z.*

   Vi velger et punkt (x, y) inne i området R, og trekker en linje parallell med z-aksen gjennom dette punktet. Så lenge $0 \leq z \leq 4 - x^2 - y^2$, er linja inne i T. Nedre grense for integrasjonen med hensyn på z blir derfor $z = 0$, mens øvre grense blir $z = 4 - x^2 - y^2$.

3. *Bestem integrasjonsgrensene for y.*

   Vi trekker en linje i xy-planet gjennom punktet (x, y) i R. Denne linja skal være parallell med y-aksen. Linja vil skjære sirkelen $x^2 + y^2 = 4$ i to punkter. De

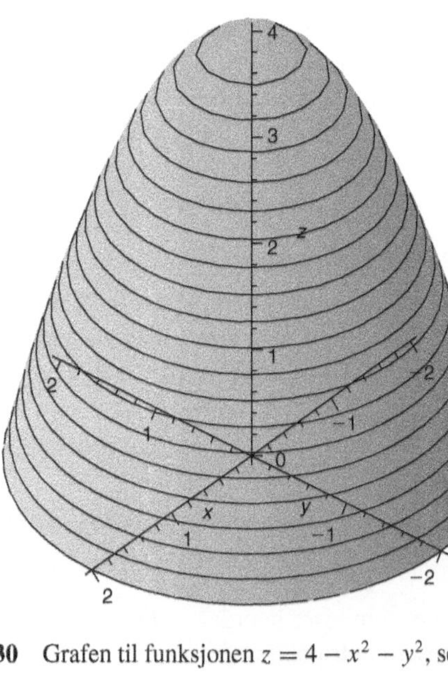

Figur 5.30 Grafen til funksjonen $z = 4 - x^2 - y^2$, se eksempel 95.

to punktene har y-koordinater $y = \pm\sqrt{4-x^2}$. Når x er konstant, vil derfor $-\sqrt{4-x^2} \leq y \leq \sqrt{4-x^2}$. Nedre grense for integrasjon med hensyn på y blir $y = -\sqrt{4-x^2}$, og øvre grense blir $y = \sqrt{4-x^2}$.

4. *Bestem integrasjonsgrensene for x.*

Vi må så undersøke hvor vi kan trekke $x =$ *konstant*-linja slik at den går gjennom R. Vi ser at linja går gjennom R når $-2 \leq x \leq 2$. Nedre grense for integrasjon med hensyn på x blir derfor $x = -2$, og øvre grense blir $x = 2$.

Trippelintegralet kan derfor skrives:

$$\iiint_T dV = \int_{x=-2}^{2} \int_{y=-\sqrt{4-x^2}}^{\sqrt{4-x^2}} \int_{z=0}^{4-x^2-y^2} dV \tag{5.103}$$

Siden området R er en sirkel, vil vi få enklere utregninger hvis vi overfører integralene med hensyn på x og y til integraler i polarkoordinater. Da blir grensene $0 \leq r \leq 2$ og $0 \leq \theta \leq 2\pi$. ■

Eksempel 96

Regn ut trippelintegralet $\iiint_T dV$ der T er området begrenset av grafene til funksjonene $g_1(x, y) = x^2 + y^2$ og $g_2(x, y) = 12 - 2x^2 - 2y^2$.

Løsning

Vi følger samme framgangsmåte som i eksempel 95, og starter med å skissere integrasjonsområdet T.

Grafene til de to funksjonene g_1 og g_2 er vist i figur 5.31. Grafen til g_1 er en "bolle" med bunnen ned, og grafen til g_2 er en "bolle" med bunnen opp. De to "bollene" er paraboloider med akse langs z-aksen.

For å bestemme "skyggen" R, må vi finne ut hvor de to grafene skjærer hverandre. Det gjør vi ved å sette $g_1 = g_2$:

$$x^2 + y^2 = 12 - 2x^2 - 2y^2 \tag{5.104}$$

$$x^2 + y^2 = 4 \tag{5.105}$$

Dette viser at de to grafene skjærer hverandre langs sirkelen $x^2 + y^2 = 4$, $z = 4$. Når vi velger punkter innenfor denne sirkelen, er $g_2 < g_1$. Området R i xy-planet er derfor alle punktene på sirkelflaten $x^2 + y^2 \leq 4$.

Når vi velger et punkt i R og trekker en linje parallell med z-aksen gjennom dette punktet, ser vi at vi er inni området T så lenge $x^2 + y^2 \leq z \leq 12 - 2x^2 - 2y^2$. Da kan vi skrive integralet slik:

$$\iiint_T dV = \iint_R \left(\int_{z=x^2+y^2}^{12-2x^2-2y^2} dz \right) dy\, dx = \iint_R (12 - 3(x^2 + y^2))\, dy\, dx \tag{5.106}$$

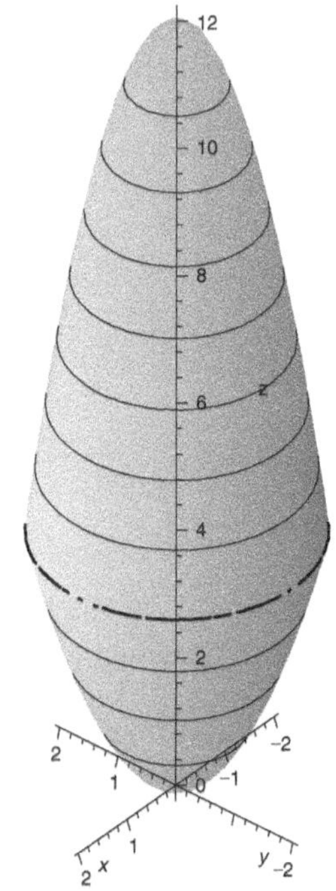

Figur 5.31 Grafene til funksjonene $g_1(x, y) = x^2 + y^2$ og $g_2(x, y) = 12 - 2x^2 - 2y^2$, se eksempel 96.

Dobbeltintegralet over sirkelflaten R regner vi lettest ut ved å innføre polarkoordinater. Når vi gjennomfører beregningene, får vi:

$$\iiint_T dV = 24\pi \tag{5.107}$$

■

Det kan være nokså krevende å bestemme integrasjonsgrenser for trippelintegraler, særlig hvis området T vi skal integrere over er definert ved skjæring mellom krumme flater i rommet. For en stor del er det å komme fram til integrasjonsgrensene basert på erfaring og på evnen til å "se i rommet". Denne erfaringen tar det ofte nokså mye tid å opparbeide.

✓ Nøkkelkunnskap 5.11

Mål: Du skal kunne bestemme integrasjonsgrensene for et trippelintegral når integrasjonsområdet T er gitt i kartesiske koordinater.

Bestem integrasjonsgrensene for trippelintegralet $\iiint_T dV$ når T er området begrenset av halvkula $x^2 + y^2 + z^2 = 4,\ z \geq 0$ og planet $z = \sqrt{3}$.

Svar: $\int_{x=-1}^{1} \int_{y=-\sqrt{1-x^2}}^{\sqrt{1-x^2}} \int_{z=3}^{\sqrt{4-x^2-y^2}}$

5.7 Noen egenskaper ved trippelintegralet

I dette avsnittet skriver vi opp noen viktige egenskaper ved trippelintegraler.

5.7.1 Trippelintegral og volum

Vi kan beregne volumet av et lukket og begrenset område i rommet ved å regne ut et trippelintegral.

Volumet V av et område T i rommet er *definert* som et trippelintegral:

$$V = \iiint_T dV$$

5.7.2 Trippelintegral over sammensatte områder

Et område i rommet kan deles opp i mindre deler. En "kuleis" T kan være satt sammen av en kjegle T_1 (kjeksen) og ei halvkule T_2 (iskremtoppen). Dette kan vi skrive slik:

$$T = T_1 \cup T_2 \qquad \textbf{(5.108)}$$

Dersom vi skal regne ut $\iiint_T f(x, y, z)\, dV$, kan vi regne ut trippelintegralene over T_1 og T_2 hver for seg, og så legge sammen.

Setning 5.10

Hvis området T i rommet er satt sammen av mindre områder, for eksempel slik at $T = T_1 \cup T_2$, er:

$$\iiint_T f(x, y, z)\, dV = \iiint_{T_1} f(x, y, z)\, dV + \iiint_{T_2} f(x, y, z)\, dV \qquad \textbf{(5.109)}$$

5.7.3 Sum av trippelintegraler. Multiplikasjon med konstant

Trippelintegrasjon er en **linær operasjon**. Når a og b er konstanter, kan vi skrive:

Setning 5.11

$$\iiint_T [a \cdot f(x, y, z) \pm b \cdot g(x, y, z)]\, dV$$
$$= a \iiint_T f(x, y, z)\, dV \pm b \iiint_T g(x, y, z)\, dV \qquad \textbf{(5.110)}$$

5.7.4 Tolkning av trippelintegral

Vi har sett at trippelintegralet $\iiint_T dV$ har en enkel tolkning: Beregningen gir oss volumet av området T. Hvis vi regner ut trippelintegralet $\iiint_T f(x, y, z)\, dV$, vil derimot tolkningen av svaret avhenge av hva slags størrelse funksjonen f uttrykker.

Dersom f er *massetettheten* til et legeme som dekker området T i rommet, vil vi kunne regne ut massen til legemet ved å regne ut et trippelintegral. Det innser vi dersom vi bruker definisjonen av massetetthet:

$$f = \frac{dm}{dV}$$

Definisjonen gir $dm = f\, dV$. Hele massen finner vi ved å legge sammen massen av alle bitene, hver med masse dm. Dette gir:

$$m = \iiint_T dm = \iiint_T f(x, y, z)\, dV \tag{5.111}$$

Dersom f er *ladningstettheten* (ladning per volum, $f = dq/dV$) innenfor området T, forteller integralet $\iiint_T f(x, yz)\, dV$ hvor stor den totale ladningen q innenfor området T er:

$$q = \iiint_T dq = \iiint_T f(x, y, z)\, dV \tag{5.112}$$

▼

Eksempel 97

En terning med sidekanter 1 er fylt med en væske. Tettheten ρ i væsken øker med dybden. Uttrykket for tettheten er $\rho(z) = 2 - z,\ 0 \leq z \leq 1$.
Regn ut massen til væsken.

Løsning

Massen til et lite volumelement er bestemt ved uttrykket

$$dm = \rho\, dV = (2 - z)\, dV \tag{5.113}$$

Massen til væsken regner vi ut ved å integrere over hele terningen. Dette gir:

$$m = \iiint_T (2 - z)\, dV = \int_{y=0}^{1} \int_{x=0}^{1} \int_{z=0}^{1} (2 - z)\, dz\, dx\, dy \tag{5.114}$$

$$= \int_{y=0}^{1} \int_{x=0}^{1} \left[2z - \frac{1}{2}z^2\right]_{z=0}^{1} dx\, dy = \int_{y=0}^{1} \int_{x=0}^{1} \frac{3}{2}\, dx\, dy = \frac{3}{2} \tag{5.115}$$

Massen til væsken er $m = \frac{3}{2}$. ■

✓ **Nøkkelkunnskap 5.12**

Mål: Du skal kunne gi en tolkning av trippelintegralet $\iiint_T dV$.

Området T er en pyramide med grunnflate 2 og høyde 6. Regn ut $\iiint_T dV$.

Svar: 4

5.8 Symmetriske integrasjonsområder i rommet

Når vi skal regne ut trippelintegraler over et område T i rommet, er det ofte viktig å kunne utnytte symmetriegenskaper ved området. Det er først og fremst sylinder- og kulesymmetrier vi skal se etter. Det er både området vi skal integrere over og funksjonen vi skal integrere som kan ha disse symmetriegenskapene. Hvis vi kan finne slike symmetrier, kan det hende det er enkelt å gjøre om et volumelement dV til et uttrykk som bare inneholder én variabel. Dermed *unngår* vi å regne ut et trippelintegral.

Hvis integrasjonsområdet T har *sylindersymmetri*, kan vi lage et tynt **sylinderskall** (et rør) med høyde h, radius r og tykkelse dr. Overflaten av skallet er $A = 2\pi r h$. Volumet av skallet er $dV = A \cdot dr$. Uttrykket for volumelementet dV blir:

$$dV = 2\pi r\, h\, dr \tag{5.116}$$

Hvis integrasjonsområdet T har *kulesymmetri*, kan vi lage et tynt **kuleskall** med radius r og tykkelse dr. Overflaten av skallet er $A = 4\pi r^2$. Volumet av skallet blir $dV = A \cdot dr$. Uttrykket for volumelementet dV blir:

$$dV = 4\pi r^2 dr \tag{5.117}$$

▼

Eksempel 98

a. Regn ut volumet av en sylinder med radius R og høyde h ved å utnytte symmetriegenskapene ved sylinderen.

b. Regn ut volumet av ei kule med radius R ved å utnytte symmetriegenskapene ved kula.

Løsning

a. Vi tenker oss at sylinderen T er satt sammen av tynne sylinderskall, rør, med radius $r \leq R$ og felles akse. Det er slik en teleskopantenne er bygd opp. Tykkelsen på et rør er dr. Volumet av ett slikt rør er tilnærmet lik overflaten av røret multiplisert med tykkelsen:

$$dV = A \cdot dr = 2\pi r \cdot h \cdot dr$$

Vi regner ut volumet av hele sylinderen ved å legge sammen volumene av alle rørene. Siden rørene er svært tynne, kan vi legge sammen volumene ved å integrere:

$$V = \iiint_T dV = \int_{r=0}^{R} 2\pi\, h\, r\, dr = \pi R^2 h \tag{5.118}$$

Dette er det kjente uttrykket for volumet av en sylinder.

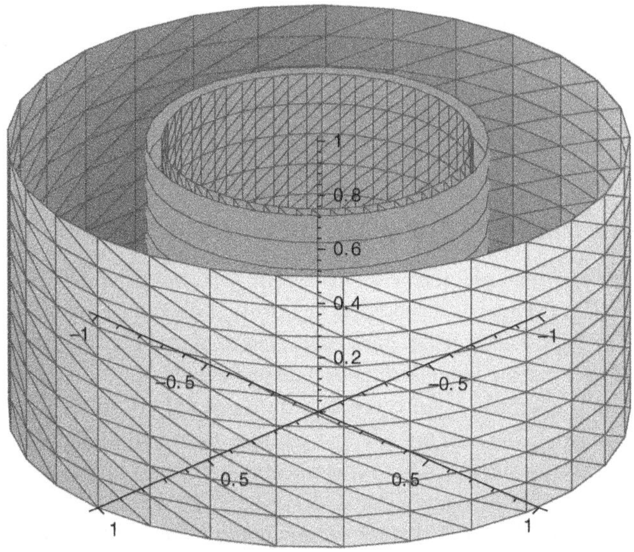

Figur 5.32 Vi tenker oss en sylinder bygd opp av tynne sylinderskall, rør, med felles akser. Hvert rør har tykkelse dr. Figuren viser sylinderen (ytterst) med et tynt rør inni.

b. Vi går fram på tilsvarende måte som i forrige spørsmål. Kula deles opp i tynne kuleskall med radius $r \leq R$ og tykkelse dr. Volumet av et kuleskall er tilnærmet lik arealet av overflaten multiplisert med tykkelsen:

$$dV = A \cdot dr = 4\pi\, r^2 \cdot dr$$

Vi regner ut volumet av kula ved å legge sammen volumene av alle kuleskallene. Siden skallene er svært tynne, kan vi legge sammen volumene ved å integrere:

$$V = \iiint_T dV = \int_{r=0}^{R} 4\pi r^2\, dr = \frac{4}{3}\pi R^3 \tag{5.119}$$

Dette er det kjente uttrykket for volumet av ei kule. ■

Eksempel 99

a. Skriv opp et integral vi kan bruke for å regne ut massen av et legeme T med massetetthet $\rho = \rho(r)$.

b. Beregn integralet for å bestemme massen til ei kule med radius R og massetetthet $\rho(r) = 1$.

Løsning

a. Når vi skriver $\rho(r)$, betyr det at vi antar at tettheten *bare* er en funksjon av avstanden r fra origo og ikke avhenger av hvilken retning vi ser på. Da er tetthetsfunksjonen kulesymmetrisk. Massen til legemet blir da:

$$m = \iiint_T dm = \iiint_T \rho(r)\,dV = \int_{r=R_0}^{R} \rho(r)\cdot 4\pi r^2\,dr \tag{5.120}$$

b. Vi setter inn $\rho(r) = 1$ og $R_0 = 0$ i integralet over og får:

$$m = \int_{r=0}^{R} 1\cdot 4\pi r^2\,dr = 4\pi\left[\frac{1}{3}r^3\right]_{r=0}^{R} = \frac{4}{3}\pi R^3 \tag{5.121}$$

■

Eksempel 100

Ei kule med radius R har massetetthet $\rho(r) = \frac{k}{r+1}$ der k er en konstant og r er avstanden fra sentrum av kula.
Regn ut massen av kula.

Løsning

Vi bruker uttrykket i likning 5.120 og får:

$$m = \iiint_d m = \iiint_T \rho(r)\,dV = \int_{r=R_0}^{R} \rho(r)\cdot 4\pi r^2\,dr \tag{5.122}$$

$$= \int_{r=R_0}^{R} \frac{k}{r+1}\cdot 4\pi r^2\,dr \tag{5.123}$$

$$= 4\pi k\int_{r=R_0}^{R} \frac{r^2}{r+1}\,dr = 4\pi k\left[\ln(r+1) + \frac{1}{2}r^2 - r\right]_0^R \tag{5.124}$$

$$= 4\pi k\left[\ln(R+1) + \frac{1}{2}R^2 - R\right] \tag{5.125}$$

Integralet $\int_{r=R_0}^{R} \frac{r^2}{r+1}\,dr$ har vi regnet ut ved å bruke et dataprogram. ■

5.9 Sylinder- og kulekoordinater

Når vi arbeider med teknologi og naturvitenskap, møter vi ofte situasjoner der det forekommer sylindersymmetri eller kulesymmetri. Da kan det være hensiktsmessig å bruke **sylinderkoordinater** eller **kulekoordinater**. Dette er koordinater som brukes i *det tredimensjonale rommet.*

5.9.1 Sylinderkoordinater

Når vi innfører sylinderkoordinater i rommet, kombinerer vi polarkoordinater i planet med den kartesiske z-koordinaten.

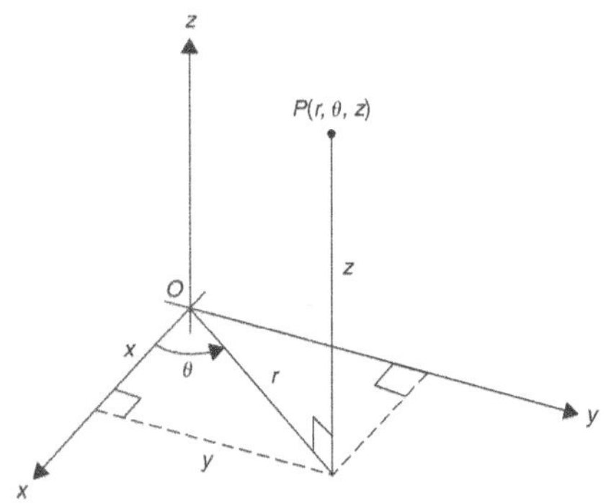

Figur 5.33 Sylinderkoordinater er en kombinasjon av polarkoordinater og kartesiske koordinater. Et punkt P beskrives ved talltrippelet (r, θ, z) slik figuren viser.

DEFINISJON 5.7

Et punkt P i rommet representeres i **sylinderkoordinater** ved det ordnede talltrippelet (r, θ, z) der

- r og θ er polarkoordinatene til projeksjonen av P i xy-planet
- z er avstanden fra P til xy-planet

Figur 5.33 viser sylinderkoordinatene til punktet P.

Vi kan regne om mellom kartesiske koordinater og sylinderkoordinater. Likningene som gjør oss i stand til å regne om, er:

$$\begin{aligned} &x = r\cos\theta \qquad && y = r\sin\theta \qquad && z = z \\ &r^2 = x^2 + y^2 && \theta = \tan^{-1}\left(\frac{y}{x}\right) && \end{aligned} \tag{5.126}$$

Når vi skal regne ut trippelintegraler i sylinderkoordinater, trenger vi et uttrykk for et volumelement. Volumelementet dV i sylinderkoordinater er bestemt ved uttrykket:

$$dV = dA \cdot dz = r \cdot dr\, d\theta\, dz \tag{5.127}$$

Dette er volumet av legemet som ligger mellom to plan med avstand dz, og rett over en "polarrute" $[r, r + dr] \times [\theta, \theta + d\theta]$ med areal $dA = r \cdot dr\, d\theta$. I avsnitt 5.5.1 viste vi hvordan arealelementet dA framkom.

Da vi regnet med polarkoordinater, så vi at uttrykket $r = a$ var likningen for en sirkel med sentrum i origo og radius lik a. Videre så vi at uttrykket $\theta = \theta_0$ var likningen for den rette linja som dannet en vinkel θ_0 med den positive x-aksen.

Når vi regner med *sylinderkoordinater*, har disse uttrykkene en annen betydning:

- Uttrykket $r = a$ er en sylinderflate med akse langs z-aksen og radius a.
- Uttrykket $\theta = \theta_0$ er et plan som inneholder z-aksen, og som danner vinkelen θ_0 med den positive x-aksen.

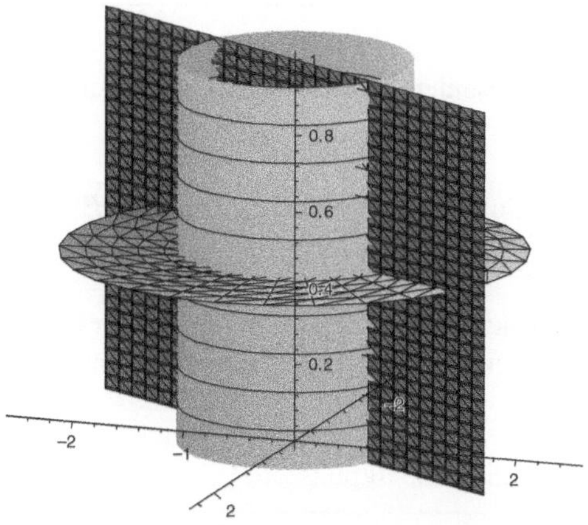

Figur 5.34 Figuren viser sylinderen $r = 1$, planet $\theta = \frac{\pi}{3}$ og planet $z = \frac{1}{2}$ tegnet i sylinderkoordinater.

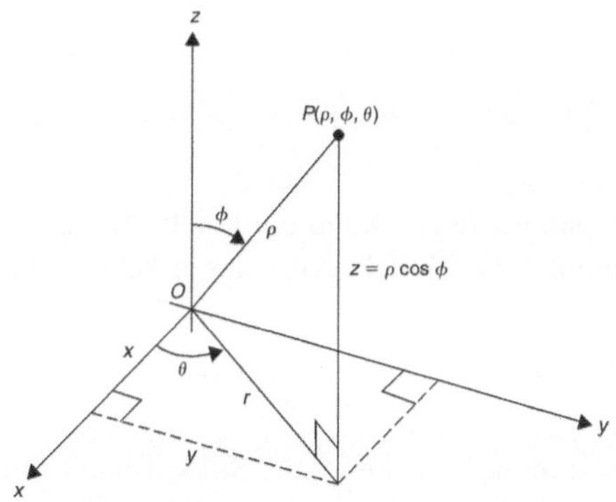

Figur 5.35 Når vi bruker kulekoordinater, blir et punkt P beskrevet ved talltrippelet (ρ, ϕ, θ) slik figuren viser.

Som for kartesiske koordinater er uttrykket $z = z_0$ et plan som er parallelt med xy-planet og som skjærer z-aksen i punktet $(0, 0, z_0)$.

I figur 5.34 har vi tegnet sylinderen $r = 1$, planet $\theta = \frac{\pi}{3}$ og planet $z = \frac{1}{2}$.

✓ Nøkkelkunnskap 5.13

Mål: Du skal kunne beskrive et legeme ved å bruke sylinderkoordinater.

En rett sylinder har radius 2 og høyde 3. Beskriv sylinderen i sylinderkoordinater.

Svar: $r = 2, 0 \leq \theta \leq 2\pi, 0 \leq z \leq 3$

5.9.2 Kulekoordinater

Når vi bruker **kulekoordinater**, beskriver vi et punkt P ved avstanden fra origo og to vinkler, slik som vist i figur 5.35.

DEFINISJON 5.8

Et punkt P i rommet representeres i **kulekoordinater** ved det ordnede talltrippelet (ρ, ϕ, θ) der

- ρ er avstanden mellom origo og punktet P: $\rho = |\overrightarrow{OP}|$
- ϕ er vinkelen mellom vektoren $\overrightarrow{OP}$ og z-aksen, der $0 \leq \phi \leq \pi$
- θ er vinkelen projeksjonen av vektoren $\overrightarrow{OP}$ ned i xy-planet danner med den positive x-aksen. Dette er altså den samme vinkelen som brukes i sylinderkoordinater.

Figur 5.35 viser kulekoordinatene til punktet P.

Vi kan regne om mellom kartesiske koordinater og kulekoordinater. Likningene som gjør oss i stand til å regne om, er:

$$x = \rho \sin\phi \cos\theta \qquad y = \rho \sin\phi \sin\theta \qquad z = \rho \cos\phi$$

$$\rho = \sqrt{x^2 + y^2 + x^2} \tag{5.128}$$

Når vi skal regne ut trippelintegraler i kulekoordinater, trenger vi et uttrykk for et volumelement. Volumelementet dV i kulekoordinater er bestemt ved uttrykket:

$$dV = \rho^2 \sin\phi \, d\rho \, d\phi \, d\theta \tag{5.129}$$

En litt upresis beskrivelse av dette volumet er: Stikk 4 nåler inn i en appelsin sånn at nålene møtes i sentrum av appelsinen. Avstanden mellom nålene skal være liten. Volumet dV er da volumet av den delen av appelsinskallet som ligger mellom de 4 nålene.

Som for sylinderkoordinater er det viktig å være klar over den geometriske betydningen av et uttrykk der en av kulekoordinatene settes lik en konstant. I kulekoordinater har likningen *koordinat* = *konstant* disse betydningene:

- Uttrykket $\rho = a$ beskriver alle punkter som har samme avstand a fra origo, det vil si kuleflata med sentrum i origo og radius a.
- Uttrykket $\phi = \phi_0$ beskriver alle punkter der vinkelen mellom z-aksen og vektoren $\overrightarrow{OP}$ er konstant. Dette er en kjegleflate med akse langs z-aksen og toppunkt i origo. Vinkelen kjegleflaten danner med z-aksen er ϕ_0, der $0 \leq \phi_0 \leq \pi$.
- Uttrykket $\theta = \theta_0$ beskriver alle punkter der vinkelen mellom projeksjonen av $\overrightarrow{OP}$ i xy-planet og x-aksen er konstant. Dette er et plan som danner vinkelen θ_0 med den positive x-aksen. Halvplanet er "hengslet" i z-aksen, det vil si at det strekker seg fra z-aksen og utover i retningen $\theta = \theta_0$.

I figur 5.36 har vi tegnet kuleflaten $r = 1$, kjegleflaten $\phi = \pi/3$ og planet $\theta = \pi/6$.

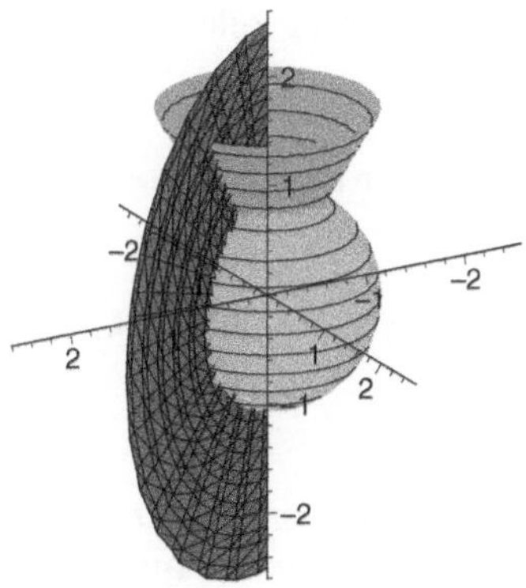

Figur 5.36 Figuren viser kula $r = 1$, kjeglen $\phi = \pi/3$ og planet $\theta = \pi/6$ tegnet i kulekoordinater.

✓ Nøkkelkunnskap 5.14

Mål: Du skal kunne beskrive et legeme ved å bruke kulekoordinater.

Ei halvkule har radius 2. Beskriv halvkula i kulekoordinater.

Svar: For eksempel $\rho = 2, 0 \leq \phi \leq \frac{\pi}{2},\ 0 \leq \theta \leq 2\pi$

5.9.3 Jacobideterminanten for sylinder- og kulekoordinater

Da vi regnet med dobbeltintegraler og polarkoordinater, så vi at vi kunne overføre et arealelement i kartesiske koordinater til et arealelement i polarkoordinater. Dette gjorde vi slik:

$$dx\,dy \to J(x, y, r, \theta)\,dr\,d\theta = r\,dr\,d\theta \tag{5.130}$$

der $J(x, y, r, \theta)$ er jacobideterminanten.

Vi kan overføre volumelementer fra tredimensjonale kartesiske koordinater til sylinder- og kulekoordinater ved å regne ut en jacobideterminant. Jacobideterminanten i et trippelintegral er en 3×3-determinant.

DEFINISJON 5.9

Hvis vi transformerer fra (x, y, z)-koordinater til (u, v, w)-koordinater, blir uttrykket for jacobideterminanten:

$$J = J(x, y, z, u, v, w) = \begin{vmatrix} \frac{\partial x}{\partial u} & \frac{\partial x}{\partial v} & \frac{\partial x}{\partial w} \\ \frac{\partial y}{\partial u} & \frac{\partial y}{\partial v} & \frac{\partial y}{\partial w} \\ \frac{\partial z}{\partial u} & \frac{\partial z}{\partial v} & \frac{\partial z}{\partial w} \end{vmatrix} = \begin{vmatrix} x_u & x_v & x_w \\ y_u & y_v & y_w \\ z_u & z_v & z_w \end{vmatrix} \tag{5.131}$$

Transformasjonslikningene til sylinder- og kulekoordinater blir:

Sylinderkoordinater:

$$dx\,dy\,dz \to J(x, y, z, r, \theta, z)\, r\, dr\, d\theta\, dz = r\, dr\, d\theta dz \tag{5.132}$$

Kulekoordinater:

$$dx\,dy\,dz \to J(x, y, z, \rho, \phi, \theta)\, dr\, d\phi\, d\theta = \rho^2 \sin\phi\, dr\, d\phi\, d\theta \tag{5.133}$$

✓ Nøkkelkunnskap 5.15

Mål: Du skal kunne regne ut jacobideterminanten for transformasjonen fra kartesiske koordinater til sylinder- og kulekoordinater.

Skriv opp og regn ut jacobideterminantene $J(x, y, z, r, \theta, z)$ og $J(x, y, z, \rho, \phi, \theta)$.

Svar: r, $\rho^2 \sin\phi$

5.10 Trippelintegral i sylinder- og kulekoordinater

Også når vi regner ut trippelintegraler i sylinder- og kulekoordinater, bruker vi metoden med *itererte integraler*. Hvis integrasjonsgrensene er kjent, starter vi med det innerste integralet og arbeider oss utover.

Hvis integrasjonsområdet er "beskrevet med ord", må vi "oversette" beskrivelsen sånn at vi kan bestemme integrasjonsgrensene. I avsnitt 5.6.4 gjennomgikk vi en metode for å bestemme integrasjonsgrenser i et trippelintegral i kartesiske koordinater. En tilsvarende metode kan vi også bruke når vi regner med sylinder- og kulekoordinater. Vi skal se nærmere på dette.

5.10.1 Trippelintegral i sylinderkoordinater

Anta at vi skal regne ut trippelintegralet $\iiint_T f(r, \theta, z)\, dV$ i sylinderkoordinater. Her er T et område i rommet, og f er en funksjon i sylinderkoordinater. Vi kaller "skyggen" av T i xy-planet R. Metoden vi bruker for å bestemme integrasjonsgrensene er (se figur 5.37):

1. Tegn en skisse av T og R.
2. For å bestemme integrasjonsgrensene for z-integralet, trekker vi en linje L som går gjennom R og er parallell med z-aksen. Når vi følger L oppover, er nedre z-grense der vi kommer inn i T, og øvre z-grense der vi går ut av T.
3. For å bestemme integrasjonsgrensene for r-integralet, trekker vi en linje M i xy-planet. Linja skal starte i origo, og skal gå gjennom "skyggen" R. Vi finner r-grensene ved å bestemme hvor M går inn i, og kommer ut av, området R.
4. For å bestemme θ-grensene, lar vi linja M "sveipe over" området R. Grensene for θ er de vinklene M danner med den positive x-aksen der linja kommer inn i, og går ut av, området R.

Vi skal se på et eksempel som illustrerer denne metoden.

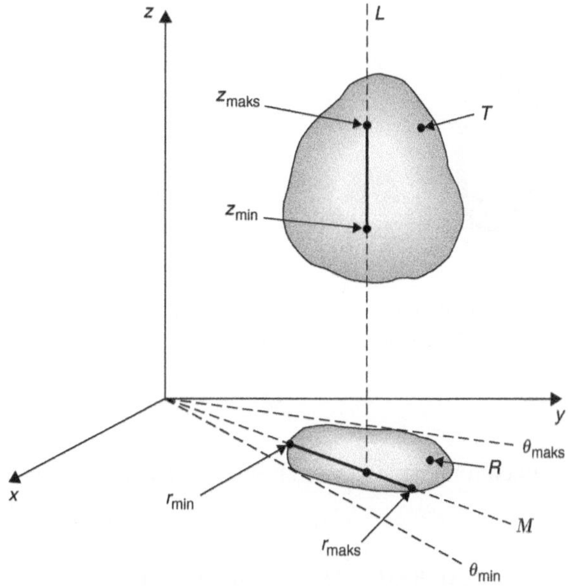

Figur 5.37 Figuren viser hvordan vi bestemmer grensene i et trippelintegral i sylinderkoordinater, se teksten i avsnitt 5.10.1.

Eksempel 101

Et legeme T er avgrenset av planet $z = 0$, sylinderen $(x-1)^2 + y^2 = 1$ og paraboloiden $z = x^2 + y^2$.

a. Bestem integrasjonsgrensene til trippelintegralet $\iiint_T f(r, \theta, z)\, dV$.

b. Regn ut trippelintegralet når $f(r, \theta, z) = 1$. Gi en geometrisk tolkning av svaret.

Løsning

a. Vi følger framgangsmåten vi har beskrevet:

1. Vi tegner først skisser av områdene T og R. Det er vist i figurene 5.38 og 5.39.
2. Vi trekker en linje L (ikke vist på figuren) gjennom R, parallelt med z-aksen. Denne skjærer legemet T i planet $z = 0$ og paraboloiden $z = x^2 + y^2$. Siden paraboloiden ligger over planet, er $0 \leq z \leq x^2 + y^2$. I sylinderkoordinater blir da

$$0 \leq z \leq r^2$$

3. Vi trekker en linje M fra origo og gjennom R. Dette er vist i figur 5.39. I sylinderkoordinater har denne linja likningen $\theta = konstant$. Vi bestemmer

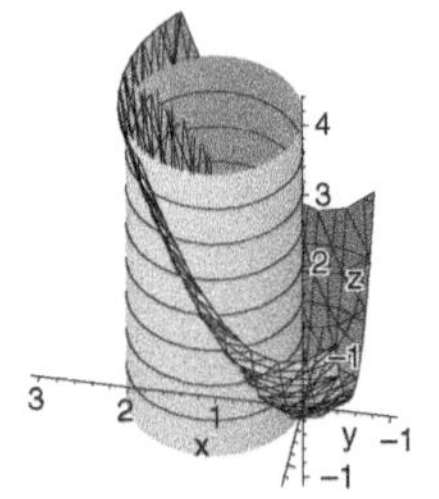

Figur 5.38 Figuren viser området T begrenset av planet $z = 0$, sylinderen $(x - 1)^2 + y^2 = 1$ og paraboloiden $z = x^2 + y^2$.

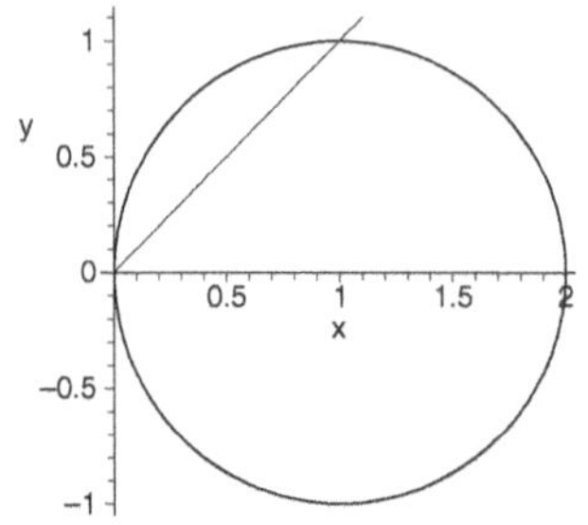

Figur 5.39 "Skyggen" av T i xy-planet dekker et område R. Vi trekker en linje gjennom R for å bestemme integrasjonsgrensene for r.

så likningen for sirkelen $(x - 1)^2 + y^2 = 1$ i sylinderkoordinater:

$$\begin{aligned} (x-1)^2 + y^2 &= 1 \\ (r\cos\theta - 1)^2 + (r\sin\theta)^2 &= 1 \\ r^2\cos^2\theta - 2r\cos\theta + 1 + r^2\sin^2\theta &= 1 \\ r^2 - 2r\cos\theta &= 0 \\ r &= 2\cos\theta \end{aligned} \tag{5.134}$$

Linja $\theta = konstant$ skjærer altså sirkelen når $r = 2\cos\theta$. Det betyr at

$$0 \le r \le 2\cos\theta$$

($r = 0$ er også en løsning, men dette svarer til punktet (0, 0), og er ikke av interesse i vår sammenheng.)

4. Linja M, det vil si linja $\theta = konstant$, skal trekkes sånn at den "sveiper over" området R. Fra figur 5.39 ser vi at da må

$$-\frac{\pi}{2} \le \theta \le \frac{\pi}{2}$$

Vi har nå bestemt integrasjonsgrensene. Når vi også vet at $dV = r\,dr\,d\theta\,dz$, kan skrive opp integralet:

$$\int_{\theta=-\frac{\pi}{2}}^{\frac{\pi}{2}} \int_{r=0}^{2\cos\theta} \int_{z=0}^{r^2} f(r, \theta, z)\, r\, dz\, dr\, d\theta \tag{5.135}$$

b. Siden $f(r, \theta, z) = 1$, skal vi regne ut integralet

$$\int_{\theta=-\frac{\pi}{2}}^{\frac{\pi}{2}} \int_{r=0}^{2\cos\theta} \int_{z=0}^{r^2} 1 \cdot r\, dz\, dr\, d\theta \tag{5.136}$$

Vi regner ut dette som et iterert integral, og starter "innerst" med z-integralet:

$$\begin{aligned} I &= \int_{\theta=-\frac{\pi}{2}}^{\frac{\pi}{2}} \int_{r=0}^{2\cos\theta} \int_{z=0}^{r^2} 1 \cdot r\, dz\, dr\, d\theta \\ &= \int_{\theta=-\frac{\pi}{2}}^{\frac{\pi}{2}} \int_{r=0}^{2\cos\theta} [rz]_{z=0}^{r^2}\, dr\, d\theta = \int_{\theta=-\frac{\pi}{2}}^{\frac{\pi}{2}} \int_{r=0}^{2\cos\theta} r^3\, dr\, d\theta \\ &= \int_{\theta=-\frac{\pi}{2}}^{\frac{\pi}{2}} \left[\frac{1}{4}r^4\right]_{r=0}^{2\cos\theta} = \int_{\theta=-\frac{\pi}{2}}^{\frac{\pi}{2}} 4\cos^4\theta\, d\theta \\ &= \left[\cos^3\theta\sin\theta + \frac{3}{2}\cos\theta\sin\theta + \frac{3}{2}\theta\right]_{\theta=-\frac{\pi}{2}}^{\frac{\pi}{2}} = \frac{3\pi}{2} \end{aligned} \tag{5.137}$$

Det ubesteme integralet $\int 4\cos^4\theta\, d\theta$ kan beregnes ved delvis integrasjon, ved å bruke tabell eller ved å bruke dataverktøy.

Vi har nå regnet ut integralet $\iiint_T 1\, dV$. Verdien av integralet svarer til volumet av legemet T. ■

✓ Nøkkelkunnskap 5.16

Mål: Du skal kunne bestemme integrasjonsgrensene til et trippelintegral i sylinderkoordinater.

Skriv opp integrasjonsgrensene når vi skal integrere over en sylinder med radius 2 og høyde 3.

Svar: $0 \le r \le 2, 0 \le \theta \le 2\pi, 0 \le z \le 3$

5.10.2 Trippelintegral i kulekoordinater

Anta at vi skal regne ut trippelintegralet $\iiint_T f(\rho, \phi, \theta)\, dV$ i kulekoordinater. Her er T et område i rommet, og f er en funksjon i kulekoordinater. Vi kaller "skyggen" av T i xy-planet R. Metoden vi bruker for å bestemme integrasjonsgrensene er (se figur 5.40):

1. Tegn en skisse av T og R.
2. For å bestemme integrasjonsgrensene for ρ-integralet, trekker vi en linje L fra origo gjennom T. Linja danner en vinkel ϕ med z-aksen. Projeksjonen av L ned i xy-planet kaller vi M. Linja M danner vinkelen θ med den positive x-aksen.

   Vi finner grensene for ρ-integralet ved å bestemme hvor linja L går inn i T, og hvor den kommer ut av T, mens vi holder ϕ og θ konstante.
3. For å bestemme integrasjonsgrensene for ϕ-integralet, lar vi linja L "sveipe gjennom" området T mens vi sørger for at vinkelen θ hele tiden er den samme.

   Vi finner grensene for ϕ-integralet ved å bestemme hvor linja L sveiper inn i området T, og hvor den sveiper ut av T.
4. For å bestemme grensene for θ-integralet lar vi linja M sveipe over "skyggen" R i xy-planet.

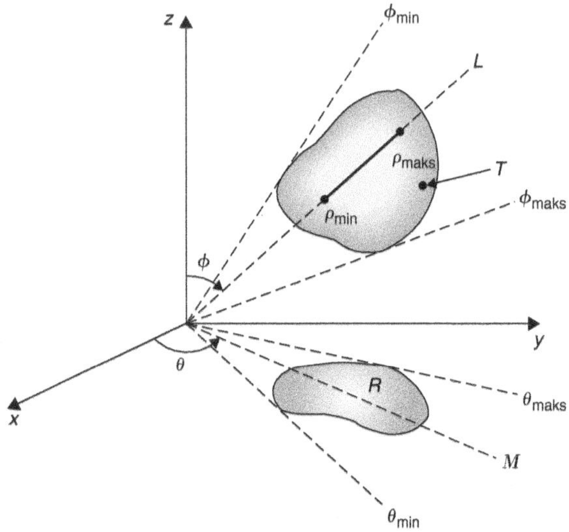

Figur 5.40 Figuren viser hvordan vi bestemmer grensene i et trippelintegral i sylinderkoordinater, se teksten i avsnitt 5.10.2

Vi finner grensene for θ-integralet ved å bestemme hvor linja M sveiper inn i området R, og hvor den sveiper ut av R.

Vi skal se på et eksempel som illustrerer denne metoden.

Eksempel 102

Et legeme T er avgrenset av kuleflaten $\rho = 1$ og kjegleflaten $\phi = \frac{\pi}{6}$, slik at $0 \leq \phi \leq \frac{\pi}{6}$.

a. Bestem integrasjonsgrensene til trippelintegralet $\iiint_T f(r, \phi, \theta)\, dV$.
b. Regn ut trippelintegralet når $f(\rho, \phi, \theta) = 1$. Gi en geometrisk tolkning av svaret.

Løsning

a. Vi følger framgangsmåten slik vi har beskrevet:
   1. Vi tegner først skisser av områdene T og R. Dette er vist i figur 5.41.
   2. Vi trekker en linje L fra origo gjennom legemet T. Kjeglen har toppunkt i origo, og derfor starter L inne i T. Linja kommer ut av T når den går gjennom kuleflaten. Det betyr at:

$$0 \leq \rho \leq 1$$

   3. Vi holder θ konstant, og lar L sveipe gjennom T. Vi starter "sveipet" med å la L ligge langs z-aksen. Så øker vi vinkelen ϕ. Linja kommer ut av T når den passerer kjegleflaten. Det betyr at:

$$0 \leq \phi \leq \frac{\pi}{6}$$

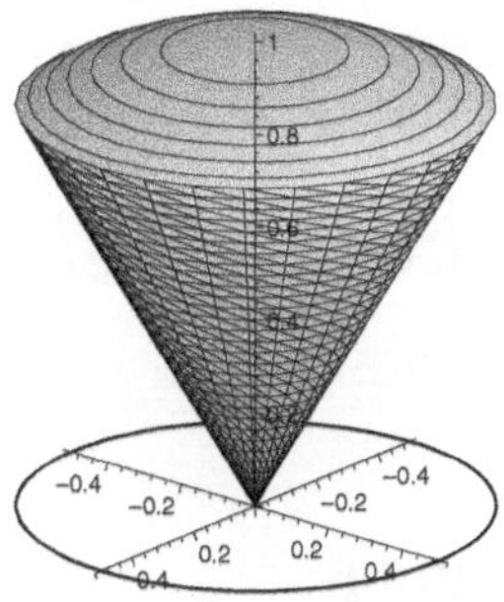

Figur 5.41 Figuren viser legemet T avgrenset av kuleflaten $\rho = 1$ og kjegleflaten $\phi = \pi/6$, se eksempel 102. Sirkelen i xy-planet er grensen for "skyggen" R av T.

4. Skyggen R av T i xy-planet er en sirkel. Det betyr at vi må la linja M sveipe én gang rundt for å dekke hele R. Det betyr at:

$$0 \leq \theta \leq 2\pi$$

Vi har nå bestemt integrasjonsgrensene. Når vi også vet at $dV = \rho^2 \sin\phi\, d\rho\, d\phi\, d\theta$, kan vi skrive opp integralet:

$$\int_{\theta=0}^{2\pi} \int_{\phi=0}^{\frac{\pi}{6}} \int_{\rho=0}^{1} f(\rho, \phi, \theta)\rho^2 \sin\phi\, d\rho\, d\phi\, d\theta \tag{5.138}$$

b. Siden $f(r, \phi, \theta) = 1$, skal vi regne ut integralet

$$\int_{\theta=0}^{2\pi} \int_{\phi=0}^{\frac{\pi}{6}} \int_{\rho=0}^{1} 1 \cdot \rho^2 \sin\phi\, d\rho\, d\phi\, d\theta \tag{5.139}$$

Vi regner ut dette som et iterert integral, og starter "innerst" med z-integralet:

$$\begin{aligned} I &= \int_{\theta=0}^{2\pi} \int_{\phi=0}^{\frac{\pi}{6}} \int_{\rho=0}^{1} 1 \cdot \rho^2 \sin\phi\, d\rho\, d\phi\, d\theta \\ &= \int_{\theta=0}^{2\pi} \int_{\phi=0}^{\frac{\pi}{6}} \left[\frac{1}{3}\rho^3\right]_{\rho=0}^{1} \sin\phi\, d\phi\, d\theta = \frac{1}{3}\int_{\theta=0}^{2\pi} \int_{\phi=0}^{\frac{\pi}{6}} \sin\phi\, d\phi\, d\theta \\ &= \frac{1}{3}\int_{\theta=0}^{2\pi} [-\cos\phi]_{\phi=0}^{\frac{\pi}{6}} = \frac{1}{3}\int_{\theta=0}^{2\pi} \left(1 - \frac{\sqrt{3}}{2}\right) d\theta \\ &= \frac{1}{3}\left[\left(1 - \frac{\sqrt{3}}{2}\right)\theta\right]_0^{2\pi} = \frac{2\pi}{3} - \frac{\pi\sqrt{3}}{3} \end{aligned} \tag{5.140}$$

Vi har nå regnet ut $\iiint_T 1 \cdot dV$. Dette svarer til volumet av legemet T. ■

✓ Nøkkelkunnskap 5.17

Mål: Du skal kunne bestemme integrasjonsgrensene til et trippelintegral i kulekoordinater.

Skriv opp integrasjonsgrensene når vi skal integrere over ei kule med radius 3.

Svar: $0 \leq \rho \leq 3, 0 \leq \pi \leq \pi, 0 \leq \theta \leq 2\pi$

5.11 Oppgaver til kapittel 5

Oppgaver til avsnitt 5.2

Oppgave 1

Ta utgangspunkt i det du vet om "det bestemte integralet som grense for en sum" (riemannsum), og generaliser dette til å gjelde beregning av dobbeltintegral.

Oppgave 2

Skriv 15–20 linjer der du diskuterer likheter og forskjeller mellom *dobbeltintegral* og *kurveintegral* av et skalarfelt med to variable.

Oppgaver til avsnitt 5.3

Oppgave 1

Regn ut integralene:

a. $\int_{y=0}^{1} \int_{x=0}^{1} (x + y)\, dx\, dy$

b. $\int_{y=0}^{1} \int_{x=0}^{1} xy\, dx\, dy$

c. $\int_{x=0}^{1} \int_{y=0}^{1} xy\, dy\, dx$

d. $\int_{y=1}^{2} \int_{x=0}^{2} (x^2 + 2y)\, dx\, dy$

e. $\int_{x=0}^{1} \int_{y=0}^{1} e^{x+y}\, dy\, dx$

f. $\int_{y=0}^{\pi} \int_{x=0}^{2\pi} (\sin x + \cos y)\, dx\, dy$

Oppgave 2

Området $R = [a, b] \times [c, d\,]$ er rektangelet i xy-planet der $a \leq x \leq b$ og $c \leq y \leq d$.

Tegn området R, og regn ut $\iint_R f(x, y)\, dx\, dy$ og $\iint_R f(x, y)\, dy\, dx$ for følgende funksjoner og områder:

a. $f(x, y) = 3x^2 + xy - y^3, \quad R = [0, 1] \times [0, 1]$

b. $f(x, y) = \cos(x + y), \quad R = [0, \pi] \times \left[0, \frac{\pi}{2}\right]$

c. $f(x, y) = e^{3x+y}, \quad R = [-1, 2] \times [-1, 1]$

d. $f(x, y) = xe^{x^2+y}, \quad R = [-1, 1] \times [-1, 1]$

Oppgave 3

Skisser integrasjonsområdene R:

a. $R = [1, 3] \times [-2, 2]$.

b. Området R er trekanten med hjørner i punktene $(0, 1)$, $(2, 1)$ og $(2, 2)$.

c. Området R er trekanten med hjørner i punktene $(1, 0)$, $(2, 1)$ og $(1, 3)$.

d. Området R er avgrenset av grafene til funksjonene $f(x) = x^2$ og $g(x) = x^3$.

e. Området R er avgrenset av y-aksen og grafene til funksjonene $f(x) = \sin x$ og $g(x) = \cos x$, og slik at $x \geq 0$.

f. Området R er avgrenset av grafene til funksjonene $f(x) = e^x$ og $g(x) = e^{-x}$ og linja $x = 1$.

Oppgave 4
Skriv opp grensene på integralene $\iint_R f(x, y)\, dy\, dx$ og $\iint_R f(x, y)\, dx\, dy$ der R er områdene i oppgave 3, og f er en integrerbar funksjon.

Oppgave 5
Skisser integrasjonsområdene:

a. $\int_{x=0}^{1} \int_{y=-1}^{1} f(x, y)\, dy\, dx$

b. $\int_{x=0}^{1} \int_{y=0}^{x} f(x, y)\, dy\, dx$

c. $\int_{x=0}^{1} \int_{y=x}^{\sqrt{x}} f(x, y)\, dy\, dx$

d. $\int_{y=0}^{1} \int_{x=0}^{y} f(x, y)\, dx\, dy$

e. $\int_{y=0}^{1} \int_{x=0}^{\sqrt{y}} f(x, y)\, dx\, dy$

f. $\int_{y=0}^{1} \int_{x=\sqrt{y}}^{1} f(x, y)\, dx\, dy$

Oppgave 6
Regn ut dobbeltintegralene:

a. $\int_{y=0}^{1} \int_{x=0}^{y} xy\, dx\, dy$

b. $\int_{x=1}^{2} \int_{y=x}^{x^2} xy\, dy\, dx$

Oppgave 7
Et dobbeltintegral er gitt ved uttrykket:

$$\int_{y=0}^{1} \int_{x=0}^{\sqrt{y}} (2x + 3xy)\, dx\, dy$$

a. Skisser integrasjonsområdet.

b. Regn ut dobbeltintegralet.

Oppgaver til avsnitt 5.4

Oppgave 1
Gi en tolkning av svaret i spørsmål b i oppgave 7 i avsnitt 5.3.

Oppgave 2

a. Regn ut arealet av flaten som er avgrenset av grafene til funksjonene $f(x) = x$ og $g(x) = \sqrt{x}$ ved å regne ut et dobbeltintegral.

b. Regn ut arealet av trekanten med hjørner i punktene (1, 1), (2, 3) og (0, 4) ved å regne ut et dobbeltintegral.

Oppgave 3
Regn ut volumet av legemet som er begrenset av flaten $z = x^3 + y^3 + 2$ og som ligger rett over trekanten med hjørner i punktene (0, 0), (2, 0) og (0, 2).

Oppgave 4

a. Tegn en skisse av legemet som er begrenset av flatene:

$$x = 1, \ y = 0, \ y = 1, \ z = 0, \ z = x$$

b. Regn ut volumet av legemet ved å regne ut et dobbeltintegral. Kontroller at svaret stemmer.

Oppgave 5
Et legeme er avgrenset av flatene:

$$y = 0, \ y = 1, \ z = x^2, \ z = x$$

Regn ut volumet av legemet ved å regne ut et dobbeltintegral.

Oppgave 6
En flate R i xy-planet er avgrenset av x-aksen, linjene $x = a$ og $x = b$ og grafen til funksjonen $f(x)$, $f(x) > 0$. Arealet av R kan regnes ut både ved å beregne et "vanlig" integral og ved å regne ut et dobbeltintegral.
Gjør rede for disse metodene. Hvilke sammenheng er det mellom dem?

Oppgave 7
Gjør kort rede for egenskaper til dobbeltintegraler. Illustrer med figurer.

Oppgaver til avsnitt 5.5

Oppgave 1
Skriv en kort "bruksanvisning" som forklarer hvordan du kan gå fram for å bestemme integrasjonsgrenser i dobbeltintegraler. Ta for deg integraler i både kartesiske koordinater og polarkoordinater. La en annen student lese bruksanvisningen din for å sjekke at den fungerer etter hensikten.

Oppgave 2
Overfør integralene $\iint_R f(x, y)dA$ til polarkoordinater. Regn deretter ut integralene.

a. $\iint_R (x^2 + y^2)\, dA$ der R er halvsirkelen $x^2 + y^2 = 4, \ y \geq 0$.
b. $\iint_R (x + y)\, dA$ der R er halvsirkelen $x^2 + y^2 = 1, \ x \geq 0$.

Oppgave 3
Området R er definert i polarkoordinater. Skisser områdene R beskrevet nedenfor. (Her betyr $R = [r_1, r_2] \times [\theta_1, \theta_2]$ området der $r_1 \leq r \leq r_2, \ \theta_1 \leq \theta \leq \theta_2$.)

a. $R = [0, 1] \times [0, \pi]$
b. $R = [0, 1] \times \left[\frac{\pi}{4}, \frac{3\pi}{4}\right]$
c. $R = [0, 2] \times \left[\frac{\pi}{2}, 2\pi\right]$
d. Området $0 \leq r \leq 2, \ 0 \leq \theta \leq \pi$.
e. Området $0 \leq r \leq 1, \ -\pi \leq \theta \leq \frac{\pi}{2}$.
f. Området $1 \leq r \leq 2, \ 0 \leq \theta \leq 2\pi$.

Oppgave 4
Skisser integrasjonsområdene. Regn ut dobbeltintegralene:

a. $\int_{\theta=0}^{\pi} \int_{r=0}^{2} r \, dr \, d\theta$
b. $\int_{\theta=0}^{\pi} \int_{r=0}^{\theta} 2r \, dr \, d\theta$

Oppgave 5
Regn ut integralet $\iint_R (x^2 + y^2)\, dA$ ved å overføre det til polarkoordinater når R er:

a. sirkelen med sentrum i origo og radius 2.
b. området i første kvadrant begrenset av linjene $y = x$, $x = 0$ og sirkelen $x^2 + y^2 = 4$.

Oppgave 6
Et område R er begrenset av de to halvsirklene $x^2 + y^2 = 1,\ y \geq 0$ og $x^2 + y^2 = 4,\ y \geq 0$, og av x-aksen.

a. Tegn området R. Beskriv området ved hjelp av polarkoordinater.
b. Regn ut arealet av området ved å regne ut et integral i polarkoordinater. Kontroller at svaret er riktig ved å bruke den kjente formelen for arealet av en sirkel.
c. Regn ut integralet $\iint_R 3xy^2\, dA$ i polarkoordinater. Gi en geometrisk tolkning av svaret.

Oppgave 7
Tegn figurer som viser integrasjonsområdet. Regn ut $\iint_R f(x, y)\, dA$ i polarkoordinater.

a. $\iint_R h\, dA$ der h er en konstant. Området R er en sirkel med radius a som ligger i xy-planet og har sentrum i origo. Kommenter svaret.
b. $\iint_R (x^2 + y^2)\, dA$ der R er sirkelskiven med sentrum i origo og radius 1.
c. $\iint_R \sin(x^2 + y^2)\, dA$ der R er flaten som ligger innenfor området begrenset av kurven $x^2 + y^2 = \pi$ og x-aksen.

Oppgave 8

a. Vis at halvsirkelen $(x - 1)^2 + y^2 = 1,\quad y \geq 0$ er beskrevet ved likningen $r = 2\cos\theta,\quad 0 \leq \theta \leq \frac{\pi}{2}$ i polarkoordinater. Tips: Sett inn $x = r\cos\theta$ og $y = r\sin\theta$ i sirkellikningen.
b. Vis at arealet av halvsirkelen er bestemt ved dobbeltintegralet

$$\int_{\theta=0}^{\frac{\pi}{2}} \int_{r=0}^{2\cos\theta} r\, dr\, d\theta$$

c. Regn ut dobbeltintegralet, og kontroller at svaret stemmer.

Oppgave 9
Figur 5.42 viser grafen til polarkurven $r = \theta,\ 0 \leq \theta \leq \pi$.
Regn ut arealet av området begrenset av polarkurven og x-aksen.

Oppgave 10

a. Regn ut arealet innenfor polarkurven $r = \sqrt{1 - \cos\theta}$, se figur 5.43.
b. Regn ut arealet av området som er begrenset av polarkurven $r = 2 - \cos\theta$ og linjene $y = 0$ og $y = x$ i første kvadrant, se figur 5.44.

Oppgave 11
Grafen til funksjonen $f(x, y) = 4 - x^2 - y^2$ og planet $z = 0$ avgrenser et legeme T. Regn ut volumet av T ved å regne ut et dobbeltintegral i polarkoordinater.

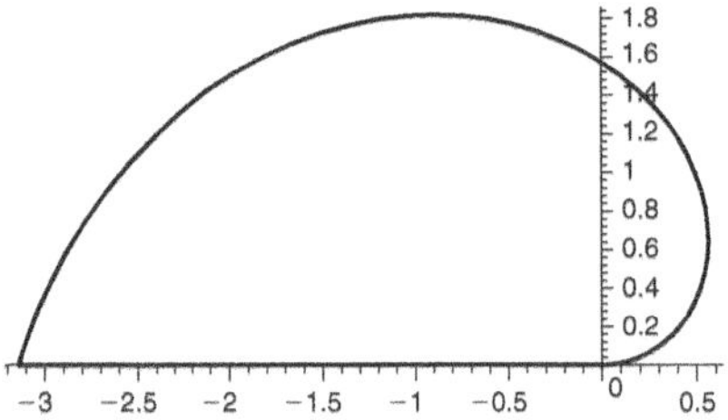

Figur 5.42 Grafen til polarkurven $r = \theta,\ 0 \leq \theta \leq \pi$, se oppgave 9.

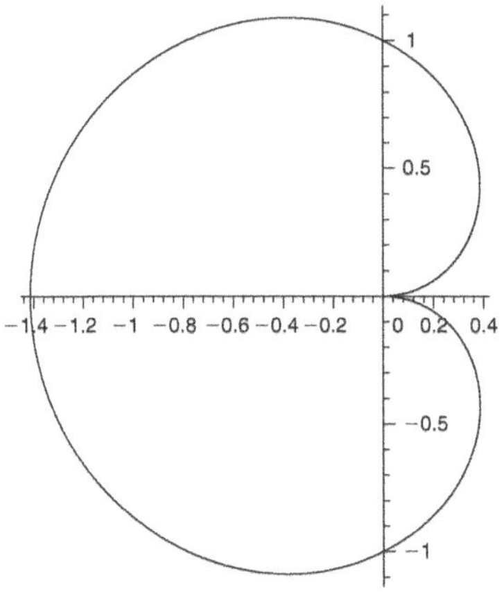

Figur 5.43 Polarkurven $r = \sqrt{1 - \cos\theta}$, se oppgave 10.

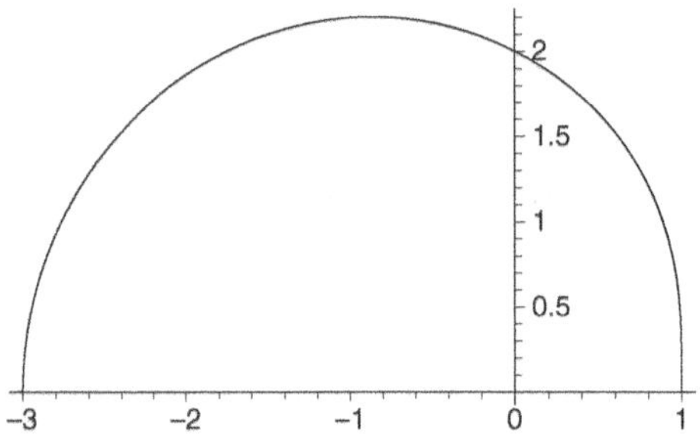

Figur 5.44 Polarkurven $r = 2 - \cos\theta$, her tegnet for $0 \leq \theta \leq \pi$, se oppgave 10.

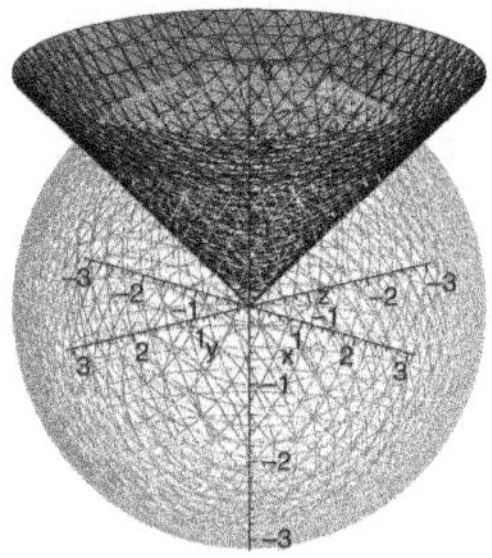

Figur 5.45 Figur til oppgave 12.

Oppgave 12

I oppgavene nedenfor er det definert et område S i rommet.
Regn ut volumet av S ved å beregne et dobbeltintegral i polarkoordinater.

a. Området S er ei kule med radius a.
b. Området S er begrenset av grafene til $z = x^2 + y^2$ og $z = 12 - 2x^2 - 2y^2$.
c. Området S er begrenset av kuleflaten $x^2 + y^2 + z^2 = 9$ og kjeglen $z = \sqrt{x^2 + y^2}$, se figur 5.45

Oppgave 13

Sylinderen $x^2 + y^2 = 4$ blir skåret over av to plan: $z_1 = x + y$ og $z_2 = -x + 2y + 12$. Regn ut volumet av legemet som ligger innenfor sylinderen og mellom de to planene.

Oppgave 14

Paraboloiden $z = 9 - x^2 - y^2$ blir skåret over av de to planene $z = 0$ og $z = 1$. Regn ut volumet av det legemet som ligger mellom disse planene.

Oppgave 15

Paraboloiden $z_1 = 9 - x^2 - y^2$ blir skåret over av planet $z_2 = x + 3$. Når vi skal regne ut volumet V av legemet som ligger mellom de to flatene, må vi regne ut integralet $\iint_R (z_1 - z_2)\, dA$.

a. Vis at området R er sirkelen $\left(x + \frac{1}{2}\right)^2 + y^2 = \frac{25}{4}$.

b. Vis at integralet vi må regne ut for å bestemme V er

$$V = \int_{\theta=0}^{2\pi} \int_{r=0}^{-\cos\theta + \sqrt{\cos^2\theta + 24}} (6r - r^2\cos\theta - r^3)\, dr\, d\theta$$

når vi regner i polarkoordinater. Ikke regn ut integralet!

Oppgave 16

Nedenfor er det skrevet opp noen integraler i kartesiske koordinater.
Tegn figurer som viser integrasjonsområdet R.
Regn ut $\iint_R f(x, y)\, dA$ ved å overføre integralene til integraler i polarkoordinater.

a. $\int_{x=0}^{1} \int_{y=0}^{\sqrt{1-x^2}} \sin(x^2 + y^2)\, dy\, dx$

b. $\int_{y=0}^{3} \int_{x=0}^{\sqrt{9-y^2}} (x^2 + y^2)^{\frac{3}{2}}\, dx\, dy$

c. $\int_{x=0}^{1} \int_{y=x}^{\sqrt{2-x^2}} e^{x^2+y^2}\, dy\, dx$

Oppgave 17

Regn ut jacobideterminanten til transformasjonene:

a. Fra kartesiske koordinater til polarkoordinater.

b. Fra (x, y) til (u, v) når $x = 2u - v,\ \ y = u + 3v$.

Oppgaver til avsnitt 5.6

Oppgave 1

Regn ut integralene:

a. $\int_{z=0}^{1} \int_{y=0}^{1} \int_{x=0}^{1} (x + y + z)\, dx\, dy\, dz$

b. $\int_{z=0}^{1} \int_{y=0}^{1} \int_{x=0}^{1} (xyz)\, dx\, dy\, dz$

c. $\int_{z=0}^{1} \int_{y=1}^{2} \int_{x=2}^{3} (2x + 3y + 4z)\, dx\, dy\, dz$

d. $\int_{x=0}^{1} \int_{y=0}^{2} \int_{z=0}^{3} xyz\, dz\, dy\, dx$

e. $\int_{x=0}^{1} \int_{y=0}^{x} \int_{z=0}^{x+y+1} (x + 1)\, dz\, dy\, dx$

Oppgave 2

Regn ut trippelintegralene $\iiint_T f(x, y, z)\, dV$ over de rektangulære boksene T:

a. $f(x, y, z) = xyz,\quad T = [0, 1] \times [0, 1] \times [0, 3]$

b. $f(x, y, z) = x,\quad T = [-1, 1] \times [0, 1] \times [\pi, 2\pi]$

c. $f(x, y, z) = x + y + z,\quad T = [0, 1] \times [0, 1] \times [0, 1]$

Oppgave 3

a. Regn ut volumet av en rettvinklet boks med sidekanter som har lengder 2, 3 og 4 enheter. Sideflatene er parallelle med koordinataksene. Bruk hoderegning.

b. Regn ut volumet av en rettvinklet boks med sidekanter som har lengder 2, 3 og 4 enheter. Sideflatene er parallelle med koordinataksene. Bruk dobbeltintegral.
c. Regn ut volumet av den samme boksen som i spørsmål a og b ved å bruke trippelintegral.

Oppgave 4
Skriv en kort "bruksanvisning" for hvordan du kan gå fram for å bestemme integrasjonsgrenser i trippelintegraler i kartesiske koordinater. La en annen student lese bruksanvisningen din for å sjekke at den fungerer etter hensikten.

Oppgave 5
Vi lar f være en integrerbar funksjon. Vi ønsker å beregne integralet $\iiint_T f\,dV$ for forskjellige integrasjonsområder T.
Tegn skisser av integrasjonsområdene T.
Skriv opp grensene på integralet $\iiint_T f\,dV$ når området T er:

a. et rett, firkantet prisme med hjørnene i grunnflaten i punktene (0, 0), (1, 0), (1, 1) og (0, 1), og med høyde 2.
b. et rett, trekantet prisme med hjørnene i grunnflaten i punktene (0, 0), (1, 0) og (1, 1), og med høyde 2.
c. legemet avgrenset av planene $z = 0$, $z = -y + 1$, $x = 0$, $x = 1$ og $y = 0$.
d. legemet avgrenset av flaten $z = 4 - x^2 - y^2$ og planet $z = 0$.
e. legemet avgrenset av sylinderen $(x - 1)^2 + z^2 = 1$ og planene $y = 0,\ y = 2$ og $z = 0$, og slik at $z \geq 0$.
f. halvkula $x^2 + y^2 + z^2 = 1,\ z \geq 0$.

Oppgave 6
Et område T i rommet er begrenset av planene $x = 0,\ y = 0$ og $z = 0$, og av planet $x + 2y + 3z = 6$.

a. Vis at planet $x + 2y + 3z = 6$ skjærer koordinataksene i punktene (6, 0, 0), (0, 3, 0) og (0, 0, 2).
b. Tegn en skisse av T.
c. Tegn en figur som viser T's "skygge" i xy-planet.
d. Regn ut volumet av T ved å beregne trippelintegralet $\iiint_T dz\,dy\,dx$.

Oppgave 7
En trekantet pyramide T har hjørner i punktene (0, 0, 0), (1, 0, 0), (0, 2, 0) og (0, 0, 3). Skriv opp grensene på trippelintegralene

$$\iiint_T f(x, y, z)\,dz\,dy\,dx, \quad \iiint_T f(x, y, z)\,dy\,dx\,dz \text{ og } \iiint_T f(x, y, z)\,dx\,dy\,dz$$

Hjelp: Planet som danner "fronten" på pyramiden har likning $6x + 3y + 2z = 6$.

Oppgave 8
Regn ut volumet av legemet som er avgrenset av planene $x = 0, x = 1, y = 0, y = 2, z = 0$ og $z = 4 - y$ ved å regne ut et trippelintegral.

Oppgave 9
Regn ut volumet av legemet som er avgrenset av planene $x = 0, x = 1, y = 1, y = 2,$ $z = 3 - 2x$ og $z = 5 + x$ ved å regne ut et trippelintegral.

Oppgave 10
Regn ut volumet av legemet som er avgrenset av planene $x = 0, y = 0, y = -x + 1,$ $z = 0$ og $z = 4 - y$ ved å regne ut et trippelintegral.

Oppgave 11
Et område T er avgrenset av planene $y = 0,\ z = 0,\ z = y + 2$ og flaten $y = -x^2 + 4$.

a. Regn ut volumet av T ved å regne ut et trippelintegral.
b. Regn ut massen til T når tettheten er $\rho(x, y, z) = z + 1$.

Oppgaver til avsnitt 5.7

Oppgave 1
Gjør rede for hvordan man kan regne ut volumer ved å beregne et trippelintegral.

Oppgave 2
Vi kan regne ut volumer av legemer både ved å regne ut dobbelt- og trippelintegraler. Forklar hva uttrykket nedenfor betyr:

$$\iiint_T dV = \iint_R (z_2 - z_1)\, dA$$

Hva kan du si om integrasjonsgrensene i trippelintegralet?

Oppgaver til avsnitt 5.8

Oppgave 1
Vi kan regne ut volumet av en sylinder og ei kule ved å beregne et integral av en funksjon med én variabel dersom vi bruker et hensiktsmessig uttrykk for volumelementet dV. Gjør rede for dette.
Gjør også rede for hvilke egenskaper funksjonen f må ha for at vi skal kunne regne ut $\int f dV$ med disse volumelementene.

Oppgaver til avsnitt 5.9

Oppgave 1

a. Et punkt P har koordinater $(1, \frac{\pi}{3}, 2)$ i sylinderkoordinater. Bestem P's kartesiske koordinater.
b. Et punkt P har koordinater $(2, \frac{2\pi}{3}, \frac{\pi}{6})$ i kulekoordinater. Bestem P's kartesiske koordinater.
c. Et punkt P har koordinater $(1, 1, 1)$ i kartesiske koordinater. Bestem P's sylinderkoordinater.
d. Et punkt P har koordinater $(1, 1, 1)$ i kartesiske koordinater. Bestem P's kulekoordinater.

Oppgave 2
Beskriv området T definert i sylinder- eller kulekoordinater:

a. $0 \leq r \leq 1,\ \ 0 \leq \theta \leq 2\pi,\ \ 0 \leq z \leq 1$
b. $0 \leq r \leq 1,\ \ 0 \leq \theta \leq 2\pi,\ \ 0 \leq z \leq r^2$
c. $0 \leq \rho \leq 1,\ \ 0 \leq \phi \leq \frac{\pi}{2},\ \ 0 \leq \theta \leq 2\pi$
d. $0 \leq \rho \leq 2,\ \ 0 \leq \phi \leq \frac{\pi}{3},\ \ 0 \leq \theta \leq \pi$

Oppgave 3

a. Skriv opp sammenhengen mellom kartesiske koordinater og polarkoordinater. Regn ut jacobideterminanten for overgangen fra kartesiske koordinater til polarkoordinater.
b. Skriv opp sammenhengen mellom kartesiske koordinater og sylinderkoordinater. Regn ut jacobideterminanten for overgangen fra kartesiske koordinater til sylinderkoordinater.
c. Skriv opp sammenhengen mellom kartesiske koordinater og kulekoordinater. Regn ut jacobideterminanten for overgangen fra kartesiske koordinater til kulekoordinater.

Oppgaver til avsnitt 5.10

Oppgave 1

a. Beskriv området T definert ved $0 \leq r \leq 1,\ \ 0 \leq \theta \leq 2\pi,\ \ 0 \leq z \leq r^2$.
b. Regn ut trippelintegralet $\int_{\theta=0}^{2\pi} \int_{r=0}^{1} \int_{z=0}^{r^2} r\, dz\, dr\, d\theta$. Kommenter svaret.

Oppgave 2
Bestem integrasjonsgrensene i trippelintegralet $\iiint_T f(r, \theta, z)\, dV$ i sylinderkoordinater, når T er området over planet $z = 0$, innenfor sylinderen $x^2 + (y-1)^2 = 1$ og under grafen til funksjonen $z = x^2 + y^2$.

Oppgave 3
Regn ut volumet av legemet som avgrenses av paraboloidene $z = r^2$ og $z = 12 - 2r^2$ ved å regne ut et trippelintegral i sylinderkoordinater.

Oppgave 4

a. Beskriv området T definert ved $0 \leq \rho \leq a,\ \ 0 \leq \phi \leq \pi,\ \ 0 \leq \theta \leq \pi$.
b. Regn ut trippelintegralet $\int_{\phi=0}^{\pi} \int_{\theta=0}^{\pi} \int_{\rho=0}^{a} \rho^2 \sin\phi\, d\rho\, d\theta\, d\phi$. Kommenter svaret.

Oppgave 5
Regn ut volumet av T ved å integrere i kulekoordinater:

a. T er "iskremen" som er begrenset av kjeglen $\phi = \frac{1}{4}\pi$ og kula med radius 1 og sentrum i origo.
b. T er begrenset av kjeglen $z = \sqrt{x^2 + y^2}$ og planet $z = 6$.

Oppgave 6

a. Utled formelen for volumet av en sylinder ved å regne ut et trippelintegral i sylinderkoordinater.
b. Utled formelen for volumet av ei kule ved å regne ut et trippelintegral i kulekoordinater.

Kapittel 6

Vektoranalyse

Å kunne regne ut hvor mye væske som strømmer gjennom en flate, kan være nyttig når de som har ansvar for energiverk skal bestemme vannføringen i elver. Det er også nyttig å kunne regne ut hvor mye luft som kan strømme gjennom et ventilasjonsanlegg. De som arbeider med elektronikk bør kunne regne ut hvor mye ladning som kan plasseres på en kondensator.

For å kunne gjøre slike beregninger, er vi nødt til å kunne regne ut forskjellige slags integraler. Det er det vi skal lære i dette kapitlet. Blant annet skal vi se hvordan vi kan bruke **Gauss', Greens og Stokes' setninger** til å forenkle utregninger. Vi må da kunne regne ut *gradient, divergens* og *curl*, og minner om definisjonene:

Størrelsene *gradient, divergens* og *curl* er definert ved uttrykkene

$$\text{grad } f = \nabla f \quad \text{div } \vec{F} = \nabla \cdot \vec{F} \quad \text{curl } \vec{F} = \nabla \times \vec{F}$$

der $\nabla = \left[\frac{\partial}{\partial x}, \frac{\partial}{\partial y}, \frac{\partial}{\partial z}\right]$ er del-operatoren.

6.1 Læringsmål i dette kapitlet

Flere steder i dette kapitlet er det skrevet opp *nøkkelkunnskaper*. Til hver nøkkelkunnskap er det et *mål*. I tillegg til å beherske nøkkelkunnskapene, skal du kunne

1. gjøre rede for **Greens setning** (Avsn. 6.2, 6.3)
2. gjøre rede for begrepet **fluks** (Avsn. 6.4, 6.5.1, 6.5.2, 6.5.5, 6.7, 6.8.1, 6.8.3, 6.8.4, 6.8.7)
3. forklare hvordan vi kan bruke **divergenssetningen** til å regne ut fluksen gjennom lukkede kurver og flater (Avsn. 6.5.3, 6.5.4, 6.8.5, 6.8.6)
4. ta utgangspunkt i hvordan riemannsummen brukes til å definere integralet $\int_a^b f(x)\,dx$, og generalisere denne tankegangen til å gjelde flateintegral (Avsn. 6.6)
5. gjøre rede for Stokes' setning (Avsn. 6.9)

6.2 Greens setning i planet

I kapittel 4 lærte vi å regne ut linjeintegraler av både skalarfelt og vektorfelt. Vi så at det noen ganger medførte mye arbeid å regne ut linjeintegralene, spesielt når vi måtte integrere langs en kurve som var satt sammen av mange deler. I dette avsnittet skal vi lære en måte å regne ut linjeintegral rundt en *lukket* kurve i planet.

Selv om de fleste studenter ikke har noen "ryggmargsrefleks" når begrepet **analysens fundamentalsetning** (også bare kalt **fundamentalsetningen**) blir nevnt, er resultatet velkjent. Setningen kan skrives slik:

$$\int_a^b f(x)\,dx = F(b) - F(a) \tag{6.1}$$

der $f(x) = \frac{dF}{dx}$. Funksjonen F er den antideriverte til funksjonen f.

Det er dette vi bruker hver gang vi regner ut et bestemt integral. Da bestemmer vi en funksjon F som er slik at når vi deriverer den, får vi integranden. Deretter setter vi inn øvre og nedre grense, og trekker disse fra hverandre. Vi kan også si at det vi gjør er å summere ledd av formen $f(x)\,dx$ over et intervall $[a,\ b\,]$ når vi går langs intervallet i en bestemt retning.

Når vi regner ut linjeintegralet til et **konservativt vektorfelt** $\vec{F}$ (se avsnitt 4.8), får vi:

$$\int_C \vec{F} \cdot d\vec{r} = \phi(A) - \phi(B) \tag{6.2}$$

der $A = \vec{r}\,(a)$ og $B = \vec{r}\,(b)$ er randpunktene på kurven C og ϕ er potensialet til $\vec{F}$, det vil si $\vec{F} = \nabla\phi$. Vi ser at dette uttrykket "likner" på uttrykket for fundamentalsetningen i det én-dimensjonale tilfellet.

6.2.1 Greens setning og enkle kurver

Greens setning i planet er den todimensjonale varianten av fundamentalsetningen. Setningen er oppkalt etter den engelske matematikeren *George Green* (1793–1841) som kom fram til dette resultatet. Green var autodidakt (selvlært), og startet sin yrkeskarriere som møller. Da han døde, var han "Perse fellow" ved Caius College i Cambridge. Han har blant annet utført betydelige arbeider om potensialteori knyttet til elektriske og magnetiske felter.

Dersom vi lar $\vec{F}(x,y) = P(x,y)\vec{i} + Q(x,y)\vec{j} = [P(x,y), Q(x,y)]$ være et todimensjonalt vektorfelt, kan vi skrive **Greens setning i planet** slik:

Setning 6.1

$$\oint_C P dx + Q dy = \iint_R \left(\frac{\partial Q}{\partial x} - \frac{\partial P}{\partial y}\right) dA \tag{6.3}$$

I dette uttrykket er C den *enkle, stykkevis glatte* og *lukkede* kurven som utgjør randen til integrasjonsområdet R, se figur 6.1. Linjeintegralet skal utføres i en retning som er slik at vi følger C slik at vi alltid har R til *venstre* når vi beveger oss rundt kurven. Vi sier i dette tilfellet at kurven er **positivt orientert**.

Greens setning viser at vi kan utføre et dobbeltintegral over et område R i stedet for å regne ut linjeintegralet rundt den lukkede kurven C, som er randen til R. Eller omvendt: I stedet for å regne ut dobbeltintegralet, kan vi regne ut linjeintegralet. Vi kan altså velge den utregningsmåten som er enklest.

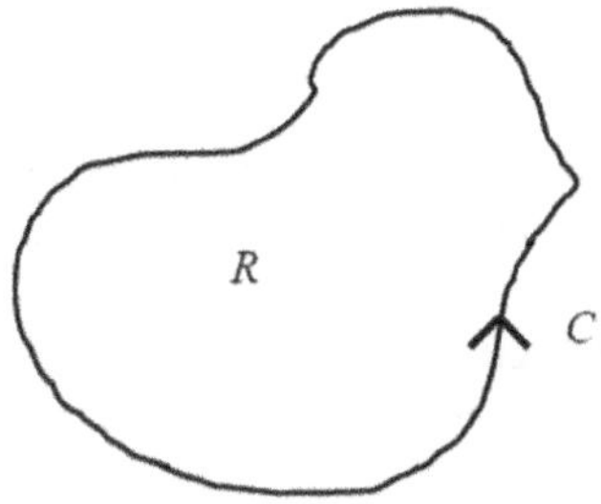

Figur 6.1 Figuren illustrerer Greens setning i planet. Kurven C er en enkel, stykkevis glatt og lukket kurve som omslutter området R. Positiv omløpsretning regnes *mot* klokka.

Hvis $\frac{\partial Q}{\partial x} - \frac{\partial P}{\partial y}$ er en konstant k, kan integralet ofte bli enkelt å regne ut fordi vi kan skrive:

$$\iint_R \left(\frac{\partial Q}{\partial x} - \frac{\partial P}{\partial y}\right) dA = \iint_R k\, dA = k \iint_R dA = kA_R \tag{6.4}$$

der A_R er arealet av området R. Har området R enkel geometri, kan vi kanskje bruke kjente formler for arealberegning.

Eksempel 103

Et vektorfelt er definert ved uttrykket $\vec{F} = (2xy + y)\vec{i} + (x^2 + y + 5x)\vec{j}$. Bruk Greens setning til å regne ut linjeintegralet $\oint_C \vec{F} \cdot d\vec{r}$ der C er en sirkel med sentrum i punktet $(2, 3)$ og radius 2.

Løsning

Når oppgaveteksten er "Bruk Greens setning til å regne ut linjeintegralet ...", betyr det at vi skal regne ut dobbeltintegralet i stedet for å regne ut linjeintegralet.

I dette tilfellet er $P(x, y) = 2xy + y$ og $Q(x, y) = x^2 + y + 5x$. Når vi bruker Greens setning, får vi:

$$\oint_C \vec{F} \cdot d\vec{r} = \oint_C \left[(2xy + y)\vec{i} + (x^2 + y + 5x)\vec{j}\right] \cdot (dx\,\vec{i} + dy\,\vec{j}) \tag{6.5}$$

$$= \oint_C (2xy + y)\,dx + (x^2 + y + 5x)\,dy \tag{6.6}$$

$$\overset{\text{Green}}{=} \iint_R \left(\frac{\partial}{\partial x}(x^2 + y + 5x) - \frac{\partial}{\partial y}(2xy + y)\right) dA \tag{6.7}$$

$$= \iint_R ((2x + 5) - (2x + 1))\, dA \tag{6.8}$$

$$= \iint_R 4\, dA = 4 \iint_R dA = 4A_R \tag{6.9}$$

$$= 4 \cdot \pi \cdot 2^2 = 16\pi \tag{6.10}$$

der vi har brukt formelen for arealet av en sirkel, $A = \pi r^2$, til å regne ut arealet. ■

Eksempel 104

Et område R i første kvadrant i xy-planet er begrenset av de positive x- og y-aksene og sirkelen $x^2 + y^2 = a^2$. Kurven C er randen til dette området. Vi følger C i positiv omløpsretning.

Bruk Greens setning og regn ut

$$I = \oint_C (x - y^3)dx + (y^3 + x^3)\, dy \tag{6.11}$$

Løsning

Når vi bruker Greens setning, må vi først finne ut hva funksjonene P og Q er. I dette tilfellet ser vi at $P = x - y^3$ og $Q = y^3 + x^3$. Setter vi dette inn i Greens setning, får vi:

$$I = \oint_C (x - y^3)dx + (y^3 + x^3)dy \tag{6.12}$$

$$I = \iint_R \left(\frac{\partial}{\partial x}(y^3 + x^3) - \frac{\partial}{\partial y}(x - y^3) \right) dA \tag{6.13}$$

$$I = \iint_R \left(3(x^2 + y^2)\right) dA = 3 \iint_R \left(x^2 + y^2\right) dA \tag{6.14}$$

Siden integranden har formen $x^2 + y^2$, er det mest hensiktsmessig å transformere til polarkoordinater. Da blir $x^2 + y^2 = r^2$ og $dA = r\, dr\, d\theta$. Integrasjonsgrensene blir $0 \le r \le a$ og $0 \le \theta \le \frac{\pi}{2}$. Da får vi:

$$I = 3 \int_{\theta=0}^{\frac{\pi}{2}} \int_{r=0}^{a} r^2 \cdot r\, dr\, d\theta = \frac{3}{8}\pi a^4 \tag{6.15}$$

■

✓ Nøkkelkunnskap 6.1

Mål: Du skal kunne bruke Greens setning.

Området R er avgrenset av den lukkede kurven C slik at betingelsene for Greens setning er oppfylt. Overfør linjeintegralet $\oint_C (-y^2 \vec{i} + x^2 \vec{j}) \cdot d\vec{r}$ til et dobbeltintegral over R.

Svar: $\iint_R (2x + 2y)\, dA$

6.2.2 Greens setning og områder med "hull"

Greens setning kan også brukes dersom området vi skal integrere langs er avgrenset av *to* kurver. Det er tilfellet dersom et område R har et "hull" i det indre, se figur 6.2. "Hullet" kan for eksempel være et punkt eller et område der $\vec{F}$ ikke er definert.

Området R er begrenset av de to kurvene C_1 og C_2, se venstre del av figur 6.2. For å kunne bruke Greens setning over dette området, deler vi R ved å "klippe det opp" slik at vi får to områder, R_1 og R_2, se høyre del av figur 6.2. Oppdelingen er slik at vi kan bruke Greens setning på hver av delene. Vi kaller kurvene som er randen til område

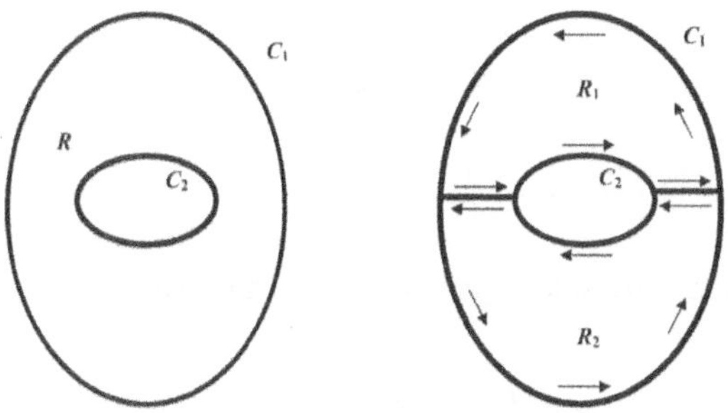

Figur 6.2 Figuren viser hvordan Greens setning kan utvides til å gjelde områder med hull. Området R deles opp i to deler, R_1 og R_2. Vi integrerer langs kurvene som omslutter R_1 og R_2, der vi kan bruke Greens setning.

R_1 for "Øvre kurve". Randen til område R_2 kaller vi "Nedre kurve". Vi integrerer rundt hvert område. Dette gir:

$$\iint_R \left(\frac{\partial Q}{\partial x} - \frac{\partial P}{\partial y}\right) dA = \iint_{R_1} \left(\frac{\partial Q}{\partial x} - \frac{\partial P}{\partial y}\right) dA + \iint_{R_2} \left(\frac{\partial Q}{\partial x} - \frac{\partial P}{\partial y}\right) dA \quad \textbf{(6.16)}$$

$$= \oint_{\text{Øvre kurve}} (P\,dx + Q\,dy) + \oint_{\text{Nedre kurve}} (P\,dx + Q\,dy) \quad \textbf{(6.17)}$$

Av figuren ser vi at linjeintegralene langs linjene vi "klipper opp" R langs, gjennomløpes i motsatt retning når vi integrerer rundt "Øvre kurve" og "Nedre kurve". Integralene langs disse delene av kurvene blir til sammen lik null. Dessuten blir C_1 og C_2 gjennomløpt i sin helhet når vi utfører *begge* integralene.

Setning 6.2

Vi kan bruke Greens setning på et område med hull dersom vi deler området opp i mindre områder. Når $\vec{F} = [P(x, y), Q(x, y)]$ får vi:

$$\iint_R \left(\frac{\partial Q}{\partial x} - \frac{\partial P}{\partial y}\right) dA = \oint_{C_1} (P\,dx + Q\,dy) + \oint_{C_2} (P\,dx + Q\,dy) \quad \textbf{(6.18)}$$

Kurvene C_1 og C_2 gjennomløpes i en slik retning at området R er til venstre når vi "flytter" oss langs kurvene.

6.3 Greens setning på vektorform

Vi skal nå omforme Greens setning (se likning 6.3) slik at uttrykkene vi integrerer blir uttrykt ved hjelp av vektorer. Framgangsmåten er slik:

1. Venstre side i Greens setning skriver vi slik:

$$\oint_C P\,dx + Q\,dy$$

der $P(x, y)$ og $Q(x, y)$ er komponentene til vektorfeltet $\vec{F}(x, y)$: $\vec{F} = [P, Q]$. Hvis vi regner ut skalarproduktet $\vec{F} \cdot d\vec{r}$, får vi:

$$\vec{F} \cdot d\vec{r} = [P, Q] \cdot [dx, dy] = P\,dx + Q\,dy$$

Dette viser at venstre side i Greens setning kan skrives:

$$\oint_C P\,dx + Q\,dy = \oint_C \vec{F} \cdot d\vec{r} \tag{6.19}$$

2. Høyre side i Greens setning skriver vi slik:

$$\iint_R \left(\frac{\partial Q}{\partial x} - \frac{\partial P}{\partial y} \right) dA$$

Vi kan regne ut z-komponenten til curlen til $\vec{F}(x, y)$ ved å regne ut $(\nabla \times \vec{F}) \cdot \vec{k}$, der $\vec{k}$ er enhetsvektoren i z-retning. Regner vi ut dette, får vi:

$$(\nabla \times \vec{F}) \cdot \vec{k} = \left[0, 0, \frac{\partial Q}{\partial x} - \frac{\partial P}{\partial y} \right] \cdot [0, 0, 1] = \frac{\partial Q}{\partial x} - \frac{\partial P}{\partial y}$$

Dette viser at høyre side i Greens setning kan skrives:

$$\iint_R \left(\frac{\partial Q}{\partial x} - \frac{\partial P}{\partial y} \right) dA = \iint_R (\nabla \times \vec{F}) \cdot \vec{k}\,dA \tag{6.20}$$

Med dette har vi vist at Greens setning i planet kan skrives på vektorform.

Setning 6.3

Greens setning på vektorform skrives:

$$\oint_C \vec{F} \cdot d\vec{r} = \iint_R \left(\nabla \times \vec{F} \right) \cdot \vec{k}\,dA \tag{6.21}$$

der $\vec{F} = P\vec{i} + Q\vec{j} + 0\vec{k}$.

I avnsitt 4.8 definerte vi størrelsen **sirkulasjon**. Likning 6.21 forteller at sirkulasjonen $\oint_C \vec{F} \cdot d\vec{r}$ av vektorfeltet $\vec{F}$ rundt kurven C som omslutter flaten R, er lik dobbeltintegralet av curlens z-komponent $\left(\nabla \times \vec{F} \right) \cdot \vec{k}$ over flaten R. Hvis $\vec{F}$ er en kraft, forteller sirkulasjonen hvor stort arbeid denne kraften utfører når den flytter en partikkel én gang *rundt* en lukket kurve. Dette antyder at størrelsen *curl* har noe med rotasjon å gjøre, slik vi har vært inne på i kapittel 3.

Eksempel 105

Bruk Greens setning og regn ut

$$\oint_C \vec{F} \cdot d\vec{r} = \oint_C (x\,\vec{i} + y\,\vec{j}) \cdot d\vec{r} \tag{6.22}$$

der C er en sirkel med sentrum i punktet $(2, 3)$ og radius 2.

Løsning

Her skal vi regne ut sirkulasjonen til et vektorfelt. Da kan vi bruke Greens setning på vektorform.

Området R som C omslutter, er en sirkelflate. I stedet for å regne ut linjeintegralet rundt sirkelen, kan vi regne ut dobbeltintegralet over R. Vi må regne ut curlen til vektorfeltet først:

$$\nabla \times \vec{F} = \begin{vmatrix} \vec{i} & \vec{j} & \vec{k} \\ \dfrac{\partial}{\partial x} & \dfrac{\partial}{\partial y} & \dfrac{\partial}{\partial z} \\ x & y & 0 \end{vmatrix} = \vec{0} \tag{6.23}$$

Her ser vi at curlen til vektorfeltet er lik null. Dobbeltintegralet over flaten R må derfor bli lik null, og det samme gjelder linjeintegralet rundt C. Vi kan derfor skrive:

$$\oint_C \vec{F} \cdot d\vec{r} = \oint_C (x\vec{i} + y\vec{j}) \cdot d\vec{r} = \iint_R \vec{0} \cdot \vec{k}\, dA = 0 \tag{6.24}$$

At resultatet vi kom fram til er riktig, ser vi ved å observere at feltet vi integrerer er konservativt. Da vet vi at integralet langs en lukket kurve er lik null, se avsnitt 4.8. ■

Mange ganger kan vi spare oss for mye arbeid hvis vi i stedet for å regne ut kurveintegralet bruker Greens setning på vektorform og regner ut et dobbeltintegral. Det gjelder spesielt når curlen til feltet er en konstant, $\nabla \times \vec{F} = c\vec{k}$. Da kan vi skrive:

$$\oint_C \vec{F} \cdot d\vec{r} = \iint_R c\vec{k} \cdot \vec{k}\, dA = \iint_R c\, dA = c \iint_R dA = cA_R \tag{6.25}$$

der A_R er arealet av flaten R. Dersom flaten R har "pen" geometri, kan det hende det er lett å regne ut arealet.

✓ Nøkkelkunnskap 6.2

Mål: Du skal kunne regne ut $(\nabla \times \vec{F}) \cdot \vec{k}$ slik at du kan bruke Greens setning på vektorform.

Regn ut $(\nabla \times \vec{F}) \cdot \vec{k}$ når $\vec{F} = 2x\,\vec{i} - xy\,\vec{j}$.

Svar: $-y$

6.4 Fluks gjennom et lite linjestykke

Vektorfelt kan brukes til å beskrive hvordan et *fluid* (væsker og gasser) strømmer. Vi kan for eksempel beskrive bevegelsen til fluidet ved å oppgi hastighetsvektoren i forskjellige punkter i rommet der fluidet beveger seg. Dette kan brukes til å regne ut hvor stor masse som passerer gjennom en åpning. Vi diskuterte dette i avsnitt 3.5 i forbindelse med divergensen til et vektorfelt. Vi skal nå ta dette opp på nytt.

Vi tenker oss et fluid som strømmer med konstant hastighet. Det betyr at hastighetsvektoren til fluidet er den samme overalt. I figur 6.3 har vi illustrert strømmen ved å tegne noen hastighetsvektorer.

Fluidstrømmen går først gjennom en åpning $A - A$. Denne åpningen er plassert sånn at strømmen kommer vinkelrett inn på åpningen. Deretter treffer strømmen en annen åpning $B - B$. Denne åpningen er like stor, men er plassert på skrå i forhold til strømretningen. Figuren viser at det slipper mer av fluidet gjennom åpningen $A - A$ enn gjennom åpningen $B - B$. *Hvor mye fluid som slipper gjennom en åpning, avhenger altså av vinkelen mellom åpningen og strømretningen.*

Vi kan regne ut hvor mye av fluidet som kan strømme gjennom åpningen når vi vrir åpningen i forhold til strømretningen. Dersom åpningen har tverrsnitt a og vi vrir åpningen en vinkel α (se figur 6.4), ser vi at den "effektive" åpningen fluidet kan passere gjennom, er $a \cos\alpha$. Vi merker oss at vinkelen mellom hastighetsvektoren $\vec{F}$ og en enhetsvektor $\vec{n}$ som står vinkelrett på åpningen, også er α.

Av dette skjønner vi at det strømmer mest fluid gjennom åpningen når vinkelen mellom $\vec{F}$ og $\vec{n}$ er $\alpha = 0^\circ$, og minst når $\alpha = 90^\circ$.

Masse som strømmer gjennom linjestykket ds

Vi tenker oss at vi heller ut en væske på et bord. Væsken danner en hinne som flyter utover bordet. Hinnen er så tynn at vi kan se bort fra tykkelsen av den, slik at vi kan anta at den er todimensjonal. For enkelhets skyld antar vi også at væsken har tetthet 1 kg/m^2.

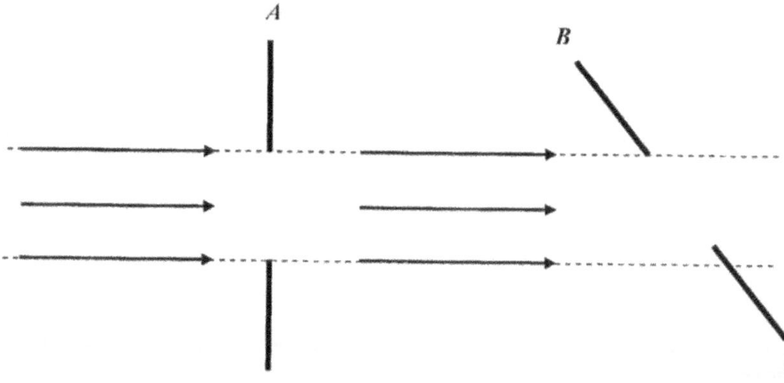

Figur 6.3 Et felt, for eksempel hastighetsfeltet til en fluidstrøm, går gjennom en åpning $A - A$. Setter vi åpningen på skrå i forhold til strømretningen ($B - B$), kommer det mindre gjennom åpningen, selv om den er like stor.

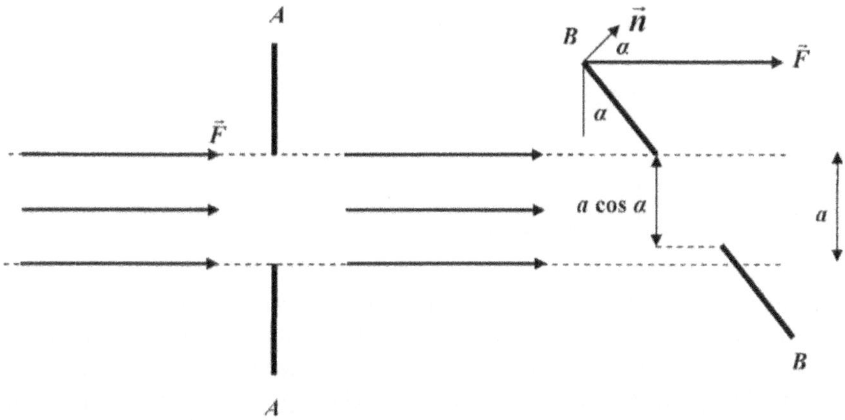

Figur 6.4 Figuren er identisk med figur 6.3, men vi har satt på symboler som gjør at vi kan regne ut hvor mye mindre av fluidet som strømmer gjennom åpningen $B - B$.

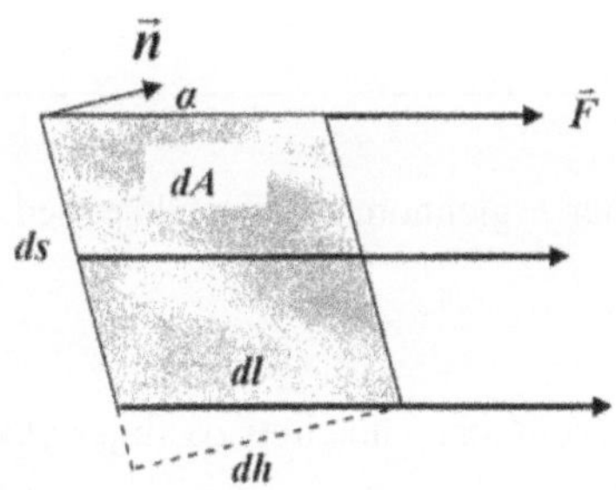

Figur 6.5 En væske som flyter med hastighet $\vec{F}$, passerer en linje med lengde ds. I løpet av tida dt har væsken flyttet seg en lengde dl, og dekker da et parallellogram med areal dA. Enhetsvektoren $\vec{n}$ står vinkelrett på linjestykket ds.

La oss regne ut hvor mye masse dm som strømmer gjennom et lite linjestykke med lengde ds i løpet av tida dt, se figur 6.5.

Væsken som flyter gjennom linjestykket ds har hastigheten $\vec{F}$. Hastigheten danner en vinkel α med en enhetsvektor $\vec{n}$ som står vinkelrett på ds. I løpet av tida dt har væsken beveget seg en lengde dl, og dekker da et område med form som et parallellogram.

Tettheten er definert som masse per areal: $\rho = dm/dA$. Det betyr at massen av væsken som dekker parallellogrammet er:

$$dm = \rho \cdot dA = 1 \cdot dA$$

Arealet av parallellogrammet er:

$$dA = dh \cdot ds = (dl \cos\alpha) \cdot ds$$

Masse per tid som passerer ds blir:

$$\frac{dm}{dt} = \frac{1 \cdot dA}{dt} = \frac{dl \cos\alpha \, ds}{dt} = \frac{dl}{dt} \cos\alpha \cdot ds \tag{6.26}$$

Størrelsen dl/dt er hastigheten til væsken: $dl/dt = |\vec{F}|$. Videre er:

$$\vec{F} \cdot \vec{n} = |\vec{F}| \cdot 1 \cdot \cos\alpha = |\vec{F}| \cdot \cos\alpha$$

Da kan vi skrive:

$$\frac{dm}{dt} = \frac{dl}{dt} \cos\alpha \cdot ds = |\vec{F}| \cdot \cos\alpha \cdot ds = \vec{F} \cdot \vec{n}\, ds \qquad \textbf{(6.27)}$$

Dette uttrykket viser at hvor mye masse som passerer linjestykket ds per tid, avhenger av både hastigheten $\vec{F}$ til væsken og vinkelen hastighetsvektoren danner med flaten. Dette er det samme som vi resonnerte oss fram til i innledningen til dette avsnittet.

Uttrykket på høyre side i likning 6.27 gir oss et mål på "hvor mye felt som strømmer gjennom linjestykket ds per tid". Vi kaller størrelsen $\vec{F} \cdot \vec{n}\, ds$ for **fluksen** av vektorfeltet $\vec{F}$ gjennom linjestykket ds. Uttrykket gjelder for alle slags vektorfelt, for eksempel elektriske og magnetiske felt. Ordet fluks kommer av det latinske ordet *fluxus*, som betyr å strømme eller å flyte.

DEFINISJON 6.1

Fluksen $d\Phi$ av vektorfeltet $\vec{F}$ gjennom et linjestykke med lengde ds er definert ved

$$d\Phi = \vec{F} \cdot \vec{n}\, ds \qquad \textbf{(6.28)}$$

der $\vec{n}$ er en enhetsvektor som står vinkelrett på linjestykket. Vektoren $\vec{n}$ kaller vi **enhetsnormalen**.

Legg merke til at fluksen av et vektorfelt er en *skalar*.

Legg også merke til at vi regner fluks med fortegn. Dersom vinkelen α mellom $\vec{F}$ og $\vec{n}$ er $0 \leq \alpha < \frac{\pi}{2}$, blir $\vec{F} \cdot \vec{n} = |\vec{F}| \cdot |\vec{n}| \cdot \cos\alpha > 0$. Da blir også $d\Phi > 0$. Dersom $\frac{\pi}{2} < \alpha \leq \pi$, blir $\vec{F} \cdot \vec{n} = |\vec{F}| \cdot |\vec{n}| \cdot \cos\alpha < 0$. Da blir $d\Phi < 0$. Vi kan si at fluksen blir positiv dersom feltet "strømmer" gjennom et linjestykke i den retningen normalvektoren peker.

✓ Nøkkelkunnskap 6.3

Mål: Du skal kunne bestemme et uttrykk for fluksen $d\Phi$ av et vektorfelt gjennom et lite linjestykke ds.

Linjestykket ds ligger langs linja $y = 2$. Regn ut $\left|\vec{F} \cdot \vec{n}\, ds\right|$ når $\vec{F} = 2y\,\vec{i} + 3xy\,\vec{j}$.

Svar: $6x\, ds$

6.5 Divergenssetningen i planet

Likning 6.28 viser hvordan vi kan regne ut fluksen av et vektorfelt gjennom et lite linjestykke med lengde ds. Dersom vi skal regne ut fluksen gjennom en kurve C i

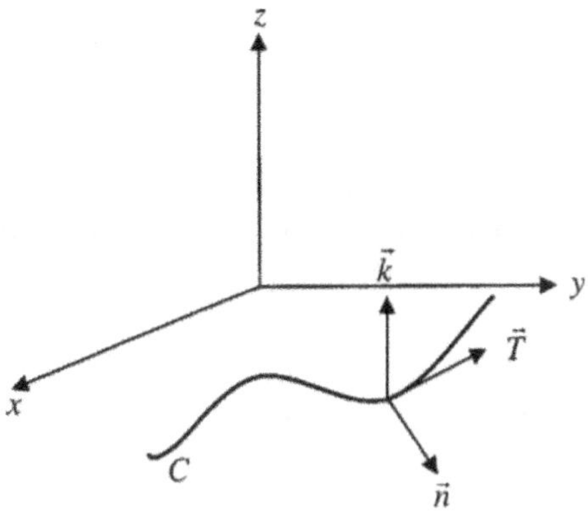

Figur 6.6 Figuren viser hvordan enhetsnormalen $\vec{n}$ er orientert i forhold til en enhetstangent $\vec{T}$ i bevegelsesretningen langs kurven C, og enhetsvektoren $\vec{k}$ i z-retningen. Ved å bruke høyrehåndsregelen ser vi at $\vec{n} = \vec{T} \times \vec{k}$.

xy-planet, vil både feltet $\vec{F}$ og enhetsnormalen $\vec{n}$ kunne endre seg etter hvert som vi flytter oss langs kurven. Vi skal lære hvordan vi kan regne ut fluksen gjennom en kurve.

6.5.1 Fluks gjennom en kurve

For å regne ut fluksen gjennom C, kan vi tenke oss at vi deler kurven opp i små biter. Vi kan regne ut fluksen gjennom hver bit ved å bruke likning 6.28. For å bestemme den totale fluksen gjennom C, legger vi sammen fluksen gjennom alle bitene. Siden bitene er små, kan vi erstatte summen med et integral. Dette gir:

$$\Phi = \int_C d\Phi = \int_C \vec{F} \cdot \vec{n}\, ds \tag{6.29}$$

For å kunne regne ut dette *linjeintegralet*, må vi bestemme et uttrykk for enhetsnormalen $\vec{n}$. Da må vi bestemme oss for i hvilken retning vi vil at $\vec{n}$ skal peke når vi flytter oss langs kurven. Valget går fram av figur 6.6. Der ser vi at *valget* er slik at $\vec{n} = \vec{T} \times \vec{k}$. Vektoren $\vec{T}$ er en enhets-tangentvektor i den retning vi følger C, og $\vec{k}$ er enhetsvektoren i z-retning.

Fra før vet vi at hastighetsvektoren alltid er tangent til banen, slik at $\vec{T} = \vec{v}/|\vec{v}|$. Hastigheten er den deriverte av posisjonen med hensyn på tida, det vil si $\vec{v} = [x'(t),\ y'(t)]$ og $|\vec{v}| = v = ds/dt$ der ds er en forflytning langs kurven C. Dette gir:

$$\vec{n} = \vec{T} \times \vec{k} = \frac{\vec{v}}{|\vec{v}|} \times \vec{k} = \frac{1}{v}\, \vec{v} \times \vec{k} \tag{6.30}$$

$$= \frac{1}{\frac{ds}{dt}} \begin{vmatrix} \vec{i} & \vec{j} & \vec{k} \\ \frac{dx}{dt} & \frac{dy}{dt} & 0 \\ 0 & 0 & 1 \end{vmatrix} = \frac{dt}{ds} \cdot \left(\frac{dy}{dt}\vec{i} - \frac{dx}{dt}\vec{j} \right) \tag{6.31}$$

$$= \frac{dy}{ds}\vec{i} - \frac{dx}{ds}\vec{j} \tag{6.32}$$

Vi har nå utledet et uttrykk for en normalvektor til en kurve i planet:

Setning 6.4

Når kurven C er definert ved parameterframstillingen $x = x(s)$, $y = y(s)$ der s er en lengde langs C, er **enhetsnormalen** til C bestemt ved uttrykket:

$$\vec{n} = \frac{dy}{ds}\vec{i} - \frac{dx}{ds}\vec{j} \tag{6.33}$$

Retningen til $\vec{n}$ er slik at $\vec{n} = \vec{T} \times \vec{k}$, se figur 6.6.

Ved å bruke dette uttrykket for enhetsnormalen kan vi bestemme et uttrykk for fluksen gjennom et kurvestykke. Vi får:

Setning 6.5

Fluksen Φ av vektorfeltet $\vec{F} = P(x, y)\vec{i} + Q(x, y)\vec{j}$ gjennom kurven C i xy-planet er:

$$\Phi = \int_C \vec{F} \cdot \vec{n}\, ds = \int_C \left(P\vec{i} + Q\vec{j}\right) \cdot \left(\frac{dy}{ds}\vec{i} - \frac{dx}{ds}\vec{j}\right) ds = \int_C (-Q\, dx + P\, dy) \tag{6.34}$$

Eksempel 106

Regn ut fluksen av vektorfeltet $\vec{F} = \vec{i} + \vec{j}$ gjennom den rette linja C mellom punktene $(1, 1)$ og $(1, 3)$. La linja være orientert fra $(1, 1)$ til $(1, 3)$.

Løsning

Siden linja er orientert fra $(1, 1)$ til $(1, 3)$, det vil si i positiv y-retning, er $ds = dy$. Videre er $\vec{n} = \vec{i}$. Vi bruker definisjonen og får:

$$\Phi = \int_C \vec{F} \cdot \vec{n}\, ds = \int_C (\vec{i} + \vec{j}) \cdot \vec{i}\, ds = \int_1^3 1 \cdot dy = 2 \tag{6.35}$$

Vi kan tolke svaret som et mål på hvor mye av vektorfeltet som "strømmer" gjennom linjestykket, vinkelrett på det. ■

Eksempel 107

Regn ut fluksen av vektorfeltet $\vec{F} = 1, 1$ gjennom den rette linja mellom punktene $(0, 1)$ og $(1, 0)$. Linja er orientert fra $(1, 0)$ til $(0, 1)$. Vi har tegnet linja C og feltet i figur 6.7.

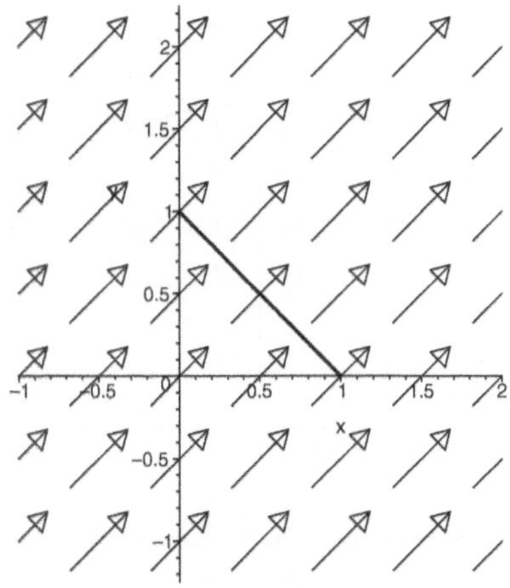

Figur 6.7 Vektorfeltet $\vec{F} = \vec{i} + \vec{j}$ og den rette linja mellom punktene (0, 1) og (1, 0), se eksempel 107.

Løsning

For å regne ut fluksen, kan vi bruke likning 6.34. Dette gir:

$$\Phi = \int_C -Q\,dx + P\,dy = \int_C -1 \cdot dx + 1 \cdot dy \tag{6.36}$$

Vi parametriserer linja C:

$$\begin{aligned} x(t) &= 1 - t \quad y(t) = t \quad 0 \leq t \leq 1 \\ dx &= -dt \qquad dy = dt \end{aligned} \tag{6.37}$$

Dette gir:

$$\Phi = \int_C -1 \cdot dx + 1 \cdot dy = \int_{t=0}^{1} -1 \cdot (-dt) + 1 \cdot dt = 2 \tag{6.38}$$

I dette tilfellet er det lett å regne ut fluksen ved å bruke likning 6.29. Det kommer av at linja C er rett, slik at enhetsnormalen hele tida er den samme.

Linja C heller 45° *nedover* mot høyre. Vektoren $\vec{v} = [1, 1]$ heller 45° *oppover* mot høyre. Vektoren $\vec{v}$ står derfor normalt på C. Enhetsnormalen blir da:

$$\vec{n} = \frac{\vec{v}}{|\vec{v}|} = \frac{1}{\sqrt{2}}[1, 1]$$

Fluksen blir:

$$\Phi = \int_C \vec{F} \cdot \vec{n}\,ds = \int_C [1, 1] \cdot \frac{1}{\sqrt{2}}[1, 1]\,ds = \sqrt{2}\int_C ds = \sqrt{2} \cdot \sqrt{2} = 2 \tag{6.39}$$

Her har vi brukt at $\int_C ds$ er lengden av linja C, som vi regner ut ved å bruke Pythagoras' setning. Svaret blir det samme som da vi brukte likning 6.34. ■

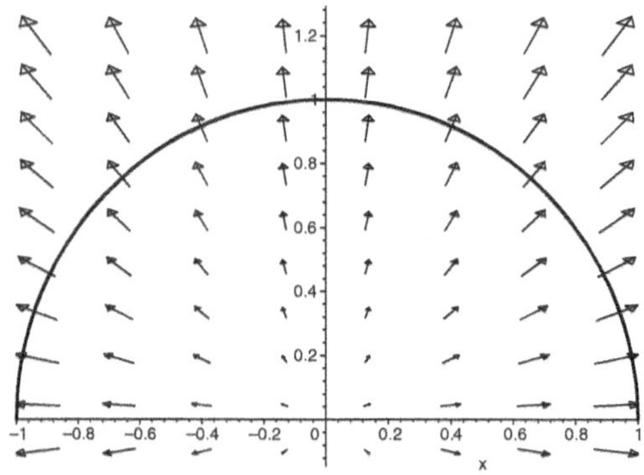

Figur 6.8 Vektorfeltet $\vec{F} = [x, y]$ og halvsirkelen $y = \sqrt{1 - x^2}$, se eksempel 108.

Eksempel 108

Regn ut fluksen av vektorfeltet $\vec{F} = [x, y]$ i retning ut av halvsirkelen C bestemt ved uttrykket $y = \sqrt{1 - x^2}$. "Ut av halvsirkelen" skal her bety at vi skal regne ut fluksen "vekk fra" origo.

Løsning

Vi har tegnet feltet og halvsirkelen i figur 6.8. Vi bruker uttrykket i likning 6.34, og får:

$$\Phi = \int_C -Q\,dx + P\,dy = \int_C -y\,dx + x\,dy \tag{6.40}$$

Vi parametriserer kurven ved å innføre polarkoordinater. Siden vi ser på halvsirkelen med radius 1, setter vi $r = 1$:

$$x = \cos t \qquad y = \sin t \qquad 0 \leq t \leq \pi \tag{6.41}$$

$$dx = -\sin t \qquad dy = \cos t \tag{6.42}$$

Dette gir:

$$\begin{aligned}\Phi &= \int_C -y\,dx + x\,dy = \int_0^{\pi} -\sin t \cdot (-\sin t\,dt) + \cos t \cdot (\cos t\,dt) \\ &= \int_0^{\pi} (\sin^2 t + \cos^2 t)\,dt = \pi \end{aligned} \tag{6.43}$$

Også i dette tilfellet kan vi regne ut fluksen ved å bruke uttrykket $\Phi = \int_C \vec{F} \cdot \vec{n}\,ds$. Vi merker oss at vektoren $\vec{v} = [x, y]$ er en vektor som er radielt rett utover. Siden C er en sirkel, vil $\vec{v}$ stå normalt på C. Enhetsnormalen blir da:

$$\vec{n} = \frac{\vec{v}}{|\vec{v}|} = \frac{[x, y]}{\sqrt{x^2 + y^2}} = [x, y]$$

Vi har her brukt at $\sqrt{x^2+y^2}=1$ siden vi er *på* sirkelen. Fluksen blir:

$$\Phi = \int_C \vec{F}\cdot\vec{n}\,ds = \int_C [x,y]\cdot[x,y]\,ds = \int_C (x^2+y^2)\,ds = \int_C 1\,ds = \pi\cdot 1 = \pi \tag{6.44}$$

Her har vi brukt at $\int_C ds$ er lengden av halvsirkelen, som er π. Svaret er det samme som vi fant ovenfor. ■

✓ Nøkkelkunnskap 6.4

Mål: Du skal kunne regne ut fluksen gjennom et kurvestykke.

Regn ut fluksen av vektorfeltet $\vec{F}=2\vec{i}-5\vec{j}$ gjennom den rette linja mellom punktene (2, 3) og (5, 3).

Svar: -15

6.5.2 Fluks gjennom sammensatte kurver

Vi går ut fra at kurven C kan deles opp i to andre kurver, C_1 og C_2. Vi kan skrive $C=C_1\cup C_2$. Hvis vi skal regne ut fluksen gjennom C, kan vi bruke denne setningen:

Setning 6.6

Vi går ut fra at kurven C er sammensatt av to andre kurver, $C=C_1\cup C_2$. Fluksen av vektorfeltet $\vec{F}$ gjennom C kan da beregnes ved å summere fluksen gjennom delkurvene:

$$\int_C \vec{F}\cdot\vec{n}\,ds = \int_{C_1}\vec{F}\cdot\vec{n}\,ds + \int_{C_2}\vec{F}\cdot\vec{n}\,ds \tag{6.45}$$

6.5.3 Fluks gjennom lukket kurve. Divergenssetningen

Vi skal nå bestemme et uttrykk for fluksen av et vektorfelt $\vec{F}=P\vec{i}+Q\vec{j}$ gjennom en *lukket* kurve C. Hvis vi antar at betingelsene for å bruke Greens setning er oppfylt, får vi:

$$\oint_C \vec{F}\cdot\vec{n}\,ds = \oint_C \left(P\vec{i}+Q\vec{j}\right)\cdot\left(\frac{dy}{ds}\vec{i}-\frac{dx}{ds}\vec{j}\right)ds = \oint_C -Qdx+Pdy \tag{6.46}$$

$$\overset{\text{Green}}{=} \iint_R \left(\frac{\partial P}{\partial x}+\frac{\partial Q}{\partial y}\right)dA \tag{6.47}$$

der den siste likheten følger av Greens setning. Men vi vet også at divergensen til $\vec{F}$ er:

$$\text{div}\vec{F} = \nabla\cdot\vec{F} = \frac{\partial P}{\partial x}+\frac{\partial Q}{\partial y} \tag{6.48}$$

Da kan vi skrive:

Setning 6.7

Fluksen gjennom en *lukket* kurve C som omslutter området R i planet er:

$$\oint_C \vec{F} \cdot \vec{n}\, ds = \iint_R \nabla \cdot \vec{F}\, dA \tag{6.49}$$

Dette uttrykket kaller vi **divergenssetningen i planet**. Uttrykket blir også kalt **Greens setning for fluksintegral**. I noen bøker brukes også betegnelsen **Gauss' setning i planet**.

Denne setningen viser at fluksen gjennom en *lukket* kurve i planet er lik dobbeltintegralet av divergensen til vektorfeltet, beregnet over området som har kurven som rand.

La oss nå ta for oss tilfeller der kurven C er *lukket*. I slike tilfeller er betingelsene for divergenssetningen oppfylt.

▼

Eksempel 109

Et vektorfelt er definert ved uttrykket $\vec{F} = 3\vec{i} + 4\vec{j}$. Bruk divergenssetningen til å regne ut fluksen av $\vec{F}$ gjennom en sirkel C med sentrum i punktet $(1, 2)$ og radius $r = 2$.

Løsning

Vi ser at vektorfeltet er konstant. Da er divergensen lik null: $\nabla \cdot \vec{F} = 0$. Når vi bruker divergenssetningen i planet, finner vi at fluksen er lik null:

$$\Phi = \oint_C \vec{F} \cdot \vec{n}\, ds = \iint_R \nabla \cdot \vec{F}\, dA = \iint_R 0\, dA = 0 \tag{6.50}$$

Svaret forteller oss at det strømmer like mye felt inn i sirkelen som det strømmer ut. Vi har tegnet sirkelen og feltet i figur 6.9 ■

▼

Eksempel 110

Et vektorfelt $\vec{F}$ er definert ved uttrykket $\vec{F} = -y\vec{i} + x\vec{j}$. Den lukkede flaten R er begrenset av grafene til funksjonene $f(x) = x^2 - 4$ og $g(x) = -x^2 + 4$. Kurven C er randen til R, og C er orientert mot klokka. Figur 6.10 viser feltet og grafene til funksjonene.

Bruk divergenssetningen til å regne ut fluksen $\Phi = \oint_C \vec{F} \cdot \vec{n}\, ds$.

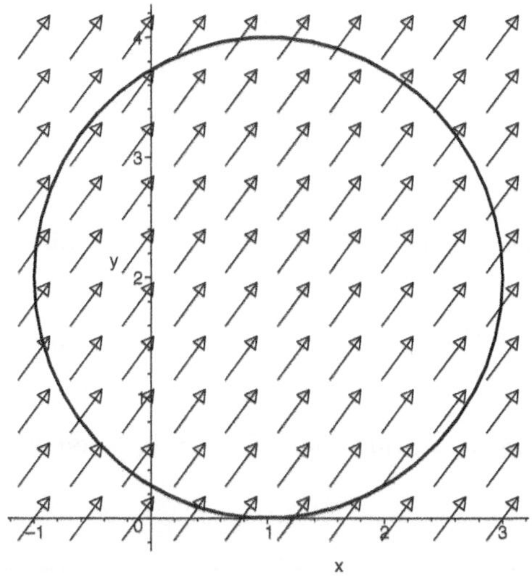

Figur 6.9 Feltet $\vec{F} = 3\vec{i} + 4\vec{j}$ og sirkelen C med sentrum i $(1, 2)$ og radius 2, se eksempel 109. Figuren antyder at det går like mye felt *inn* i sirkelen som *ut* av den.

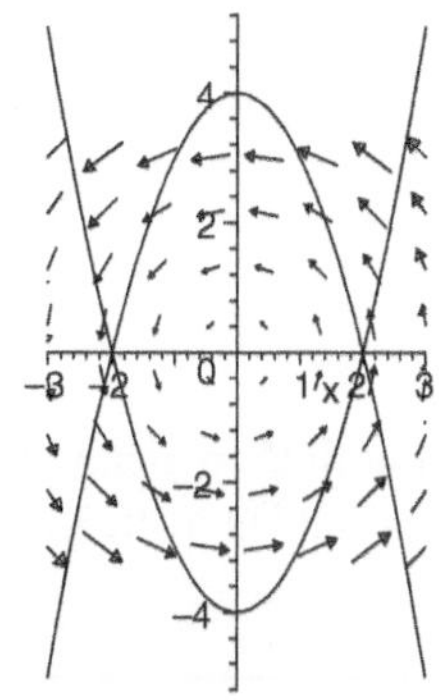

Figur 6.10 Figuren viser vektorfeltet $\vec{F} = -y\vec{i} + x\vec{j}$ og grafene til funksjonene $f(x) = x^2 - 4$ og $g(x) = -x^2 + 4$, se eksempel 110.

Løsning

Når vi bruker divergenssetningen, kan vi i stedet for å regne ut kurveintegralet regne ut dobbeltintegralet til divergensen over det lukkede området. Vi får:

$$\Phi = \oint_C \vec{F} \cdot \vec{n}\, ds = \iint_R \nabla \cdot (-y\vec{i} + x\vec{j})\, dA \tag{6.51}$$

$$\Phi = \iint_R \left(\frac{\partial}{\partial x}(-y) + \frac{\partial}{\partial y}(x) \right) dA = \iint_R 0\, dA = 0 \tag{6.52}$$

Av dette ser vi at kurveintegralet blir lik null. Det er betydelig lettere å regne ut dobbeltintegralet enn kurveintegralet. Legg merke til at det i figur 6.10 *ser ut som om* det er like mange piler som går inn i området som det kommer ut. ■

Eksempel 111

Et vektorfelt er definert ved uttrykket $\vec{F} = x^2\vec{i} + y\vec{j}$.

Bruk divergenssetningen til å regne ut fluksen gjennom trekanten med hjørner i punktene $(0, 0)$, $(1, 0)$ og $(0, 1)$.

Løsning

Vi starter med å regne ut divergensen. Vi får:

$$\nabla \cdot \vec{F} = 2x + 1 \tag{6.53}$$

Vi må så regne ut dobbeltintegralet av divergensen over trekanten. Linja mellom punktene $(1, 0)$ og $(0, 1)$ har likningen $y = -x + 1$. Vi får:

$$\Phi = \int_C \nabla \cdot \vec{F}\, ds = \iint_R (2x + 1)\, dA \tag{6.54}$$

$$= \int_{x=0}^{1} \left[\int_{y=0}^{-x+1} (2x + 1)\, dy \right] dx \tag{6.55}$$

$$= \int_{x=0}^{1} (-2x^2 + x + 1)\, dx = \frac{5}{6} \tag{6.56}$$

Vi ser at fluksen gjennom trekanten er forskjellig fra null. Siden $\nabla \cdot \vec{F} > 0$, "strømmer det mer felt" ut av trekanten enn inn i den. ■

Eksempel 112

Vis at divergenssetningen stemmer når C er kurven som omslutter et rektangel med hjørner i punktene $(0, 0)$, $(2, 0)$, $(2, 1)$ og $(0, 1)$ og vektorfeltet er $\vec{F} = 2\vec{j}$.

Løsning

Vi regner ut de to sidene i divergenssetningen hver for seg og sammenlikner svarene. Vi regner ut venstre side først, det vil si kurveintegralet $\oint_C \vec{F} \cdot \vec{n}\, ds$.

Vi deler opp kurven C som vi skal integrere langs i fire deler: C_1 er det rette linjestykket fra $(0, 0)$ til $(2, 0)$, C_2 er linjestykket fra $(2, 0)$ til $(2, 1)$, C_3 er linjestykket fra $(2, 1)$ til $(0, 1)$ og C_4 er linjestykket fra $(0, 1)$ til $(0, 0)$. Enhetsnormalene langs disse linjestykkene er $-\vec{j}$, $\vec{i}$, $\vec{j}$ og $-\vec{i}$.

Langs C_2 og C_4 ser vi at $\vec{F} \perp \vec{n}$. Da er $\vec{F} \cdot \vec{n} = 0$ langs disse linjestykkene. Kurveintegralet blir:

$$\oint_C \vec{F} \cdot \vec{n}\, ds = \int_{C_1} \vec{F} \cdot \vec{n}\, ds + \int_{C_3} \vec{F} \cdot \vec{n}\, ds \tag{6.57}$$

$$= \int_{x=0}^{2} 2\vec{j} \cdot (-\vec{j}) dx + \int_{x=2}^{0} 2\vec{j} \cdot \vec{j}(-dx) \tag{6.58}$$

$$= [-2x]_{x=0}^{2} + [-2x]_{x=2}^{0} \tag{6.59}$$

$$= (-4 - 0) - (0 - 4) = -4 + 4 = 0$$

Vi regner så ut høyre side i divergenssetningen: $\iint_R \nabla \cdot \vec{F}\, dA$:

$$\iint_R \nabla \cdot \vec{F}\, dA = \iint_R \frac{\partial}{\partial y}(2)\, dA = \iint_R 0\, dA = 0 \tag{6.60}$$

Vi ser at vi har fått samme svar i begge utregningene.

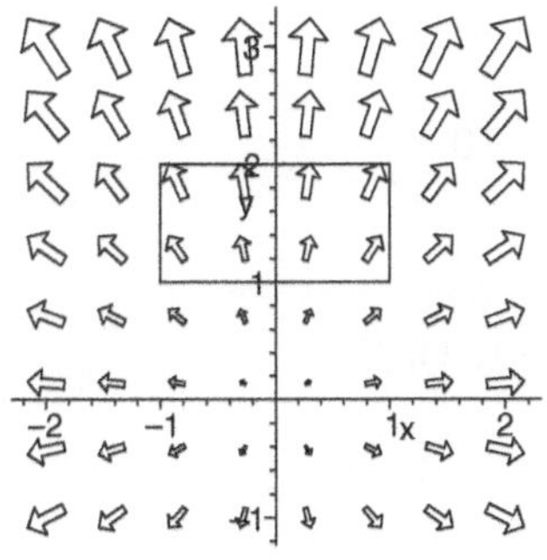

Figur 6.11 Feltet $\vec{F} = x\vec{i} + y\vec{j}$ og det lukkede området R.

At fluksen Φ blir lik null, virker rimelig. Slik vi har definert feltet $\vec{F}$ vil det være like mange feltlinjer som går inn i området som det går ut: "Det er like mye felt som strømmer inn som ut." Fluksen bør da være lik null. ■

Eksempel 113

Et vektorfelt er definert ved uttrykket $\vec{F} = x\,\vec{i} + y\,\vec{j}$. Området R i xy-planet er et rektangel med hjørner $(-1, 1)$, $(1, 1)$, $(1, 2)$ og $(-1, 2)$. Kurven som avgrenser rektangelet kaller vi C. Se figur 6.11.

Regn ut fluksen gjennom området R ved å bruke divergenssetningen.

Regn deretter ut fluksen gjennom R ved å bruke definisjonen av fluks.

Løsning

Når vi bruker divergenssetningen, får vi:

$$\Phi = \iint_R \nabla \cdot \vec{F}\,dA = \iint_R (1+1)\,dA = 2\iint_R dA = 2A = 2 \cdot 2 \cdot 1 = 4 \tag{6.61}$$

Når vi skal bruke *definisjonen* av fluks, deler vi C i fire deler. Hver del svarer til en av sidene i rektangelet. Vi parametriserer hver side. Det gir:

Siden fra $(-1, 1)$ til $(1, 1)$, C_1:

$$x(t) = t \quad y(t) = 1 \quad -1 \le t \le 1 \tag{6.62}$$

$$dx = dt \quad dy = 0 \tag{6.63}$$

Siden fra $(1, 1)$ til $(1, 2)$, C_2:

$$x(t) = 1 \quad y(t) = t \quad 1 \le t \le 2 \tag{6.64}$$

$$dx = 0 \quad dy = dt \tag{6.65}$$

Siden fra (1, 2) til (−1, 2), C_3:

$$x(t) = 1 - t \quad y(t) = 2 \quad 0 \le t \le 2 \tag{6.66}$$
$$dx = -dt \quad dy = 0 \tag{6.67}$$

Siden fra (−1, 2) til (−1, 1), C_4:

$$x(t) = -1 \quad y(t) = 2 - t \quad 0 \le t \le 1 \tag{6.68}$$
$$dx = 0 \qquad dy = -dt \tag{6.69}$$

Når vi husker at ds alltid er positiv i den veien vi "beveger" oss, mens dx og dy er positive langs de positive koordinataksene, får vi:

$$\Phi = \oint_C \vec{F} \cdot \vec{n}\, ds \tag{6.70}$$
$$= \int_{C_1} \vec{F} \cdot \vec{n}\, ds + \int_{C_2} \vec{F} \cdot \vec{n}\, ds + \int_{C_3} \vec{F} \cdot \vec{n}\, ds + \int_{C_4} \vec{F} \cdot \vec{n}\, ds \tag{6.71}$$
$$= \int_{C_1} -y\, ds + \int_{C_2} x\, ds + \int_{C_3} y\, ds + \int_{C_4} -x\, ds \tag{6.72}$$
$$= \int_{C_1} -y\, dx + \int_{C_2} x\, dy + \int_{C_3} y\,(-dx) + \int_{C_4} -x\,(-dy) \tag{6.73}$$
$$= \int_{-1}^{1} (-1)\, dt + \int_{1}^{2} (1)\, dt + \int_{0}^{2} (2)\, dt + \int_{0}^{1} -(-1)\, dt \tag{6.74}$$
$$= -2 + 1 + 4 + 1 = 4 \tag{6.75}$$

Som ventet får vi det samme svaret som da vi brukte divergenssetningen. ■

✓ Nøkkelkunnskap 6.5

Mål: Du skal kunne regne ut fluksen gjenom en lukket kurve ved å bruke divergenssetningen.

Regn ut $\iint_R \nabla \cdot \vec{F}\, dA$ der $\vec{F} = 2x\,\vec{i} + 3y\,\vec{j}$ og R er sirkelen med sentrum i origo og radius $r = 2$.

Svar: 20π

6.5.4 Divergenssetningen og "lukking" av områder

Divergenssetningen gjelder bare dersom vi skal regne ut fluks gjennom en *lukket* kurve. Hvis vi skal regne ut fluksen gjennom en kurve som ikke er lukket, kan det hende vi kan bruke divergenssetningen allikevel. Men da må vi først "lukke kurven". Et eksempel viser hvordan vi gjør det.

Eksempel 114

Et vektorfelt $\vec{F}$ er definert ved uttrykket $\vec{F} = [P, Q] = [x, y]$. Kurven C er halvsirkelen $x^2 + y^2 = 1, y \geq 0$.

Bruk blant annet divergenssetningen til å regne ut fluksen av $\vec{F}$ gjennom C.

Løsning

Dette er det samme feltet og den samme kurven som vi studerte i eksempel 108. Feltet og kurven er vist i figur 6.8. Forskjellen er nå at vi har blitt bedt om å bruke divergenssetningen for å regne ut fluksen.

"Trikset" vi bruker er å "lukke kurven C". Det betyr at vi forbinder de to punktene $(-1, 0)$ og $(1, 0)$ med en kurve L. Vi kan velge L selv. Kurven K, som består av de to delene C og L, er lukket og omslutter området R. Da kan vi bruke divergenssetningen for å regne ut fluksen gjennom K. Videre vet vi at fluksen ut av K er summen av fluksen gjennom C og L. Vi får:

$$\Phi_K = \Phi_C + \Phi_L \tag{6.76}$$

$$\iint_R \nabla \cdot \vec{F}\, dA = \Phi_C + \int_L \vec{F} \cdot \vec{n}\, ds \tag{6.77}$$

Divergensen til $\vec{F}$ er $\nabla \cdot \vec{F} = P_x + Q_y = 1 + 1 = 2$. Vi *velger* å la kurven L være den rette linja mellom $(-1, 0)$ og $(1, 0)$, det vil si en del av x-aksen. På denne linja er $y = 0$. En enhetsnormal som peker *ut* av det lukkede området er $\vec{n} = -\vec{j} = [0, -1]$. Setter vi dette inn i likning 6.77, får vi:

$$\iint_R 2\, dA = \Phi_C + \int_C [x, 0] \cdot [0, -1]\, ds \tag{6.78}$$

$$2 \iint_R dA = 2A_R = \Phi_C + 0 \tag{6.79}$$

$$2 \cdot \frac{1}{2}\pi \cdot 1^2 = \Phi_C \tag{6.80}$$

$$\Phi_C = \pi \tag{6.81}$$

Dette er det samme resultatet som i eksempel 108.

Det er viktig å velge kurven L vi lukker området med, på en slik måte at det blir lett å regne ut fluksen gjennom denne kurven. Med det valget vi gjorde i dette eksemplet ble integranden 0, og det ble derfor trivielt å beregne integralet. ■

6.5.5 Fluks og divergens i planet – tolkning av $\nabla \cdot \vec{F}$

Divergenssetningen i planet forteller oss at den totale fluksen ut av den lukkede kurven som omslutter et område R i planet, er lik dobbeltintegralet av divergensen til feltet over området R:

$$\Phi = \oint_C d\Phi = \iint_R \nabla \cdot \vec{F}\, dA$$

Hvis vi lar området R bli svært lite, kan vi anta at divergensen er konstant over dette lille området. Da kan vi sette $\iint_R \nabla \cdot \vec{F}\, dA = \nabla \cdot \vec{F} \iint_R dA$. Hvis $d\Phi$ er fluksen ut av det lille området med areal dA, kan vi derfor sette:

$$d\Phi = \nabla \cdot \vec{F}\, dA \tag{6.82}$$

Denne likningen viser at vi kan oppfatte divergensen til et vektorfelt som fluks per areal:

$$\nabla \cdot \vec{F} = \frac{d\Phi}{dA} \tag{6.83}$$

Divergensen til et vektorfelt i planet forteller altså hvor mye felt som strømmer ut av et lite område per areal.

6.6 Flateintegral

Vi har lært hvordan vi regner ut fluks av et todimensjonalt vektorfelt gjennom en kurve i planet. Vi har tolket fluks som et mål for "hvor mye vektorfelt som strømmer gjennom kurven".

Hvis vektorfeltet er tredimensjonalt, må vi kunne avgjøre hvor mye felt som "strømmer gjennom en *flate*". For å regne ut dette, må vi kunne "integrere over en flate" i rommet. Derfor skal vi lære om **flateintergraler**.

6.6.1 Innledning

Vi innleder med å se på noen *idémessige* likhetstrekk mellom dobbeltintegral og flateintegral.

Dobbeltintegral Når vi skal regne ut et *dobbeltintegral*, skal vi integrere en funksjon av to variable, $f(x, y)$. I kapittel 5 så vi at dobbeltintegralet ble definert som en *riemannsum*: Vi startet med å avgrense et område R i xy-planet. Dette delte vi opp i ruter. Vi multipliserte funksjonsverdien $f(x_i, y_i)$ for et tallpar (x_i, y_i) inne i en rute med arealet ΔA_i av ruta, summerte produktene for alle rutene, og bestemte grensen da vi lot størrelsene på rutene gå mot null. Figur 6.12 viser området $R = [-1, 1] \times [-1, 1] \ldots$ i xy-planet når det er

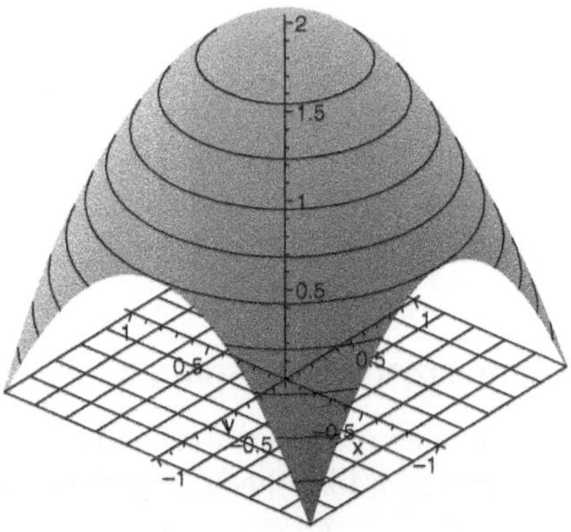

Figur 6.12 Integrasjonsområdet $R = [-1, -1] \times [-1, -1]$ i xy-planet er her delt opp i 10×10 ruter. Når vi skal regne ut dobbeltintegralet, øker vi antall ruter, slik at arealet av hver av dem går mot null.

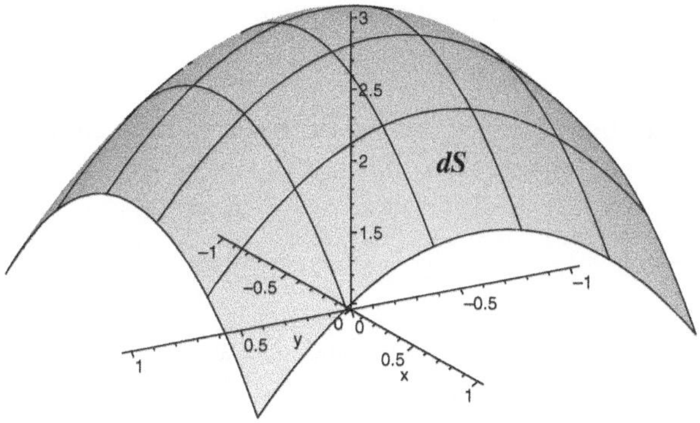

Figur 6.13 I et flateintegral skal de variable ligge *på* en flate G. Vi lager et rutenett på flaten. Når vi skal regne ut flateintegralet, øker vi antall ruter, slik at arealet av hver av dem går mot null.

delt opp i 10×10 ruter. Dobbeltintegralet, som er grensen for riemannsummen, skriver vi slik:

$$\iint_R f(x, y)\, dA$$

For å *beregne* et dobbeltintegral, må vi altså bestemme og beskrive integrasjonsområdet R som de variable ligger innenfor. Området R ligger i xy-planet. Vi trenger et uttrykk for arealet dA av en rute i R. I kartesiske koordinater kan vi sette $dA = dx\, dy$. I polarkoordinater er $dA = r\, dr\, d\theta$. Så bruker vi *teknikken* med itererte integraler for å bestemme verdien av dobbeltintegralet.

Flateintegral Når vi skal beregne et **flateintegral** (se avsnitt 6.6.3), skal vi integrere en funksjon av tre variable, $g(x, y, z)$. Vi starter med å avgrense en *flate* G i rommet. Vi kaller G *integrasjonsflaten*, eller vi sier at G er flaten vi skal "integrere over". De variable x, y og z skal "være" *på* denne flaten. Vi deler opp flaten i ruter. Rutenettet ligger *på* flaten, ikke i xy-planet som for dobbeltintegral, se figur 6.13. Så multipliserer vi funksjonsverdien $g(x_i, y_i, z_i)$ for et talltrippel (x_i, y_i, z_i) inne i en rute med arealet ΔS_i av ruta, og summerer produktene for alle rutene. Deretter bestemmer vi grensen når vi lar arealene av rutene gå mot null. Flateintegralet, som er grensen for riemannsummen, skriver vi slik:

$$\iint_G g(x, y, z)\, dS$$

Arealet av en rute *på* integrasjonsflaten G kaller vi dS, se figur 6.13. Når vi skal regne ut flateintegralet, multipliserer vi funksjonen $g(x, y, z)$ med arealelementet dS og deretter integrerer vi. Hvordan vi gjør dette rent teknisk, lærer vi i neste avsnitt, men ideen er:

Vi overfører flateintegralet $\iint_G g(x, y, z)\, dS$ *til et dobbeltintegral over projeksjonen ("skyggen")* R *av flaten* G *i* xy*-planet.*

I riemannsummen, som skal konvergere mot flateintegralet, skal vi summere ledd av typen $g(x_i, y_i, z_i)\cdot\Delta S_i$. Når vi lar rutene bli små, erstattes dette uttrykket med uttrykket

$g(x, y, z) \cdot dS$. Størrelsen dS er arealet av en liten rute *på* flaten. Dette arealet kan vi regne ut ved å multiplisere arealet av *projeksjonen av dS i xy-planet* med en passende faktor.

At dette virker rimelig, ser vi hvis vi lar flaten G være en del av et plan. Hvis arealet av projeksjonen ("skyggen") av ruta ned i xy-planet er dA, vil arealet av dS bli:

$$dS = \frac{1}{\cos\alpha}\,dA \tag{6.84}$$

der α er vinkelen mellom planet G og xy-planet. Det ser vi ved å betrakte figurene 6.14 og 6.15. Vi kan tenke oss at i stedet for at vi "måler" arealet dS av ruta på planet, så "måler" vi arealet dA av projeksjonen av ruta i xy-planet. Deretter multipliserer vi dA med en faktor for å bestemme dS. Dette svarer til at vi kan regne ut arealet av et skråtak på et hus ved å måle grunnflatearealet og så multiplisere med en faktor.

For en *krum* flate vil imidlertid faktoren vi skal multiplisere med, variere med hvor på flaten vi er. I neste avsnitt skal vi se hvordan vi kan bestemme faktoren når flaten G er grafen til funksjonen $z = f(x, y)$.

6.6.2 Differensielt arealelement

For å overføre et flateintegral til et dobbeltintegral i xy-planet, må vi kunne uttrykke dS på flaten G ved hjelp av dA i xy-planet. Hvis flaten vi skal integrere over er bestemt ved uttrykket $z = f(x, y)$, går det an å vise at arealelementet dS er bestemt ved uttrykket i likning 6.85:

Setning 6.8

Flate-arealelementet dS på en flate som er grafen til funksjonen $z = f(x, y)$ uttrykt ved arealelementet $dx\,dy$ i xy-planet er

$$dS = \sqrt{f_x^2 + f_y^2 + 1}\,dx\,dy \tag{6.85}$$

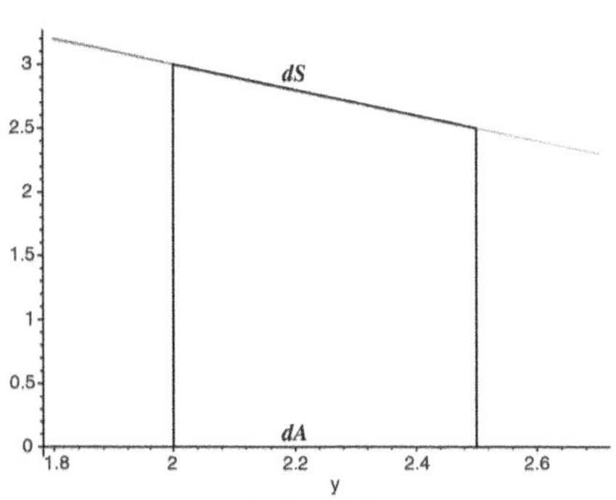

Figur 6.14 Vinkelen mellom planet G og xy-planet er α. Kjenner vi arealet dA, kan vi beregne arealet dS.

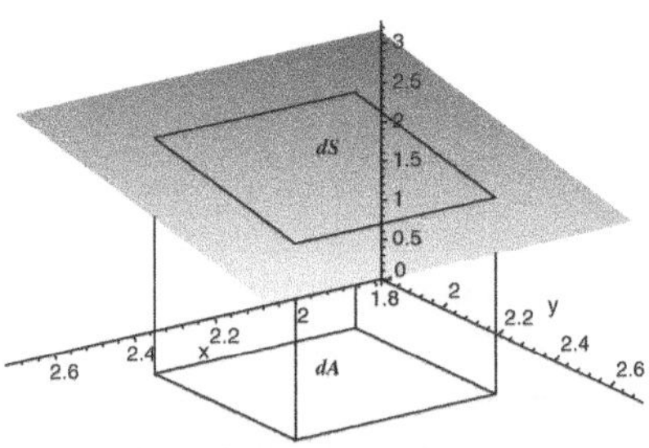

Figur 6.15 Figuren viser det samme som figur 6.14, men sett i perspektiv.

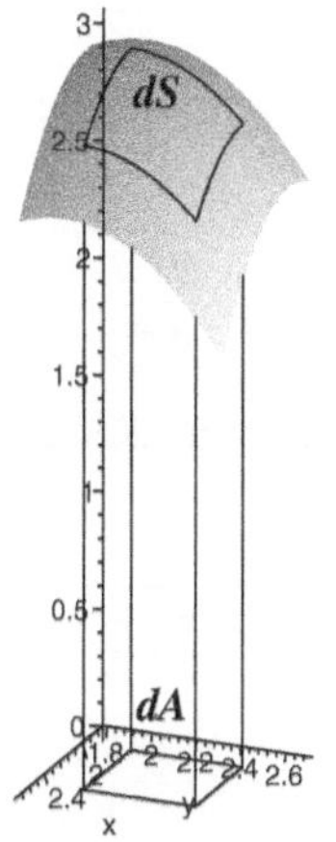

Figur 6.16 Figuren viser flateelementet dS og projeksjonen dA av det i xy-planet.

I dette uttrykket er f_x er den partielt deriverte av f med hensyn på x: $f_x = \frac{\partial f}{\partial x}$. Tilsvarende er $f_y = \frac{\partial f}{\partial y}$. Arealelementet $dx\,dy = dA$ er projeksjonen av arealelementet dS ned i xy-planet, se figur 6.16. Tilsvarende uttrykk finner vi dersom vi projiserer flaten inn i xz- og yz-planet.

Eksempel 115

Et plan G i rommet er bestemt ved uttrykket $z = f(x, y) = -y + 3$.

Bestem et uttrykk for dS på flaten G uttrykt ved $dA = dx\,dy$ i xy-planet ved å bruke likning 6.85.

Sammenlikn svaret med det uttrykket vi får hvis vi bruker likning 6.84.

Løsning

Vi regner ut de partielt deriverte og får $f_x = 0$ og $f_y = -1$. Dette gir:

$$dS = \sqrt{f_x^2 + f_y^2 + 1}\,dx\,dy = \sqrt{0^2 + (-1)^2 + 1}\,dx\,dy = \sqrt{2}\,dx\,dy \qquad \textbf{(6.86)}$$

Av uttrykket for planet ser vi at stigningstallet til skjæringslinja i yz-planet er -1. Siden planet G står vinkelrett på yz-planet, betyr dette at vinkelen α i likning 6.84 er $-45°$. Da blir $\cos\alpha = \frac{1}{2}\sqrt{2}$. Da får vi:

$$dS = \frac{1}{\cos\alpha}\,dx\,dy = \frac{1}{\frac{1}{2}\sqrt{2}}\,dx\,dy = \sqrt{2}\,dx\,dy \qquad \textbf{(6.87)}$$

Dette er det samme som vi fant da vi brukte likning 6.85. ■

Eksempel 116

Funksjonen $f(x, y) = \sin(x^2 + y^2)$ definerer en integrasjonsflate G. Bestem et uttrykk for et flateelement dS på denne integrasjonsflaten.

Løsning

Vi bruker likning 6.85. Først må vi bestemme de partielt deriverte med hensyn på x og y. Dette gir:

$$f_x = \frac{\partial f}{\partial x} = \cos(x^2 + y^2) \cdot 2x f_y = \frac{\partial f}{\partial y} = \cos(x^2 + y^2) \cdot 2y \qquad \textbf{(6.88)}$$

Her har vi brukt kjerneregelen, og det er årsaken til faktorene $2x$ og $2y$. Vi setter så inn i uttrykket for dS og får:

$$dS = \sqrt{f_x^2 + f_y^2 + 1}\, dx\, dy = \sqrt{(2x\cos(x^2 + y^2))^2 + (2y\cos(x^2 + y^2))^2 + 1}\, dx\, dy$$

(6.89)

■

Eksempel 117

En funksjon g er definert ved uttrykket $g(x, y, z) = xy + z$. Vi skal regne ut integralet av g over den delen av planet G bestemt ved likningen $2x - y + z = 3$ som ligger loddrett over trekanten med hjørner (0, 0, 0), (1, 0, 0) og (1, 1, 0). Planet og trekanten er vist i figur 6.17.

Bestem et uttrykk for et flateelement dS på planet.

Løsning

I dette eksemplet har vi fått alle de opplysningene som vanligvis blir gitt når vi skal regne ut et *flateintegral*. Allikevel skal vi bare bestemme et uttrykk for et flateelement dS. Vi må derfor skille de opplysningene vi trenger fra de vi *ikke* trenger.

For å kunne bestemme et uttrykk for et flateelement dS, må vi ta utgangspunkt i uttrykket for *integrasjonsflaten G*. Det er på den de variable skal "ligge". Vi merker oss at i vårt tilfelle er det *planet* som er integrasjonsflate, mens det er funksjonen g som er integrand. Planet kan vi beskrive ved en funksjon $f(x, y)$. Uttrykket for $f(x, y)$ blir:

$$f(x, y) = z = 3 - 2x + y \qquad \textbf{(6.90)}$$

For å bestemme et uttrykk for flateelementet bruker vi likning 6.85. Vi må først regne ut de partielt deriverte og så sette inn i uttrykket. Partiell derivasjon gir $f_x = -2$ og $f_y = 1$. Da blir flateelementet:

$$dS = \sqrt{f_x^2 + f_y^2 + 1}\, dx\, dy = \sqrt{(-2)^2 + 1^2 + 1}\, dxdy = \sqrt{6}\, dx\, dy \qquad \textbf{(6.91)}$$

■

✓ Nøkkelkunnskap 6.6

Mål: Du skal kunne bestemme et uttrykk for arealelementet dS når flaten er grafen til $z = f(x, y)$.

Regn ut dS når flaten er planet $z = y + 1$.

Svar: $\sqrt{2}\, dx\, dy$

6.6.3 Hvordan regne ut et flateintegral

La oss innlede dette avsnittet med å forklare noen av de symbolene vi skal bruke.

1. Vi bruker symbolet G på den flaten i rommet vi skal integrere over. G er et *navn* vi setter på flaten.
2. Flaten G er grafen til funksjonen $z = f(x, y)$.
   Det er ikke nødvendig at G er definert på denne måten, men vi skal begrense oss til dette i denne boka.
3. Funksjonen vi skal integrere, kaller vi g. Den er en funksjon av de tre variablene x, y og z. *Vi har bare lov å sette inn verdier av x, y og z som ligger på flaten G.* Det betyr at vi *må* kreve at $z = f(x, y)$ når vi setter inn verdier i g.
4. Projeksjonen ("skyggen") ned i xy-planet av den delen av flaten vi skal integrere over, kaller vi R.
5. Et lite arealelement *på* flaten G kaller vi dS. Projeksjonen av dS ned i xy-planet kaller vi dA. Når vi regner med kartesiske koordinater, er $dA = dx\,dy$.

I avsnitt 6.6.1 så vi at ideen bak teknikken vi skal bruke for å regne ut flateintegralet over flaten G, er å overføre det til et dobbeltintegral over et område R i xy-planet. Når vi lar R være projeksjonen av integrasjonsområdet G ned i xy-planet, sikrer vi oss at vi bare setter inn gyldige x-, y- og z-verdier i uttrykket for g dersom vi lar $z = f(x, y)$, der x og y er i R. Det betyr at vi skriver:

$$g(x, y, z) = g(x, y, f(x, y)) \quad (x, y) \in R \tag{6.92}$$

Tall-trippelet $(x, y, f(x, y))$ er et punkt som ligger på flaten G når G er grafen til funksjonen $z = f(x, y)$.

I avsnitt 6.6.1 argumenterte vi for at flateintegralet kan defineres som grensen for en riemannsum. Vi definerer flateintegralet slik:

DEFINISJON 6.2

Flateintegralet av en funksjon g over en flate G er definert ved:

$$\iint_G g(x, y, z)\,dS = \lim_{\Delta S_i \to 0} \sum_i g(x_i, y_i, z_i)\Delta S_i \tag{6.93}$$

Definisjonen er tungvinn å bruke når vi skal regne ut flateintegraler. Derfor er det nødvendig å operasjonalisere integrasjonsprosessen. Det går an å vise at vi beregner flateintegralet av funksjonen g over flaten G ved uttrykket:

Setning 6.9

$$\iint_G g(x, y, z)\,dS = \iint_R g(x, y, f(x, y))\sqrt{f_x^2 + f_y^2 + 1}\,dxdy \tag{6.94}$$

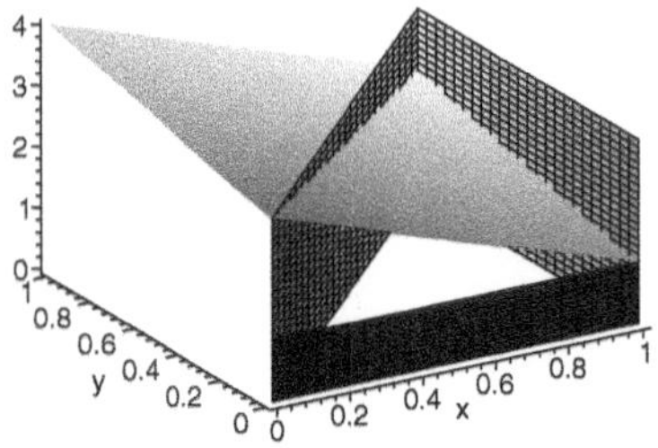

Figur 6.17 Figuren viser grafen til planet $f(x, y) = 3 + y - 2x$, samt de loddrette planene over linjene $x = y$, $x = 1$ og $y = 0$.

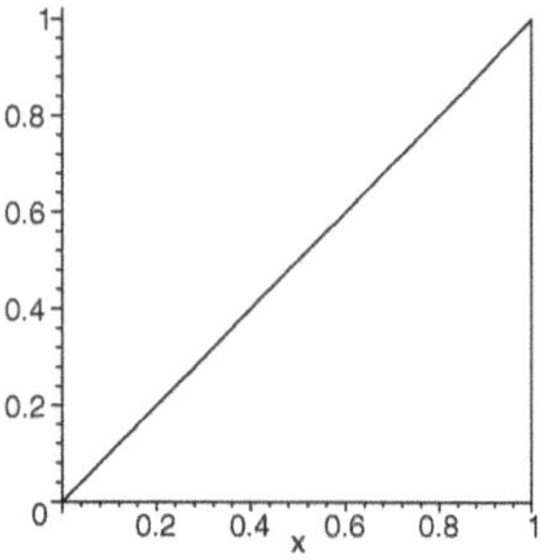

Figur 6.18 Det trekantede integrasjonsområdet R med hjørner $(0, 0, 0)$, $(1, 0, 0)$ og $(1, 1, 0)$.

Uttrykket forteller at vi skal sette inn $f(x, y)$ der det står z, og erstatte uttrykket for dS med uttrykket i likning 6.85. Så skal vi regne ut et dobbeltintegral over området R i xy-planet som "ligger rett under" integrasjonsområdet på flaten $z = f(x, y)$.

Eksempel 118

En funksjon g er definert ved uttrykket $g(x, y, z) = xy + z$.

Regn ut integralet av g over den delen av planet G bestemt ved likningen $2x - y + z = 3$ som ligger loddrett over trekanten med hjørner $(0, 0, 0)$, $(1, 0, 0)$ og $(1, 1, 0)$.

Løsning

Dette er den samme funksjonen og det samme integrasjonsområdet som vi studerte i eksempel 117. Da vet vi at flateelementet dS er bestemt ved uttrykket $dS = \sqrt{6}\,dx\,dy$. Vi vet også at $f(x, y) = z = 3 + y - 2x$. Vi skal skrive uttrykket for $f(x, y)$ alle steder der det står z i uttrykket for $g(x, y, z)$.

I figur 6.17 har vi tegnet grafen til planet $f(x, y) = 3 + y - 2x$ og loddrette plan langs randen av området R i xy-planet. Dette gir et inntrykk av hvordan integrasjonsområdet som ligger på planet blir projisert ned i xy-planet.

Vi har tegnet integrasjonsområdet R i figur 6.18. Denne figuren er grei å bruke når vi skal bestemme integrasjonsgrensene for dobbeltintegralet. Når vi bruker likning 6.94, blir flateintegralet:

$$\iint_G g(x, y, z)\,dS = \iint_R g(x, y, f(x, y))\sqrt{6}\,dx\,dy \tag{6.95}$$

$$= \iint_R (xy + (3 + y - 2x))\sqrt{6}\,dx\,dy \tag{6.96}$$

$$= \int_{x=0}^{1}\int_{y=0}^{x} (xy + 3 + y - 2x)\sqrt{6}\,dy\,dx \tag{6.97}$$

$$= \sqrt{6} \int_{x=0}^{1} \left[\frac{1}{2}xy^2 + 3y + \frac{1}{2}y^2 - 2xy \right]_{y=0}^{x} dx \tag{6.98}$$

$$= \sqrt{6} \int_{x=0}^{1} \left(\frac{1}{2}x^3 + 3x - \frac{3}{2}x^2 \right) dx = \frac{9\sqrt{6}}{8} \tag{6.99}$$

■

6.6.4 Tolkning av flateintegral

Tolkningen av svaret vi får når vi regner ut et flateintegral, avhenger av hva for slags størrelse funksjonen g beskriver. Dersom g er massetetthet (masse per areal), vil $g\,dS = dm$ være massen av flateelementet dS. Integralet gir oss en verdi av massen av hele flaten G. Dersom g er ladningstetthet (ladning per areal), vil $g\,dS = dq$, og integralet forteller oss hvor stor den totale ladningen på flaten er. Hvis $g = \vec{F} \cdot \vec{n}$, blir flateintegralet fluksen av $\vec{F}$ gjennom G, noe vi kommer tilbake til i avsnitt 6.8.

Når $g(x, y, z) = 1$, blir $g\,dS = dS$. Da gir flateintegralet arealet av flaten.

Setning 6.10

Vi kan regne ut arealet av en flate G i rommet ved å regne ut et flateintegral. Arealet A_G av flaten G er:

$$A_G = \iint_G dS \tag{6.100}$$

Eksempel 119

Regn ut arealet av den delen av overflaten på kula $x^2 + y^2 + z^2 = 1$ som ligger over xy-planet.

Løsning

For å regne ut arealet, beregner vi et flateintegral. Da må vi bruke uttrykket for dS i likning 6.85. Overflaten til halvkula er beskrevet ved uttrykket $z = f(x, y) = \sqrt{1 - x^2 - y^2}$. Arealelementet dS kan vi derfor skrive slik:

$$dS = \sqrt{f_x^2 + f_y^2 + 1}\, dx\, dy \tag{6.101}$$

$$= \sqrt{\left(\frac{-2x}{2\sqrt{1 - x^2 - y^2}} \right)^2 + \left(\frac{-2y}{2\sqrt{1 - x^2 - y^2}} \right)^2 + 1}\, dx\, dy \tag{6.102}$$

$$= \sqrt{\frac{x^2}{1 - x^2 - y^2} + \frac{y^2}{1 - x^2 - y^2} + 1}\, dx\, dy = \frac{1}{\sqrt{1 - x^2 - y^2}}\, dx\, dy \tag{6.103}$$

Integralet vi må regne ut for å bestemme arealet av halvkula blir:

$$A = \iint_G dS = \iint_R \frac{1}{\sqrt{1-(x^2+y^2)}}\,dx\,dy \tag{6.104}$$

Flaten R er projeksjonen av halvkula ned i xy-planet. Derfor er R en sirkelskive med radius 1 og sentrum i origo. Siden uttrykket $1-(x^2+y^2)$ inngår i integranden og integrasjonsområdet er sirkulært, er det lønnsomt å bruke polarkoordinater. Da får vi:

$$A = \iint_G dS = \iint_R \frac{1}{\sqrt{1-(x^2+y^2)}}\,dx\,dy = \iint_R \frac{1}{\sqrt{1-r^2}}\,r\,dr\,d\theta \tag{6.105}$$

$$= \int_{\theta=0}^{2\pi}\int_{r=0}^{1} \frac{1}{\sqrt{1-r^2}}\,r\,dr\,d\theta = \int_{\theta=0}^{2\pi} d\theta \int_{r=0}^{1} \frac{1}{\sqrt{1-r^2}}\,r\,dr \tag{6.106}$$

$$= 2\pi \int_{r=0}^{1} \frac{r}{\sqrt{1-r^2}}\,dr \quad (\text{Substituerer } u=\sqrt{1-r^2}) \tag{6.107}$$

$$= -2\pi \int_{u=1}^{0} du = 2\pi \tag{6.108}$$

Vi ser at resultatet stemmer siden overflaten av ei halvkule er $\frac{1}{2}\cdot 4\pi r^2 = 2\pi$ når $r=1$.

■

6.6.5 Egenskaper ved flateintegral

Flateintegrasjon er en *lineær operasjon*. Det betyr blant annet at vi kan dele opp en flate i forskjellige deler og beregne integralet over den sammensatte flaten ved å summere integralene over hver enkelt del. Videre kan vi integrere en sum av funksjoner ved å summere integralene av hver av funksjonene.

Setning 6.11

Hvis flaten G er satt sammen av to deler, G_1 og G_2, kan vi skrive:

$$\iint_G g(x,y,z)\,dS = \iint_{G_1} g(x,y,z)\,dS + \iint_{G_2} g(x,y,z)\,dS \tag{6.109}$$

Dersom a og b er konstanter, og g og h er funksjoner av tre variable, kan vi skrive:

$$\iint_G (a\,g + b\,h)\,dS = a\iint_G g\,dS + b\iint_G h\,dS \tag{6.110}$$

✓ Nøkkelkunnskap 6.7

Mål: Du skal kunne bestemme uttrykket $g(x,y,z)\,dS$ som inngår i flateintegraler.

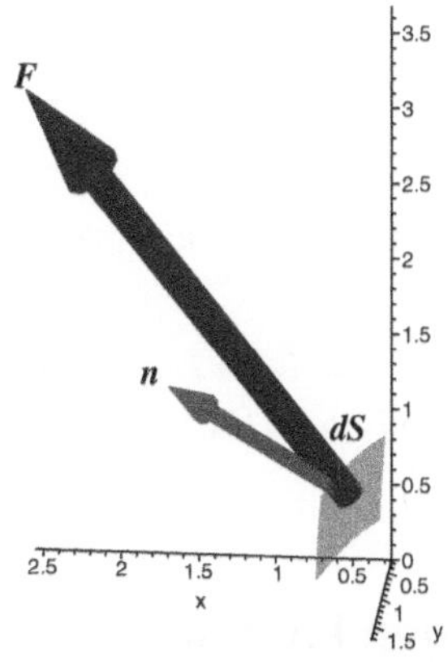

Figur 6.19 Fluksen av vektorfeltet $\vec{F}$ gjennom en flate med areal dS og enhetsnormal $\vec{n}$ er definert ved uttrykket $d\Phi = \vec{F} \cdot \vec{n}\, dS$.

Bestem et uttrykk for $g(x, y, z)\, dS$ når $g(x, y, z) = x + y + z$ og flaten er definert ved $z = f(x, y) = x^2 + y^2$.

Svar: $(x + y + x^2 + y^2)\sqrt{4x^2 + 4y^2 + 1}\, dx\, dy$

6.7 Fluks gjennom et lite flatestykke

I avsnitt 6.4 lærte vi hvordan vi kunne regne ut hvor mye fluid som strømmet gjennom et linjestykke i et plan. Dette førte til at vi innførte begrepet *fluks*. Vi definerte fluksen $d\Phi$ av vektorfeltet $\vec{F}$ gjennom et linjestykke med lengde ds ved uttrykket $d\Phi = \vec{F} \cdot \vec{n}\, ds$.

Fluks er også et viktig begrep når vi studerer vektorfelt i rommet. I rommet er vi interessert i å kunne regne ut hvor mye felt som "strømmer" gjennom en flate. Vi definerer fluks gjennom en liten flate på en måte som er analog med definisjonen av fluksen gjennom et linjestykke, se figur 6.19.

DEFINISJON 6.3

Fluksen $d\Phi$ av et vektorfelt

$$\vec{F}(x, y, z) = P(x, y, z)\vec{i} + Q(x, y, z)\vec{j} + R(x, y, z)\vec{k} = [P,\ Q,\ R]$$

gjennom en flate med areal dS, er definert ved uttrykket:

$$d\Phi = \vec{F} \cdot \vec{n}\, dS \qquad \textbf{(6.111)}$$

Vektoren $\vec{n}$ har lengde 1, står vinkelrett på flaten og kalles **enhetsnormalen**.

Fluksen av et vektorfelt $\vec{F} = [P,\ Q,\ R]$ gjennom en flate i rommet er en skalar.

Også for vektorfelt i rommet regner vi fluks med fortegn. Dersom vinkelen α mellom $\vec{F}$ og $\vec{n}$ er $0 \leq \alpha < \frac{\pi}{2}$, blir $\vec{F} \cdot \vec{n} = |\vec{F}| \cdot |\vec{n}| \cdot \cos\alpha > 0$. Da blir $d\Phi > 0$. Dersom $\frac{\pi}{2} < \alpha \leq \pi$, blir $\vec{F} \cdot \vec{n} = |\vec{F}| \cdot |\vec{n}| \cdot \cos\alpha < 0$. Da blir $d\Phi < 0$.

Fluksen er positiv dersom feltet "strømmer" gjennom en flate i den retningen enhetsnormalen peker.

✓ Nøkkelkunnskap 6.8

Mål: Du skal kunne bestemme et uttrykk for fluksen $d\Phi$ gjennom flateelemenet dS.

Bestem et uttrykk for $\vec{F} \cdot \vec{n}\, dS$ når $\vec{F} = \vec{i} + 2\,\vec{j} + 3\,\vec{k}$ og flaten der dS ligger er kvadratet med hjørner i punktene (0, 0, 1), (1, 0, 1), (1, 1, 1) og (0, 1, 1).

Svar: $3\,dS$

6.8 Divergenssetningen i rommet

Likning 6.111 viser hvordan vi kan regne ut fluksen av et vektorfelt gjennom et lite flateelement dS. Vi skal ta utgangspunkt i dette, og vise hvordan vi kan regne ut fluksen gjennom en flate i rommet.

6.8.1 Fluks gjennom en flate

For å regne ut fluksen gjennom en flate G i rommet, tenker vi oss at vi deler opp flaten i små ruter. Vi kan regne ut fluksen gjennom hele flaten ved å legge sammen fluksen gjennom hver av rutene. Når arealet av rutene går mot null, kan vi erstatte summen med et integral. Siden $\vec{F} \cdot \vec{n}$ er en skalar, blir integralet et *flateintegral*. Vi får:

Setning 6.12

Fluksen av et vektorfelt $\vec{F}$ gjennom en flate G i rommet er bestemt ved flateintegralet:

$$\Phi = \iint_G d\Phi = \iint_G \vec{F} \cdot \vec{n}\, dS \qquad \textbf{(6.112)}$$

Dersom vi setter $\vec{F} \cdot \vec{n} = g(x, y, z)$, ser vi at vi kan bruke teknikkene vi lærte i avsnitt 6.6.3 til å regne ut flateintegralet i likning 6.112.

Vi merker oss også to viktige spesialtilfeller:

1. Dersom $\vec{F}$ står vinkelrett på enhetsnormalen $\vec{n}$ overalt på flaten G, er fluksen gjennom G lik null siden $\vec{F} \cdot \vec{n} = 0$.
2. Dersom $\vec{F} \cdot \vec{n} = konstant = k$, er fluksen Φ gjennom G proporsjonal med arealet A_G av flaten:

$$\Phi = k \iint_G dS = kA_G$$

Flaten vi skal regne ut fluksen gjennom, må være "glatt". Det betyr at enhetsnormalen $\vec{n}$ må variere kontinuerlig etter hvert som vi flytter oss på flaten. I tillegg må vi kreve at flaten har to sider. Det kan kanskje virke rart at vi presiserer dette, men det er lett å vise

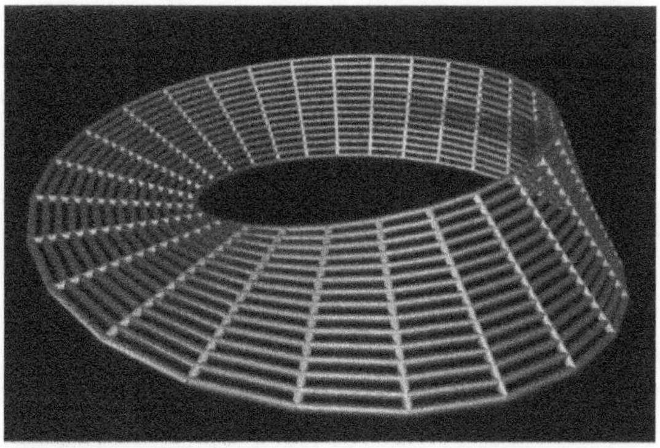

Figur 6.20 Et **møbiusbånd** er en flate som bare har én side.

at det fins flater som bare har én side. Det kan vi gjøre ved å ta et belte, holde det fast i den ene enden og vri den andre enden 180° rundt. Hvis vi fester beltet nå, vil vi ha en flate med bare én side. Vi kan gå i det uendelige på flaten uten å komme til slutten av den. En slik flate som dette kaller vi et **møbiusbånd**, se figur 6.20.

6.8.2 Enhetsnormalen til en flate

Både feltet og normalvektoren vil kunne endre seg når vi flytter oss rundt på flaten G. Når vi skal regne ut fluksen gjennom G ved å bruke likning 6.111, må vi derfor bestemme et uttrykk for *enhetsnormalen* $\vec{n}$ i et hvilket som helst punkt på flaten.

Enhetsnormalen til grafen til $z = f(x, y)$

I avsnitt 1.6.3 lærte vi at gradienten til en funksjon av tre variable står vinkelrett på en nivåflate til funksjonen. Dette kan vi bruke når vi skal regne ut enhetsnormalen.

Vi antar at en flate G i det tredimensjonale rommet er grafen til en funksjon av to variable, det vil si grafen til $z = f(x, y)$. Vi definerer funksjonen $H = H(x, y, z)$ ved uttrykket:

$$H(x, y, z) = z - f(x, y) = 0 \tag{6.113}$$

Siden H er konstant lik null, er grafen til H en *nivåflate*. Gradienten til H er da en vektor som står normalt på nivåflaten $H = 0$. Vi får dette uttrykket for enhetsnormalen:

Setning 6.13

En flate G er grafen til $z = f(x, y)$. **Enhetsnormalen** til denne flaten er gitt ved uttrykket

$$\vec{n} = \frac{\nabla H}{|\nabla H|} = \frac{[-f_x, -f_y, 1]}{\sqrt{f_x^2 + f_y^2 + 1}} \tag{6.114}$$

der $H = z - f(x, y)$.

Vi ser at z-komponenten til $\vec{n}$ i likning 6.114 er positiv. Det betyr at enhetsnormalen peker oppover i x, y, z-rommet. Siden flaten G har to sider, vil $\vec{n}$ i likning 6.114 være en *oppoverrettet* normal til denne flaten. Dersom vi trenger en enhetsnormal som peker *nedover*, snur vi $\vec{n}$ ved å multiplisere med -1. Dette betyr at vektoren

$$\vec{n}_{\text{nedover}} = \frac{[f_x, f_y, -1]}{\sqrt{f_x^2 + f_y^2 + 1}} \tag{6.115}$$

er en *nedoverettet* enhetsnormal til flaten.

Eksempel 120

En flate er grafen til funksjonen $z = f(x, y) = x^2 + y^2$.

Bestem uttrykket for en enhetsvektor som står normalt på flaten.

Regn ut denne vektoren i punktet (1, 1, 2).

Løsning

Uttrykket for en oppoverrettet enhetsnormal er $\vec{n} = \frac{\nabla H}{|\nabla H|}$ der $H = z - f(x, y) = z - x^2 - y^2 = 0$. Vi bruker definisjonen av gradient og får:

$$\nabla H(x, y, z) = H_x \vec{i} + H_y \vec{j} + H_z \vec{k} = -2x \vec{i} - 2y \vec{j} + 1 \vec{k} \tag{6.116}$$

Da blir lengden av gradientvektoren:

$$|\nabla H(x, y, z)| = \sqrt{4x^2 + 4y^2 + 1^2} \tag{6.117}$$

Uttrykket for en enhetsnormal blir derfor:

$$\vec{n} = \frac{-2x \vec{i} - 2y \vec{j} + 1 \vec{k}}{\sqrt{4x^2 + 4y^2 + 1}} \tag{6.118}$$

I punktet med koordinater (1, 1, 2) er denne vektoren:

$$\vec{n}(1, 1, 2) = \frac{-2\vec{i} - 2\vec{j} + 1\vec{k}}{\sqrt{4 + 4 + 1}} = \frac{-2\vec{i} - 2\vec{j} + \vec{k}}{\sqrt{9}} \tag{6.119}$$

Grafen til z er en "bolle" med den hule siden opp. Siden z-komponenten til $\vec{n}$ er positiv, peker den oppover. Vektoren $\vec{n}$ må derfor være en enhetsvektor på "innsiden" av bollen.

■

Enhetsnormalen til et plan

Dersom flaten G er et plan, er enhetsnormalen den samme over hele flaten. Vi skal bestemme et uttrykk for $\vec{n}$.

Et plan er bestemt ved likningen $ax + by + cz - d = 0$. Vi løser dette uttrykket med hensyn på z:

$$z = f(x, y) = \frac{1}{c}(d - ax - by) \qquad \textbf{(6.120)}$$

Da får vi $H = z - \frac{1}{c}(d - ax - by) = 0$. Enhetsnormalen blir:

$$\vec{n} = \frac{[-f_x, -f_y, 1]}{\sqrt{f_x^2 + f_y^2 + 1}} = \frac{\left[-\left(\frac{-a}{c}\right), -\left(\frac{-b}{c}\right), 1\right]}{\sqrt{\left(\frac{a}{c}\right)^2 + \left(\frac{b}{c}\right)^2 + 1}} = \frac{[a, b, c]}{\sqrt{a^2 + b^2 + c^2}} \qquad \textbf{(6.121)}$$

Vi ser at komponentene i vektoren svarer til koeffisientene foran x, y og z i likningen for planet. Dersom $c > 0$, peker enhetsnormalen oppover siden z-komponenten da er positiv. Er $c < 0$, peker den nedover.

Hvis planet er parallelt med xy-, xz- eller yz-planet, er normalvektoren enhetsvektorene henholdsvis $\vec{k}$, $\vec{j}$ eller $\vec{i}$.

Enhetsnormalen til ei kule

En radius i ei kule står vinkelrett på kuleflaten. Derfor vil en vektor som peker radielt ut fra origo stå vinkelrett på ei kule med sentrum i origo.

Vektoren $\vec{v} = [x, y, z]$ er rettet radielt vekk fra origo. Hvis punktet (x_0, y_0, z_0) ligger på overflaten av ei kule med radius r, er en utoverrettet enhetsnormal i dette punktet gitt ved uttrykket:

$$\vec{n} = \frac{[x_0, y_0, z_0]}{\sqrt{x_0^2 + y_0^2 + z_0^2}} = \frac{[x_0, y_0, z_0]}{r} \qquad \textbf{(6.122)}$$

Eksempel 121

a. Regn ut fluksen av vektorfeltet $\vec{F} = 4\vec{k}$ gjennom et rektangel som ligger i xy-planet og har sider med lengder 2 og 3 enheter, se figur 6.21. La enhetsnormalen peke oppover.

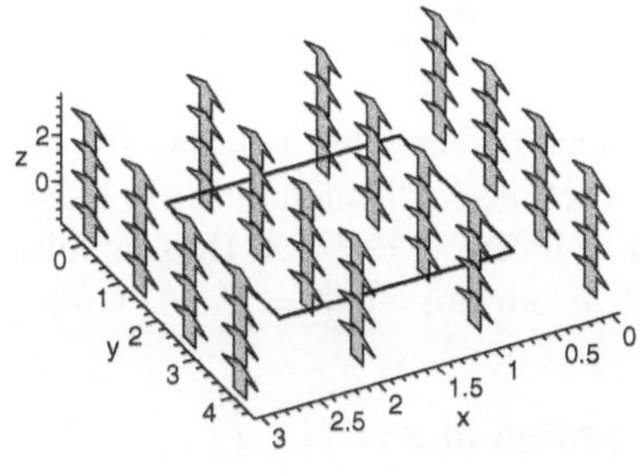

Figur 6.21 Vektorfeltet $\vec{F} = 4\vec{k}$ gjennom et rektangel som ligger i xy-planet og har sider med lengder 2 og 3 enheter, se eksempel 121.

b. Regn ut fluksen av vektorfeltet $\vec{F} = [1, 2, 3]$ gjennom sirkelflaten $x^2+z^2 \leq 4$, $y = 2$. Bestem selv hvilken retning du vil at enhetsvektoren skal peke i.

c. Regn ut fluksen av vektorfeltet $\vec{F} = [x, y, z]$ *ut av* en kuleflate med sentrum i origo og radius $r = 3$.

Løsning

a. For en flate som er en del av xy-planet, er enhetsnormalen den samme som enhetsvektoren i z-retning, det vil si $\vec{n} = \vec{k}$. Når vi bruker likning 6.112, får vi:

$$\Phi = \iint_G \vec{F} \cdot \vec{n}\, dS = \iint_G 4\vec{k} \cdot \vec{k}\, dS = 4 \iint_G dS = 4 \cdot A_G = 4 \cdot 2 \cdot 3 = 24 \tag{6.123}$$

b. Sirkelflaten er parallell med xz-planet. Det betyr at enhetsnormalen må være parallell med y-aksen. Vi kan derfor velge $\vec{n} = \vec{j}$ eller $\vec{n} = -\vec{j}$. Når vi bruker likningen 6.112 og velger $\vec{n} = \vec{j}$ som normalvektor, blir fluksen:

$$\Phi = \iint_G \vec{F} \cdot \vec{j}\, dS = \iint_G [1,\ 2,\ 3] \cdot [0,\ 1,\ 0]\, dS \tag{6.124}$$

$$= \iint_G 2\, dS = 2 \iint_G dS = 2A_G = 2 \cdot \pi \cdot 2^2 = 8\pi \tag{6.125}$$

c. Uttrykket for enhetsnormalen til ei kule er utledet i likning 6.122. Vi skal regne ut fluksen gjennom kuleskallet, det vil si gjennom alle de punkter der $r = 3$. Vi må da bruke verdien av feltet der hvor $r = 3$. Når vi bruker likning 6.112, får vi:

$$\Phi = \iint_G \vec{F} \cdot \frac{[x,\ y,\ z]}{r}\, dS = \iint_G [x,\ y,\ z] \cdot \frac{[x,\ y,\ z]}{r}\, dS \tag{6.126}$$

$$= \iint_G \frac{x^2 + y^2 + z^2}{r}\, dS = \iint_G \frac{r^2}{r}\, dS = \iint_G r\, dS \tag{6.127}$$

$$= \iint_G 3\, dS = 3 \iint_G dS = 3A_G = 3 \cdot 4\pi r^2 = 108\pi \tag{6.128}$$

■

I spørsmål a og b i eksempel 121 er feltet konstant og står vinkelrett på den plane flaten. Da viste utregningen at fluksen gjennom flaten er lik absoluttverdien av feltet, F, multiplisert med arealet A av flaten: $\Phi = F \cdot A$. Dersom feltet er konstant, men danner en vinkel α med en *plan flate*, blir fluksen $\Phi = F \cdot A \cdot \cos\alpha$.

6.8.3 Fluks gjennom grafen til $z = f(x, y)$

Vi skal nå utlede et uttrykk vi kan bruke for å regne ut fluksen av vektorfeltet $\vec{F} = [P,\ Q,\ R]$ gjennom en flate G, som er grafen til funksjonen $z = f(x, y)$. For å gjøre det, bruker vi likningene 6.112 og 6.114. Vi får:

$$\Phi = \iint_G \vec{F}\cdot\vec{n}\,dS = \iint_G [P,\ Q,\ R]\cdot\frac{[-f_x,\ -f_y,\ 1]}{\sqrt{f_x^2+f_y^2+1}}\,dS \tag{6.129}$$

$$= \iint_G (-Pf_x - Qf_y + R)\frac{1}{\sqrt{f_x^2+f_y^2+1}}\,dS \tag{6.130}$$

I stedet for å regne ut flateintegralet over G, overfører vi det til et dobbeltintegral over området R i xy-planet. Området R er projeksjonen ("skyggen") av flaten G i xy-planet. Når vi setter inn uttrykket for flateelementet dS, får vi:

$$\Phi = \iint_R (-Pf_x - Qf_y + R)\frac{1}{\sqrt{f_x^2+f_y^2+1}}\sqrt{f_x^2+f_y^2+1}\,dA \tag{6.131}$$

$$= \iint_R (-Pf_x - Qf_y + R)\,dA \tag{6.132}$$

Dermed har vi et uttrykk vi kan bruke for å regne ut fluksen gjennom en flate.

Setning 6.14

Flaten G er grafen til $z = f(x, y)$. Hvis vi lar $\vec{n}$ være en enhetsnormal som er rettet oppover, er fluksen av vektorfeltet $\vec{F} = [P,\ Q,\ R]$ gjennom G:

$$\Phi = \iint_G \vec{F}\cdot\vec{n}\,dS = \iint_R \big(-Pf_x - Qf_y + R\big)\,dA \tag{6.133}$$

Eksempel 122

Et vektorfelt er definert ved uttrykket $\vec{F}(x, y, z) = 2x\,\vec{i} + 4y^2\,\vec{j} + 3z\,\vec{k}$.

Regn ut fluksen av $\vec{F}$ gjennom den delen av planet $2x + 4y + z = 4$ som ligger rett over rektangelet med hjørner $(0, 0, 0)$, $(2, 0, 0)$, $(2, 1, 0)$ og $(0, 1, 0)$, se figur 6.22. La enhetsnormalen til planet ha positiv z-komponent.

Løsning

For å regne ut fluksen bruker vi likning 6.133. Av denne likningen ser vi at vi trenger de partielt deriverte av $f(x, y)$. I dette tilfellet er $f(x, y) = z = 4 - 2x - 4y$. Utregning gir:

$$f_x = -2 \qquad f_y = -4 \tag{6.134}$$

Fra uttrykket for vektorfeltet ser vi at $P = 2x$, $Q = 4y^2$ og $R = 3z$. Videre er $z = f(x, y) = 4 - 2x - 4y$. Integrasjonsområdet R i xy-planet er et rektangel som vi

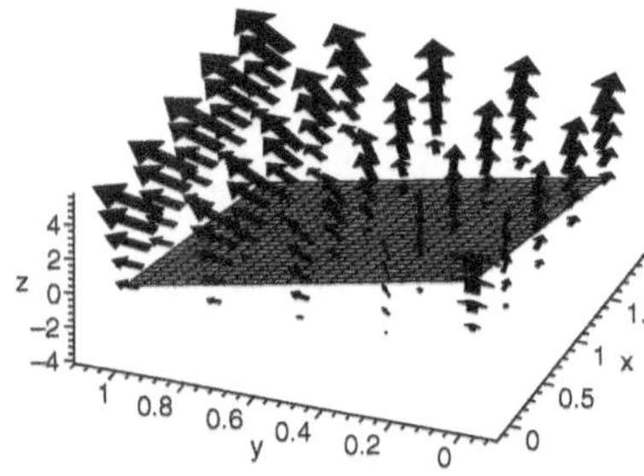

Figur 6.22 Figuren viser grafen til planet $2x + 4y + z = 4$ og vektorfeltet $\vec{F}(x, y, z) = 2x\,\vec{i} + 4y^2\,\vec{j} + 3z\,\vec{k}$, se eksempel 122.

kan beskrive ved uttrykket $0 \leq x \leq 2,\quad 0 \leq y \leq 1$, tegn figur. Når vi setter inn i likning 6.133, får vi:

$$\Phi = \iint_G \vec{F} \cdot \vec{n}\, dS = \iint_R (-Pf_x - Qf_y + R)\, dx\, dy \tag{6.135}$$

$$= \int_{x=0}^{2} \int_{y=0}^{1} \left(-2x \cdot (-2) - 4y^2 \cdot (-4) + 3(4 - 2x - 4y)\right) dy\, dx \tag{6.136}$$

$$= \int_{x=0}^{2} \int_{y=0}^{1} (16y^2 - 12y - 2x + 12)\, dy\, dx \tag{6.137}$$

$$= \int_{x=0}^{2} \left[\frac{16}{3}y^3 - 6y^2 - 2xy + 12y\right]_{y=0}^{1} dx \tag{6.138}$$

$$= \int_{x=0}^{2} \left(-2x + \frac{34}{3}\right) dx = \left[-x^2 + \frac{34}{3}x\right]_{x=0}^{2} = \frac{56}{3} \tag{6.139}$$

Hvis $\vec{F}$ forteller hvor mange kubikkmeter væske som strømmer gjennom hver kvadratmeter av en flate per tid, viser fluksen hvor mye som strømmer gjennom *hele* flaten per tid. ■

✓ Nøkkelkunnskap 6.9

Mål: Du skal kunne regne ut fluksen gjennom en flate.

Regn ut fluksen av vektorfeltet $\vec{F} = \vec{i} + 2\,\vec{j} + 3\,\vec{k}$ gjennom rektangelet med hjørner i punktene (0, 0, 1), (2, 0, 1), (2, 1, 1) og (0, 1, 1).

Svar: 6

6.8.4 Fluks gjennom sammensatte flater

Vi går ut fra at flaten G kan deles opp i to andre flater, G_1 og G_2. Vi kan skrive $G = G_1 \cup G_2$. Hvis vi skal regne ut fluksen gjennom G, kan vi bruke denne setningen:

Setning 6.15

Vi går ut fra at $G = G_1 \cup G_2$. Fluksen av vektorfeltet $\vec{F}$ gjennom G kan da beregnes ved å summere fluksen gjennom delflatene:

$$\iint_G \vec{F} \cdot \vec{n}\, dS = \iint_{G_1} \vec{F} \cdot \vec{n}\, dS + \iint_{G_2} \vec{F} \cdot \vec{n}\, dS \qquad \textbf{(6.140)}$$

6.8.5 Fluks gjennom en lukket flate. Gauss' setning

I avsnitt 6.5 lærte vi å regne ut fluks gjennom kurver i planet. Vi lærte at vi kunne bruke *divergenssetningen* når kurven var lukket.

En tilsvarende setning gjelder også i rommet. Vi lar G være en *lukket* flate i rommet. Flaten avgrenser et legeme T. Hvis enhetsnormalen $\vec{n}$ på G er rettet *ut fra* T, kan vi bruke **Gauss' divergenssetning** til å regne ut fluksen av vektorfeltet $\vec{F}$ gjennom G:

Setning 6.16

Hvis G er en *lukket* flate som avgrenser et legeme T, og $\vec{n}$ er en *utoverrettet* enhetsnormal, kan vi bruke **Gauss' divergenssetning** til å regne ut fluksen av vektorfeltet $\vec{F}$ gjennom flaten G:

$$\iint_G \vec{F} \cdot \vec{n}\, dS = \iiint_T \nabla \cdot \vec{F}\, dV \qquad \textbf{(6.141)}$$

Uttrykket på venstre side av likhetstegnet kjenner vi igjen som fluksen gjennom flaten G. Setningen forteller oss at vi kan regne ut fluksen gjennom en lukket flate G ved å regne ut *trippelintegralet* (se avsnitt 5.8) av divergensen til feltet over området som flaten omslutter.

Dersom divergensen til feltet er lik en konstant k, blir fluksen gjennom flaten lik kV, der $V = \iiint_T dV$ er volumet av legemet. Det ser vi på denne måten:

$$\iint_G \vec{F} \cdot \vec{n}\, dS = \iiint_T \nabla \cdot \vec{F}\, dV = \iiint_T k\, dV = k \iiint_T dV = kV \qquad \textbf{(6.142)}$$

Dersom det ikke kan misforstås, erstatter vi ofte de tre integraltegnene i trippelintegralet med ett integraltegn. Da skriver vi:

$$\iint_G \vec{F} \cdot \vec{n}\, dS = \iiint_T \nabla \cdot \vec{F}\, dV = \int_T \nabla \cdot \vec{F}\, dV \qquad \textbf{(6.143)}$$

Det siste integralet er egentlig et trippelintegral, men skrevet på en mer kompakt form. Symbolet T under integraltegnet sammen med dV forteller at dette er et trippelintegral.

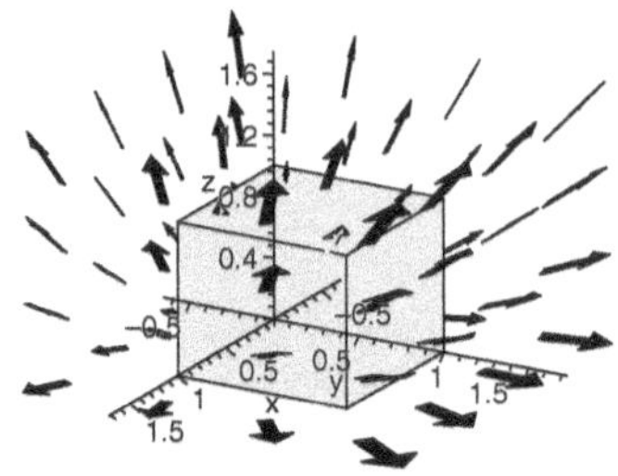

Figur 6.23 Terningen med ett hjørne i origo, sidekanter langs koordinataksene og lengden av sidekanten er 1. Feltet er bestemt ved uttrykket $\vec{F} = 2x\,\vec{i} + 3y\,\vec{j} + 4z\,\vec{k}$.

Eksempel 123

En terning har ett hjørne i origo og sidekanter langs de positive koordinataksene. Lengden av sidekanten er 1. Vektorfeltet $\vec{F}$ er definert ved uttrykket

$$\vec{F} = 2x\,\vec{i} + 3y\,\vec{j} + 4z\,\vec{k}$$

Vi skal regne ut fluksen *ut av* terningen. Med "ut av" mener vi at normalvektoren på hver av de seks sidene på terningen skal peke ut av terningen.

a. Bruk definisjonen av fluks til å regne ut fluksen ut av terningen.

b. Regn ut fluksen ut av terningen ved å bruke Gauss' divergenssetning.

Løsning

a. Figur 6.23 viser terningen og feltet.

Når vi skal bruke definisjonen av fluks, må vi regne ut fluksen gjennom hver av de seks sidene i terningen. Siden hver av disse sidene er vinkelrett på en koordinatakse, er enhetsnormalen enten pluss eller minus den tilsvarende enhetsvektoren. Siden $x = 0$ har for eksempel $-\vec{i}$ som enhetsnormal. Den totale fluksen regner vi ut som summen av fluksen gjennom hver av sidene.

Siden x = 1:

På denne siden er enhetsnormalen $\vec{n} = \vec{i}$. Når vi setter inn $x = 1$ i uttrykket for $\vec{F}$, får vi: $\vec{F} = 2 \cdot 1\,\vec{i} + 3y\,\vec{j} + 4z\,\vec{k}$. Fluksen blir da:

$$\Phi_{(x=1)} = \iint_{x=1} (2\vec{i} + 3y\vec{j} + 4z\vec{k}) \cdot \vec{i}\, dS = \int_{y=0}^{1} \int_{z=0}^{1} 2\, dz\, dy = 2 \qquad \textbf{(6.144)}$$

Siden y = 1:

Her er $\vec{n} = \vec{j}$ og $\vec{F} = 2x\,\vec{i} + 3 \cdot 1\,\vec{j} + 4z\,\vec{k}$. Skalarproduktet mellom feltvektoren og normalvektoren blir 3, slik at vi får $\Phi_{(y=1)} = 3$. Utregningene blir helt lik det vi gjorde for $x = 1$.

Siden $z = 1$:

Nå er $\vec{n} = \vec{k}$ og $\vec{F} = 2x\,\vec{i} + 3y\,\vec{j} + 4 \cdot 1\,\vec{k}$. Fluksen gjennom denne siden blir $\Phi_{(z=1)} = 4$. Vis det!

På sidene $x = 0,\ y = 0$ og $z = 0$ blir skalarproduktet $\vec{F} \cdot \vec{n}$ lik null. Da er fluksen gjennom disse sidene også lik null.

Fluksen gjennom hele terningen blir:

$$\Phi = \sum_{i=1}^{6} \Phi_i = 2 + 3 + 4 + 0 + 0 + 0 = 9 \qquad \textbf{(6.145)}$$

b. Vi regner ut divergensen til feltet og får:

$$\nabla \cdot \vec{F} = \frac{\partial(2x)}{\partial x} + \frac{\partial(3y)}{\partial y} + \frac{\partial(4z)}{\partial z} = 2 + 3 + 4 = 9 \qquad \textbf{(6.146)}$$

Når vi regner ut volumintegralet av divergensen til feltet, får vi:

$$\iiint_T \nabla \cdot \vec{F}\, dV = \iint_T 9\, dV = 9 \iiint_T dV = 9V = 9 \cdot 1 = 9 \qquad \textbf{(6.147)}$$

Vi ser at dette gir det samme resultatet som da vi brukte definisjonen til å regne ut fluksen. ∎

Eksempel 124

Regn ut fluksen $\Phi = \iint_G \vec{F} \cdot \vec{n}\, dS$ der $\vec{F} = (2x + 3y^2)\,\vec{i} + (z - 2x + y)\,\vec{j} + (x^2 + z)\,\vec{k}$, G er overflaten til ei kule med sentrum i origo og radius lik a, og $\vec{n}$ er en utoverrettet enhetsnormal.

Løsning

Vi kan bruke definisjonen for å regne ut fluksen. Men vi kan også bruke Gauss' divergenssetning, noe som viser seg å være lettere enn å bruke definisjonen i dette tilfellet. Grunnen til det er at divergensen er en konstant:

$$\nabla \cdot \vec{F} = \frac{\partial}{\partial x}(2x + 3y^2) + \frac{\partial}{\partial y}(z - 2x + y) + \frac{\partial}{\partial z}(x^2 + z) = 2 + 1 + 1 = 4 \qquad \textbf{(6.148)}$$

Dette gir:

$$\Phi = \iiint_T \nabla \cdot \vec{F}\, dV = \iiint_T 4\, dV = 4 \iiint_T dV = 4 \cdot \frac{4}{3}\pi a^2 = \frac{16}{3}\pi a^2 \qquad \textbf{(6.149)}$$

Det siste trippelintegralet gir volumet av kula. ∎

Eksempel 125

I elektromagnetismen er **Gauss' lov** beskrevet ved uttrykket:

$$\iint_G \vec{E} \cdot \vec{n}\, dA = \frac{1}{\epsilon_0} \iiint_T \rho\, dV = \frac{Q}{\epsilon_0} \tag{6.150}$$

der $\vec{E}$ er den *elektriske feltstyrken*, ϵ_0 er *permitiviteten*, ρ er *ladningstetthet* og Q er den totale ladningen innenfor flaten G. Flaten G omslutter området T der ladningene er.

Gauss' lov sier altså at fluksen av det elektriske feltet gjennom en lukket flate er lik den totale ladningen innenfor flaten dividert med permitiviteten. Bestem et uttrykk for feltstyrken $E = |\vec{E}|$ når ladningen er en punktladning q.

Løsning

Vi *velger* å la flaten G være ei kule, og lar punktladningen ligge i sentrum av kula. Per definisjon er feltet rettet vekk fra en positiv punktladning. Av symmetrigrunner må retningen til feltet være rettet radielt, og er derfor parallell med enhetsnormalen $\vec{n}$ som peker utover fra kuleflaten. Feltstyrken må være den samme overalt på kuleflaten, så vi kan skrive $\vec{E} \cdot \vec{n}\, dA = E\, dA$. Dette gir:

$$\iint_G \vec{E} \cdot \vec{n}\, dA = \frac{q}{\epsilon_0} \tag{6.151}$$

$$\iint_G E\, dA = \frac{q}{\epsilon_0} \tag{6.152}$$

$$E \iint_G dA = \frac{q}{\epsilon_0} \tag{6.153}$$

$$EA = \frac{q}{\epsilon_0} \tag{6.154}$$

$$E \cdot 4\pi r^2 = \frac{q}{\epsilon_0} \tag{6.155}$$

$$E = \frac{1}{4\pi\epsilon_0} \frac{q}{r^2} \tag{6.156}$$

Dette er det samme uttrykket som vi får når vi tar utgangspunkt i Coulombs lov og bruker definisjonen av feltstyrke, $\vec{E} = \vec{F}/Q$. ■

✓ Nøkkelkunnskap 6.10

Mål: Du skal kunne regne ut fluksen gjennom en lukket flate ved å bruke divergenssetningen.

Regn ut $\iiint_T \nabla \cdot \vec{F}\, dV$ der $\vec{F} = x\vec{i} + 2y\vec{j} + 3z\vec{k}$ og T er kula med sentrum i origo og radius $r = 2$.

Svar: 64π

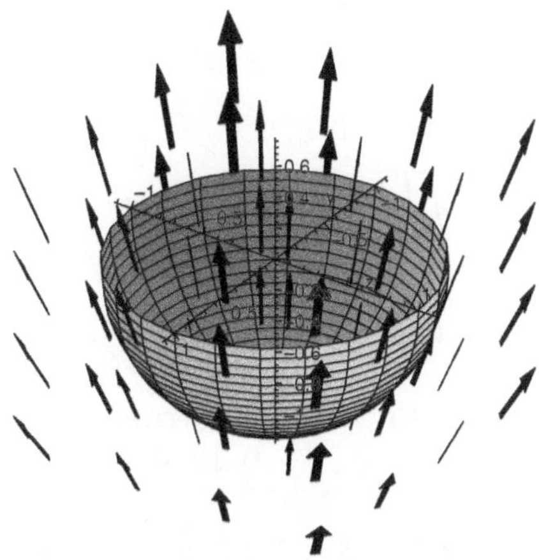

Figur 6.24 Halvkula $z = -\sqrt{1 - x^2 - y^2}$ og vektorfeltet $\vec{F} = [x, y, z + 3]$.

6.8.6 Divergenssetningen og "lukking" av flater

Divergenssetningen gjelder for flater som er *lukket*. Noen ganger kan vi bruke divergenssetningen til å regne ut fluksen gjennom en *åpen* flate, men da må vi "lukke flaten" først. Med det mener vi at vi kan utvide flaten G ved å legge til en ekstraflate som gjør at denne nye, sammensatte flaten er lukket. Et eksempel vil vise hvordan vi gjør dette.

▼

Eksempel 126

Flaten G er den halvparten av kuleskallet $x^2 + y^2 + z^2 = 1$ som ligger under xy-planet. Regn ut fluksen av vektorfeltet $\vec{F} = [x, y, z + 3]$ gjennom G. Enhetsvektoren på flaten G skal peke nedover.

Løsning

Vi har tegnet flaten G og vektorfeltet $\vec{F}$ i figur 6.24.

Vi kan bruke uttrykket $\Phi = \iint_R (-Pf_x - Qf_y + R)\, dx\, dy$ for å regne ut fluksen gjennom G, men da vil vi oppdage at integralene vi får er vanskelige å regne ut eksakt. Flaten G er ikke lukket, og vi kan derfor ikke bruke Gauss' divergenssetning.

Betrakter vi vektorfeltet $\vec{F}$, ser vi at $\nabla \cdot \vec{F} = 3$. Siden gradienten er konstant, er det fristende å prøve å "lukke" flaten slik at vi kan bruke divergenssetningen.

Flaten G er et halvt kuleskall bestemt ved uttrykket $z = f(x, y) = -\sqrt{1 - x^2 - y^2}$, der minustegnet skyldes at vi ser på den halvdelen av kula som ligger *under* xy-planet. I xy-planet er $z = 0$. Setter vi $z = 0$ inn i uttrykket for halvkula, finner vi at randen til kuleskallet er sirkellinja $x^2 + y^2 = 1$. Sirkelflaten R er begrenset av denne sirkellinja.

Vi lager nå en ny flate H som er overflaten til et legeme T. Flaten H består av det halve kuleskallet G *og* sirkelflaten R: $H = G \cup R$. Fluksen gjennom H må være summen av fluksen gjennom G og R:

$$\Phi_H = \Phi_G + \Phi_R \qquad (6.157)$$

Vi kan lett regne ut Φ_H og Φ_R, og deretter kan vi regne ut $\Phi_G = \Phi_H - \Phi_R$.

Flaten H er lukket. Derfor kan vi bruke Gauss' divergenssetning til å regne ut fluksen av $\vec{F}$ gjennom H. Vi må forutsette at enhetsvektoren er *utoverrettet*. Fluksen gjennom H blir:

$$\Phi_H = \iint_H \vec{F} \cdot \vec{n}\, dS = \iiint_T \nabla \cdot \vec{F}\, dV \tag{6.158}$$

$$= \iiint_T 3\, dV = 3 \iiint_T dV = 3\, V_T = 3 \cdot \frac{1}{2} \cdot \frac{4}{3}\pi \cdot 1^3 = 2\pi \tag{6.159}$$

Sirkelflaten R er plan, og som del av H er den *utoverrettede* enhetsnormalen $\vec{n} = \vec{k}$. På R er $z = 0$, og derfor blir $\vec{F} \cdot \vec{n} = [x,\ y,\ 0+3] \cdot [0,\ 0,\ 1] = 3$. Fluksen gjennom R blir:

$$\Phi_R = \iint_R \vec{F} \cdot \vec{n}\, dS = \iint_R 3\, dS = 3 \iint_R dS = 3A(R) = 3 \cdot \pi \cdot 1^2 = 3\pi \tag{6.160}$$

Fluksen av $\vec{F}$ gjennom G blir da:

$$\Phi_G = \Phi_H - \Phi_R = 2\pi - 3\pi = -\pi \tag{6.161}$$

Fluksen gjennom G er negativ. Det betyr at "det strømmer felt" *inn i* området T gjennom den delen av T som begrenses av G. Siden fluksen gjennom hele overflaten H er positiv, kan vi slutte at det må være kilder til feltet inni T. ■

6.8.7 Fluks og divergens i rommet – tolkning av $\nabla \cdot \vec{F}$

Divergenssetningen i rommet forteller oss at den totale fluksen ut av den lukkede flaten som omslutter et område T i rommet, er lik trippelintegralet av divergensen til feltet over området T:

$$\Phi = \iint_G d\Phi = \iiint_T \nabla \cdot \vec{F}\, dV$$

Hvis vi lar området T bli svært lite, kan vi anta at divergensen er konstant over dette lille området. Da kan vi sette $\iiint_T \nabla \cdot \vec{F}\, dV = \nabla \cdot \vec{F} \iiint_R dV$. Hvis $d\Phi$ er fluksen ut av det lille området med volum dV, kan vi derfor sette:

$$d\Phi = \nabla \cdot \vec{F}\, dV \tag{6.162}$$

Denne likningen viser at vi kan oppfatte divergensen til et vektorfelt som fluks per volum:

$$\nabla \cdot \vec{F} = \frac{d\Phi}{dV} \tag{6.163}$$

Divergensen til et vektorfelt i rommet forteller altså hvor mye felt som strømmer ut av et lite område per volum.

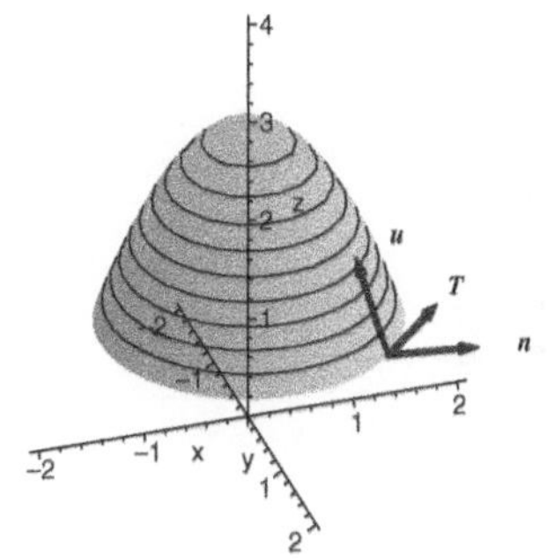

Figur 6.25 Vektoren $\vec{T}$ er tangent til C i den retningen vi beveger oss. Enhetsnormalen er orientert slik at $\vec{u} = \vec{n} \times \vec{T}$ peker langs flaten G.

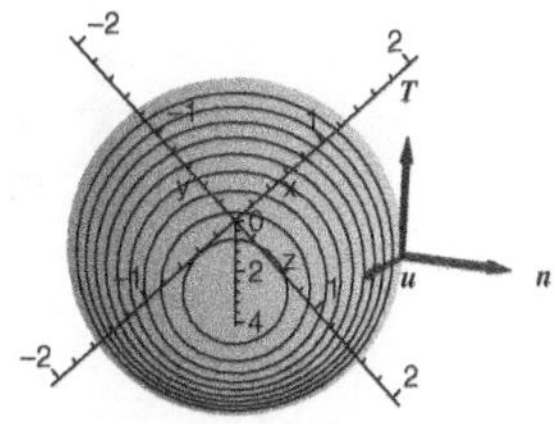

Figur 6.26 Den samme figuren som figur 6.25, men sett nesten rett ovenfra. Vi kan si at vi beveger oss mot klokka når vi ser ned langs z-aksen.

6.9 Stokes' setning

I avsnitt 6.3 utledet vi *Greens setning på vektorform*:

$$\oint_C \vec{F} \cdot d\vec{r} = \iint_R (\nabla \times \vec{F}) \cdot \vec{k}\, dx\, dy$$

En tilsvarende setning fins også for vektorfelt i rommet:

> Vi lar G være en vilkårlig, *åpen*, to-sidig flate. Kurven C er randen til åpningen til flaten. Vi kan bruke **Stokes' setning** til å regne ut kurveintegralet av vektorfeltet $\vec{F}$ rundt C:
>
> $$\oint_C \vec{F} \cdot d\vec{r} = \iint_G (\nabla \times \vec{F}) \cdot \vec{n}\, dS \qquad \textbf{(6.164)}$$
>
> Enhetsvektoren $\vec{T}$, som er tangent til C i den retningen vi integrerer, er orientert slik i forhold til enhetsnormalen $\vec{n}$, at vektoren $\vec{n} \times \vec{T}$ peker *langs* flaten.

Stokes' setning forteller oss at vi kan regne ut *fluksen av curlen* til vektorfeltet gjennom en *åpen*, to-sidig flate G ved å regne ut kurveintegralet av vektorfeltet rundt den lukkede randen C til den åpne flaten. Men setningen gjelder også den andre veien: Vi kan regne ut arbeidet et vektorfelt utfører rundt en lukket kurve ved å regne ut fluksen til curlen til feltet gjennom en *vilkårlig* flate som har kurven til rand.

Vi må sørge for at vi utfører kurveintegralet i riktig retning. Det gjør vi ved å tenke oss at vi står på randen av området, har hodet i den retningen enhetsnormalen til flaten peker, og har flaten til venstre for oss. Da ser vi i den retningen vi må integrere i. Vi har illustrert dette i figurene 6.25 og 6.26.

Noen ganger kan vi uttrykke det litt annerledes når vi skal beskrive integrasjonsretningen. Hvis vi skal bruke Stokes' setning slik det er illustrert i figur 6.26, kan vi også si at vi skal integrere i en retning mot klokka når vi ser nedover langs z-aksen.

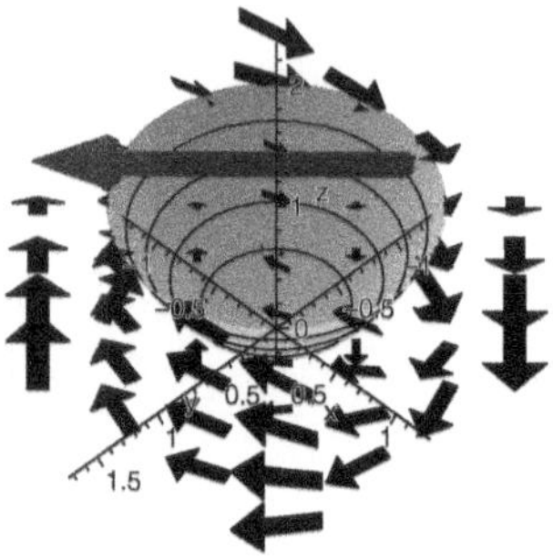

Figur 6.27 Paraboloiden $z = x^2 + y^2$, $z \leq 1$, vektorfeltet $\vec{F} = y\vec{i} - x\vec{j} + yz\vec{k}$ og en normalvektor på innsiden av paraboloiden.

Curlen til et konservativt felt er alltid lik null. For konservative felt blir derfor fluksintegralet i Stokes' setning lik null. Dette er et resultat vi kjenner fra kapitlet om linjeintegral. Der slo vi fast at kurveintegralet av et konservativt vektorfelt rundt en lukket kurve er lik null.

En typisk problemstilling når det gjelder å bruke Stokes' setning, kan formuleres slik:

Bruk Stokes' setning til å regne ut linjeintegralet $\oint_C \vec{F} \cdot d\vec{r}$ *der....*

Det vi da skal gjøre, er å regne ut integralet $\iint_G (\nabla \times \vec{F}) \cdot \vec{n}\, dS$ i stedet.

Eksempel 127

En paraboloide G er definert ved uttrykket $f(x, y) = z = x^2 + y^2$, og er begrenset av planet $z = 1$. Sirkelen $x^2 + y^2 = 1$, $z = 1$ er randen til den åpne flaten G som har enhetsnormal på *innsiden* av paraboloiden. Vektorfeltet $\vec{F}$ er definert ved uttrykket $\vec{F} = y\vec{i} - x\vec{j} + yz\vec{k}$. Vi har tegnet paraboloiden, en normalvektor på innsiden av flaten, og vektorfeltet i figur 6.27.

Vis at Stokes' setning stemmer i dette tilfellet.

Løsning

Når vi skal "vise at Stokes' setning stemmer", skal vi regne ut venstre og høyre side i likning 6.164 hver for seg, og se at vi får samme svar.

Vi regner først ut linjeintegralet langs randen til flaten. En mulig parametrisering av sirkelen C er:

$$x(t) = \cos t, \quad y(t) = \sin t, \quad z(t) = 1, \quad 0 \leq t \leq 2\pi \tag{6.165}$$

Med denne parametriseringen blir $d\vec{r} = dx\,\vec{i} + dy\,\vec{j} + 0 \cdot \vec{k}$ der $dx = -\sin t\; dt$ og $dy = \cos t\; dt$. Linjeintegralet blir da:

$$\oint_C \vec{F} \cdot d\vec{r} = \oint_C (y\vec{i} - x\vec{j} + yz\vec{k}) \cdot (dx\vec{i} + dy\vec{j} + 0 \cdot \vec{k}) \tag{6.166}$$

$$= \oint_C ydx - xdy \tag{6.167}$$

$$= \int_{t=0}^{2\pi} [\sin t(-\sin t\, dt) - \cos t(\cos t\, dt)] \quad \textbf{(6.168)}$$

$$= -\int_{t=0}^{2\pi} \left[\sin^2 t + \cos^2 t\right] dt \;=\; -2\pi \quad \textbf{(6.169)}$$

Vi regner så ut fluksen av curlen til feltet. Først bestemmer vi et uttrykk for curlen ved å bruke definisjonen. Vi får:

$$\nabla \times \vec{F} = \begin{vmatrix} \vec{i} & \vec{j} & \vec{k} \\ \frac{\partial}{\partial x} & \frac{\partial}{\partial y} & \frac{\partial}{\partial z} \\ y & -x & yz \end{vmatrix} = z\vec{i} - 0\vec{j} - 2\vec{k} \quad \textbf{(6.170)}$$

For å regne ut fluksen av curlen, bruker vi uttrykket

$$\Phi = \iint_R (-Pf_x - Qf_y + R)\, dx\, dy$$

I vårt tilfelle er $P = z,\; Q = 0$ og $R = -2$. Videre er $f_x = 2x,\; f_y = 2y$ og $z = x^2 + y^2$. Integrasjonsområdet R i xy-planet er en sirkel med sentrum i origo og radius 1. Når vi setter inn i likning 6.133, får vi da:

$$\iint_S (\nabla \times \vec{F}) \cdot \vec{n}\, dS = \iint_R (-Pf_x - Qf_y + R)\, dA \quad \textbf{(6.171)}$$

$$= \iint_R [-z(2x) - 0(2y) - 2]\, dx\, dy, \quad \left(z = x^2 + y^2\right) \quad \textbf{(6.172)}$$

$$= -2 \iint_R \left[(x^2 + y^2)x + 1\right] dx\, dy \quad \textbf{(6.173)}$$

$$= -2 \int_{\theta=0}^{2\pi} \int_{r=0}^{1} \left[(r^2) \cdot r \cos\theta + 1\right] r\, dr\, d\theta \quad \textbf{(6.174)}$$

$$= -2 \int_{\theta=0}^{2\pi} \int_{r=0}^{1} \left[r^4 \cos\theta + r\right] dr\, d\theta \quad \textbf{(6.175)}$$

$$= -2 \int_{\theta=0}^{2\pi} \left[\frac{1}{5}\cos\theta + \frac{1}{2}\right] d\theta \;=\; -2\pi \quad \textbf{(6.176)}$$

Vi ser at vi får det samme resultatet som da vi regnet ut linjeintegralet. ■

✓ Nøkkelkunnskap 6.11

Mål: Du skal kunne bestemme uttrykket for $(\nabla \times \vec{F}) \cdot \vec{n}$ som inngår i Stokes' setning.

Bestem et uttrykk for $(\nabla \times \vec{F}) \cdot \vec{n}$ når $\vec{F} = xy\,\vec{i} + yz\,\vec{j} + z^2\,\vec{k}$ og $\vec{n}$ er en oppoverrettet enhetsnormal til sirkelen $(x-1)^2 + (y+2)^2 = 4,\; z = 2$.

Svar: $-x$

6.10 Oversikt over integralsetninger

I tabellen nedenfor har vi satt opp en sammenlikning mellom divergenssetningen i planet og i rommet, Greens og Stokes' setninger. Det er viktig å være klar over hvordan normalvektorene er orientert.

Divergenssetningen i planet	$\oint_C \vec{F} \cdot \vec{n}\, ds = \iint_R \nabla \cdot \vec{F}\, dA$
Divergenssetningen i rommet (Gauss' setning)	$\iint_G \vec{F} \cdot \vec{n}\, dS = \iiint_T \nabla \cdot \vec{F}\, dV$
Greens setning på vektorform	$\oint_C \vec{F} \cdot d\vec{r} = \iint_R (\nabla \times \vec{F}) \cdot \vec{k}\, dA$
Stokes' setning	$\oint_C \vec{F} \cdot d\vec{r} = \iint_G (\nabla \times \vec{F}) \cdot \vec{n}\, dS$

Venn deg til å undersøke om divergensen eller curlen til et vektorfelt er lik null eller lik en konstant. I slike tilfeller kan det gjøre regnearbeidet lettere å bruke Gauss' og Stokes' setninger.

6.11 Oppgaver til kapittel 6

Oppgaver til avsnitt 6.2

Oppgave 1
Bruk Greens setning til å regne ut integralet

$$\oint_C \left[(2x^2 + 3y)\vec{i} + (\sin y^2 + 4x)\vec{j}\,\right] \cdot d\vec{r}$$

der C er linja rundt trekanten med hjørner $(1, 0)$, $(3, 0)$ og $(3, 2)$.

Oppgave 2
Bruk Greens setning til å regne ut $\oint_C \vec{F} \cdot d\vec{r}$. Kurven C gjennomløpes i positiv retning.

a. $\vec{F} = [xy^2 + x,\, yx^2\,]$. Kurven C er ellipsen $\left(\frac{x}{2}\right)^2 + \left(\frac{y}{3}\right)^2 = 1$.
b. $\vec{F} = [x^2 + 2y + 3,\, x + 3y^2\,]$. Kurven C er sirkelen $x^2 + y^2 = 4$.
c. $\vec{F} = [e^{x^2+2} - \sin x,\, e^{x^3-y}\,]$. Kurven C er randen til rektangelet $[-1, 1] \times [-1, 3]$.
d. $\vec{F} = [x - y,\, 2xy\,]$. Kurven C er randen til det lukkede området avgrenset av grafene til funksjonene $f(x) = x^2$ og $g(x) = 9$.

Oppgave 3

a. Skisser integrasjonsområdet R i dobbeltintegralet $\int_{x=-2}^{2} \int_{y=0}^{-x^2+4} (-y)\, dy\, dx$.
b. Regn ut dobbeltintegralet i spørsmål a.
c. Bruk resultatet i spørsmål b og Greens setning til å regne ut integralet

$$\oint_C \left[(x^2 + y^2)\vec{i} + (xy + y^2)\vec{j}\right] \cdot d\vec{r}$$

der C er randen til området R.

Oppgave 4

Kurven C er omkretsen av en trekant med hjørner (0, 0), (2, 0) og (1, 1). Området innenfor C kaller vi R.
Verifiser Greens setning ved å regne ut $\oint_C xy\,dx + x^2\,dy$, og ved å regne ut et dobbeltintegral over området R.

Oppgave 5

a. Vis at vektorfeltet $\vec{F} = y\vec{i} + x\vec{j}$ er konservativt.
b. Regn ut kurveintegralet til vektorfeltet ett omløp rundt en sirkel med sentum i origo og radius 1 ved å bruke Greens setning. Kommenter svaret.

Oppgave 6

La R være et område i planet som er avgrenset av den lukkede kurven C.
Vektorfeltet $\vec{F}$ er definert ved uttrykket $\vec{F} = \frac{-y}{2}\vec{i} + \frac{x}{2}\vec{j}$.
Bruk Greens setning til å vise at arealet A av R kan regnes ut ved hjelp av uttrykket $\oint_C \vec{F} \cdot d\vec{r}$.

Oppgave 7

Regn ut integralet $\oint_C \vec{F} \cdot d\vec{r}$ på to måter når:

a. $\vec{F} = y^2\vec{i} + x^2\vec{j}$ og C er randen til kvadratet med hjørner i (0, 0), (1, 0), (1, 1) og (0, 1).
b. $\vec{F} = y^3\vec{i} + x^3\vec{j}$ og C er randen til en sirkel med radius 1 og sentrum i origo.

Oppgave 8

Et vektorfelt er definert ved uttrykket $\vec{F} = xy\vec{i} + y^2\vec{j}$. Flaten R er trekanten med hjørner i punktene (0, 0), (2, 0) og (0, 2). Randen rundt trekanten kaller vi C. Regn ut $\oint_C \vec{F} \cdot d\vec{r}$ på to forskjellige måter.

Oppgave 9

Sirkelen C_1 har radius 2 og sentrum i origo. En regulær 20-kant C_2 har omskrevet sirkel med radius 1 og sentrum i origo. Området mellom sirkelen C_1 og 20-kanten C_2 kaller vi R. Vektorfeltet $\vec{F} = [P(x, y),\ Q(x, y)]$ er slik at

$$\iint_R (Q_x - P_y)\,dA = 5 \quad \text{og} \quad \int_{C_1} P\,dx + Q\,dy = 2$$

Regn ut $\int_{C_2} P\,dx + Q\,dy$.

Oppgaver til avsnitt 6.3

Oppgave 1

Regn ut $\oint_C \vec{F} \cdot d\vec{r}$ der C er randen til et kvadrat med sidelengde 3, én sidekant langs den positive x-aksen, én sidekant langs den positive y-aksen, og:

a. $\nabla \times \vec{F} = 2\vec{k}$
b. $\nabla \times \vec{F} = (x + y)\vec{k}$

Oppgaver til avsnitt 6.4

Oppgave 1

Gjør rede for hvordan fluksen til et vektorfelt gjennom et linjestykke avhenger av vinkelen mellom vektorfeltet og retningen til linjestykket.

Oppgave 2

Du søler kaffe på gulvet. Hastigheten som kaffen flyter utover med er beskrevet ved vektorfeltet $\vec{v}$. Enheten er m/s . Kaffen har tetthet ρ. Enheten for tettheten er kg/m^2. Forklar hva slags fysisk størrelse $\rho\,\vec{v}\cdot\vec{n}\,ds$ er ved å analysere enhetene til størrelsene som inngår i uttrykket.

Oppgave 3

Bestem et uttrykk for fluksen $d\Phi$ til feltet $\vec{F} = [x+y,\ x-y]$ når linjestykket ds ligger langs:

a. x-aksen
b. y-aksen
c. linja $y = x$
d. linja $y = -x$

Oppgaver til avsnitt 6.5

Fluks gjennom åpne kurver

Oppgave 1

Forklar hva som er forskjellen på uttrykkene $\oint_C \vec{F}\cdot d\vec{r}$ og $\oint_C \vec{F}\cdot\vec{n}\,ds$.

Oppgave 2

Regn ut fluksen til vektorfeltet $\vec{F} = [x,\ 0\,]$ gjennom de rette linjestykkene:

a. $x = 3,\ -1 \leq y \leq 1,\ \vec{n} = \vec{i}$
b. $y = 4,\ 0 \leq x \leq 4,\ \vec{n} = \vec{j}$

Oppgave 3

Kurven C er den rette linja mellom punktene (0, 1) og (1, 0).

a. Vis at $\vec{n} = \frac{1}{\sqrt{2}}[1,\ 1]$ er en "oppoverrettet" enhetsvektor til C. Skriv opp uttrykket for enhetsnormalen som er rettet nedover.
b. Vis at fluksen til feltet $\vec{F} = [1,\ -1]$ gjennom C er lik null.
c. Vis at $x = 1-t,\ y = t,\ 0 \leq t \leq 1$ er en parametrisering av C, der C gjennomløpes fra (1, 0) til (0, 1).
d. Regn ut fluksen av $\vec{F} = [P,\ Q\,] = [x+y,\ x\,]$ gjennom C i retning $\vec{n}$ ved å regne ut $\int_C [P,\ Q]\cdot\vec{n}\,ds = \int_C P\,dy - Q\,dx$.

Oppgave 4

a. La $\vec{F} = [x,\ y]$. Kurven C er halvsirkelen over x-aksen med radius 1 og sentrum i origo. La $\vec{n}$ peke vekk fra sentrum i halvsirkelen.
Regn ut fluksen av $\vec{F}$ gjennom kurven C.
Løs oppgaven ved å bruke kjente uttrykk for fluks gjennom en kurve, og ved hoderegning.

b. La $\vec{F} = [-y,\ x]$. La kurven C og normalvektoren være de samme som i spørsmål a.
Regn ut fluksen av $\vec{F}$ gjennom kurven C.
Løs oppgaven ved å bruke kjente uttrykk for fluks gjennom en kurve, og ved hoderegning.

Oppgave 5

Et vektorfelt er definert ved uttrykket $\vec{F} = [\cos x,\ \sin x]$. Kurven C er den rette linja mellom punktene $(\pi,\ 0)$ og $\left(0,\ \frac{\pi}{2}\right)$. Normalvektoren $\vec{n}$ har positiv y-komponent.

Regn ut fluksen av $\vec{F}$ gjennom C.

Fluks gjennom lukket kurve. Divergenssetningen

Oppgave 6

Hvordan kan vi regne ut fluksen gjennom en lukket kurve C uten å regne ut integralet $\oint_C \vec{F} \cdot \vec{n}\, ds$?

Oppgave 7

Kurven C er randen til rektangelet $[0,\ 1] \times [0,\ 1]$. Enhetsnormalen til C er rettet utover. Vektorfeltet $\vec{F}$ er definert ved uttrykket $\vec{F} = [0,\ 2]$.

a. Regn ut fluksen av $\vec{F}$ gjennom kvadratet ved å legge sammen fluksen gjennom hver av sidene.
b. Regn ut divergense $\nabla \cdot \vec{F}$ til $\vec{F}$.
c. Bruk divergenssetningen til å vise at fluksen gjennom rektangelet er null.
d. Begrunn at svaret virker rimelig.

Oppgave 8

Et vektorfelt er definert ved uttrykket $\vec{F} = [x,\ y]$. Kurven C er sirkelen med sentum i origo og radius 1. Enhetsvektoren $\vec{n}$ er rettet utover.

a. Regn ut fluksen Φ av $\vec{F}$ gjennom C ved å regne ut integralet $\oint_C \vec{F} \cdot \vec{n}\, ds$.
b. Regn ut fluksen Φ av $\vec{F}$ gjennom C ved å bruke divergenssetningen.

Oppgave 9

Bruk divergenssetningen til å regne ut fluksen av $\vec{F}$ gjennom den lukkede kurven C. Vi antar at C gjennomløpes slik at enhetsnormalen er utoverrettet.

a. $\vec{F} = [x + y^2,\ \sin 2x - y\,]$. Kurven C er sirkelen $(x-1)^2 + (y+1)^2 = 3$.
b. $\vec{F} = [3x - e^y,\ \ln(2x) + y\,]$. Kurven C er randen til trekanten med hjørner i punktene $(0,\ 0)$, $(3,\ 0)$ og $(5,\ 2)$.
c. $\vec{F} = [2y - 3x,\ x^2 + y\,]$. Kurven C er randen til området R der $-1 \le x \le 1,\ \ 0 \le y \le \sqrt{1-x^2}$.
d. $\vec{F} = [2x^2 + 3y,\ y^2 - 2xy\,]$. Kurven C er randen til trekanten med hjørner i punktene $(-1,\ 0)$, $(1,\ 0)$ og $(0,\ 1)$.
e. $\vec{F} = [xy^2 - 3x,\ x^2y + 3y\,]$. Kurven C er sirkelen med sentrum i origo og radius 2.

Oppgave 10

Vektorfeltet $\vec{F}$ er definert ved $\vec{F} = \frac{-y}{2}\vec{i} + \frac{x}{2}\vec{j}$. Kurven C er en vilkårlig, lukket kurve i planet. Området R på innsiden av C har areal A.

Regn ut $\oint_C \vec{F} \cdot \vec{n}\, ds$ og $\oint_C \vec{F} \cdot d\vec{r}$.

Oppgave 11
Et vektorfelt er definert ved uttrykket $\vec{F} = xy\,\vec{i} + y^2\,\vec{j}$. Flaten R er trekanten med hjørner i punktene (0, 0), (2, 0) og (0, 2). Randen rundt trekanten kaller vi C.

a. Regn ut $\oint_C \vec{F} \cdot d\vec{r}$ på to forskjellige måter.
b. Regn ut fluksen gjennom C på to forskjellige måter.

Oppgaver til avsnitt 6.6

Oppgave 1
Grafen til $z = f(x, y)$ danner en flate S i rommet. Et flateelement på S kaller vi dS. Dette elementet ligger loddrett over flateelementet $dA = dx\,dy$ i xy-planet.

Regn ut et uttrykk for $dS = \sqrt{z_x^2 + z_y^2 + 1}\,dA$ i hvert av tilfellene nedenfor. Tegn figur, og forklar hvordan vi kan komme fram til uttrykket for dS uten å bruke formelen.

a. $z = f(x, y) = 5$
b. $z = f(x, y) = y$
c. $z = f(x, y) = -x + 1$

Oppgave 2

a. Skriv en kort stikkordsliste som viser ideen bak metoden vi bruker for å regne ut et flateintegral.
b. Forklar hva slags størrelse vi beregner ved integralet $\iint_G dS$.
c. Når vi skal regne ut $\iint_G g(x, y, z)\,dS$ der G er grafen til $z = f(x, y)$, setter vi inn $f(x, y)$ i uttrykket for g: $g(x, y, f(x, y))$.
Hva er grunnen til det?

Oppgave 3
Regn ut flateintegralet av funksjonen $g(x, y, z) = x^2 + y^2 + z$ over den delen av flata $z = f(x, y) = x + y + 1$ som ligger rett over området $R: 0 \leq x \leq 1,\ \ 0 \leq y \leq 1$.

Oppgave 4
Regn ut flateintegralet av funksjonen $g(x, y, z) = x + y$ over den delen av flaten $z = f(x, y) = \sqrt{4 - x^2}$ som ligger rett over området $R: 0 \leq x \leq \sqrt{3},\ 0 \leq y \leq 1$.

Oppgave 5
Regn ut flateintegralet av funksjonen $g(x, y, z) = x + y$ over overflaten til terningen $0 \leq x \leq 1,\ 0 \leq y \leq 1,\ 0 \leq z \leq 1$.

Oppgave 6
Et vektorfelt er definert ved uttrykket $\vec{F} = -y\,\vec{i} + x\,\vec{j}$. Flaten G er den delen av planet $z = f(x, y) = 8x - 4y - 5$ som ligger over trekanten med hjørner $A(0, 0, 0)$, $B(0, 1, 0)$ og $C(1, 0, 0)$.
Regn ut fluksen av $\vec{F}$ gjennom G.

Oppgave 7
Regn ut flateintegralene $\iint_G g(x, y, z)\,dS$.

a. Flaten G er den delen av planet $x + 2y + z = 4$ der $x \geq 0,\ \ y \geq 0,\ \ z \geq 0$, og $g(x, y, z) = 1$.

b. Flaten G er definert ved uttrykket $z = y^2 + x + 1$ der $0 \leq x \leq 1,\ \ 0 \leq y \leq 1$ og $g(x, y, z) = y$.

c. Flaten G er definert ved $z = 3$ der $(x, y) \in [0, 1]\times[0, 2]$ og $g(x, y, z) = zx^2+zy^2$.

Oppgave 8
Regn ut arealet av overflaten til ei halvkule med radius a ved å beregne et flateintegral.

Oppgave 9
Regn ut arealet av den delen av planet $z = 2x + 3y + 1$ som ligger innenfor sylinderen $x^2 + y^2 \leq 1$.

Oppgave 10
Regn ut arealet av den delen av kuleflaten $z = \sqrt{4 - x^2 - y^2}$ som ligger innenfor sylinderen $x^2 + y^2 \leq 1$.

Oppgaver til avsnittene 6.7 og 6.8

Oppgave 1
Hvordan kan vi regne ut en normalvektor til en flate?

Oppgave 2
Velg selv retningen til normalvektoren $\vec{n}$ i disse oppgavene, og regn ut fluksen av vektorfeltet $\vec{F} = [1, 0, -5]$ gjennom:

a. sirkelflaten $x^2 + y^2 \leq 2,\ \ z = 4$

b. kvadratet $0 \leq x \leq 2,\ \ 1 \leq z \leq 3,\ \ y = 2$

Oppgave 3
Regn ut fluksen til vektorfeltet $\vec{F} = [0, 0, 2]$ gjennom sylinderen $x^2 + y^2 \leq y$, $1 \leq z \leq 4$. Normalvektoren $\vec{n}$ er rettet ut av sylinderen.

Oppgave 4
Regn ut fluksen til vektorfeltet $\vec{F} = [x, y, z]$ gjennom kuleskallet $x^2 + y^2 + z^2 = 4$.

Oppgave 5
Et vektorfelt er definert ved uttrykket $\vec{F} = [P, Q, R] = [2x, 2y, -1]$. Flaten G er den delen av paraboloiden $z = x^2 + y^2$ som ligger under planet $z = 4$.

a. Begrunn at $\vec{n} = \frac{\nabla H}{|\nabla H|}$ der $H(x, y, z) = x^2 + y^2 - z = 0$ er en utoverrettet enhetsnormalvektor til paraboloiden. Regn ut $\vec{n}$.

b. Regn ut fluksen av $\vec{F}$ gjennom paraboloiden ved å regne ut flateintegralet $\iint_G \vec{F} \cdot \vec{n}\, dS$.

c. Fluksen gjennom en flate G kan regnes ut ved å regne ut dobbeltintegralet

$$\Phi = \iint_R (-Pz_x - Qz_y + R)\, dA$$

der R er projeksjonen av G i xy-planet. Uttrykket gjelder dersom enhetsnormalvektoren til G er rettet oppover.
Regn ut fluksen gjennom paraboloiden ved å regne ut dobbeltintegralet Φ.

Oppgave 6
Et vektorfelt er definert ved uttrykket $\vec{F} = y\,\vec{i} - x\,\vec{j} + 2\,\vec{k}$.
Regn ut fluksen av $\vec{F}$ gjennom halvsylinderen $G : z = \sqrt{1 - y^2},\ 0 \leq x \leq 5$.

Oppgave 7
Et vektorfelt er definert ved uttrykket $\vec{F} = z\,\vec{i} - x\,\vec{j} + y\,\vec{k}$.
Regn ut fluksen gjennom kuleskallet $x^2 + y^2 + z^2 = 9$.

Oppgave 8
Regn ut fluksen av vektorfeltet $\vec{F} = x^2yz\,\vec{i} + xy^2z\,\vec{j} + xyz^2\,\vec{k}$ gjennom et rett, firkantet prisme med sidekanter a, b og c.

Oppgave 9
Et vektorfelt er definert ved uttrykket $\vec{F} = x^2\vec{i} + y^2\,\vec{j} + z^2\,\vec{k}$.
Regn ut fluksen gjennom rotasjonsparaboloiden $z = 4 - x^2 - y^2$, $z \geq 0$.

Oppgave 10
En rett sylinder S med radius 1 og høyde 2 ligger med aksen langs x-aksen. Sylinderen kan da beskrives ved uttrykket $0 \leq y^2 + x^2 \leq 1,\ 0 \leq x \leq 2$.
Regn ut fluksen til vektorfeltet $\vec{F} = (x + z^2)\,\vec{i} + (y - z^2)\,\vec{j} + x\,\vec{k}$ gjennom overflaten til sylinderen.

Oppgave 11
Et kuleskall er definert ved $9 \leq x^2 + y^2 + z^2 \leq 25$.
Regn ut fluksen til vektorfeltet $\vec{F} = 2x\,\vec{i} + 3y\,\vec{j} + 4z\,\vec{k}$ gjennom kuleskallet.

Oppgave 12
Et vektorfelt er definert ved uttrykket $\vec{F} = x\,\vec{i} + y\,\vec{j} + z\,\vec{k}$.
Overflaten til et legeme kaller vi G. Vis at volumet av legemet er bestemt ved uttrykket

$$V = \frac{1}{3}\iint_G \vec{F} \cdot \vec{n}\, dS$$

Oppgave 13

a. Gjør rede for begrepet *fluks*.
b. Forklar hvordan du kan regne ut fluksen gjennom en flate.
c. I hvilke tilfeller kan vi bruke divergenssetningen?

Oppgave 14
Flaten G er den delen av paraboloiden $z = 9 - x^2 - y^2$ som ligger over xy-planet. Dette er en åpen flate.
Diskuter dette utsagnet: “Vi kan bruke divergenssetningen til å regne ut fluksen gjennom G dersom vi lukker flaten.”

Oppgaver til avsnitt 6.9

Oppgave 1
Sylinderen $x^2 + y^2 = 1,\ 0 \leq z \leq 4$ er åpen i bunnen. Randen til den åpne delen av sylinderen kaller vi C. Et vektorfelt $\vec{F}(x, y, z)$ er definert ved uttrykket

$$\vec{F}(x, y, z) = [ye^x(x + 1),\ x(e^x + 2),\ 3]$$

Bruk Stokes' setning til å regne ut $\oint_C \vec{F} \cdot d\vec{r}$ når vi gjennomløper C i positiv retning sett ovenfra.

Oppgave 2
Sylinderen $x^2 + y^2 = 4,\ 0 \leq z \leq 2$ er åpen i bunnen. Randen til den åpne delen av sylinderen kaller vi C. Et vektorfelt $\vec{F}(x, y, z)$ er definert ved uttrykket

$$\vec{F}(x, y, z) = [xye^x + ye^x + 2yz,\ xe^x + x, xy]$$

Bruk Stokes' setning til å regne ut $\oint_C \vec{F} \cdot d\vec{r}$ når vi gjennomløper C i positiv retning sett ovenfra.

Oppgave 3
La $\vec{F}(x, y, z)$ være et konservativt felt. Forklar at fluksen av curlen til $\vec{F}$ gjennom en åpen flate i rommet er lik null.

Kapittel 7
Fasit

Kapittel 1

Avsnitt 1.2

Oppgave 1 **a.** $\pi^2 + 1,\ 1$ **b.** $z = \pm\sqrt{1 - x^2 - y^2}$ er to funksjoner.

Oppgave 2 **a.** Hele xy-planet. **b.** Alle punkter utenfor linja $y = -x$.
c. Alle punkter på eller innenfor sirkelen $x^2 + y^2 = 1$.
d. Alle punkter utenfor sirkelen $x^2 + y^2 = 1$.

Oppgave 3 $f(1, -2) = 19 \neq 0$, altså utenfor nivåkurven.

Oppgave 4 **a.** Rette linjer med stigningstall −2/3. **b.** Hyperbler $y = a/x$.

Oppgave 5 **a.** Rette linjer $y = x/c$. **b.** Hyperbler $y = c/x$.
c. Parabler $y = -x^2 + c$. **b.** Sirkler med sentrum i $(1, 2)$.

Oppgave 8 **a.** Paraboloide med akse langs z-aksen. $|c|$ angir avstanden fra bunnpunktet til origo. **b.** Som a., men "åpningen" vender ned. **c.** Kuler med sentrum i origo og radius $\sqrt{c}$, $c \geq 0$. **d.** Kjegler.

Avsnitt 1.3

Oppgave 1 **a.** $f_x = 2x,\ f_y = 3,\ f_{xx} = 2,\ f_{yy} = 0,\ f_{xy} = f_{yx} = 0$
b. $f_x = 2x + y,\ f_y = x + 2y,\ f_{xx} = 2,\ f_{yy} = 2,\ f_{xy} = f_{yx} = 1$
c. $f_x = \cos(x + y),\ f_y = \cos(x + y),\ f_{xx} = -\sin(x + y),\ f_{yy} = -\sin(x + y),$
$f_{xy} = f_{yx} = -\sin(x + y)$
d. $f_x = 2xe^{x^2+y^2},\ f_y = 2ye^{x^2+y^2},\ f_{xx} = (4x^2 + 2)e^{x^2+y^2},\ f_{yy} = (4y^2 + 2)e^{x^2+y^2},$
$f_{xy} = f_{yx} = 4xye^{x^2+y^2}$

Oppgave 2 **a.** $f_x = 2x,\ f_y = 2y$ **b.** $63,4°$

Oppgave 3 $y = 2$

Oppgave 4 47°

Oppgave 5 $f_x(1, 2) = -0,0135,\quad f_y(1, 2) = -0,0270$

Oppgave 7 $\alpha = \pi/4$

Avsnitt 1.4

Oppgave 1 **a.** $z' = 0$ **b.** $z' = 2t\cos t^3 - 3t^4 \sin t^3$ **c.** $f' = 12t^5 e^{2t^6}$

Oppgave 2 $z' = (2t - 4t^3)e^{-t^4+t^2-1}$

Oppgave 3 **b.** $w' = 6t^5$

Oppgave 4 $f' = 12t^5 e^{2t^6}$

Oppgave 5 $I' = 4,2 \cdot 10^{-5}$ A/s

Oppgave 7 **a.** $\frac{dz}{dx} = (u+v)^{-\frac{1}{2}}$ **b.** $\frac{dz}{dx} = (y+2)\cos(u+v)$

Avsnitt 1.5

Oppgave 1 **a.** $df = (2x-2y)dx + (2y-2x)dy$ **b.** $df = 2xe^{x^2-3y^2}dx - 6ye^{x^2-3y}dy$
c. $df = (3-y)\cos(3x - xy + 4y) + (4-x)\cos(3x - xy + 4y)dy$
d. $df = 4xdx + 6ydy + 8zdz$

Oppgave 2 **a.** $\pm$ 39, 3 m^2 **b.** 8, 3 %.

Oppgave 3 $dv = \frac{1}{t}ds + \frac{s}{t^2}dt$

Oppgave 4 $z = 4$

Oppgave 5 **a.** $z = -3$ **b.** $3x - 3y - z = 0$

Oppgave 6 **b.** $L(\Delta x, \Delta y) = 125 + 45\Delta x + 60\Delta y$ **c.** 0, 1 %

Avsnitt 1.6

Oppgave 1 **a.** $[2, 3]$ **b.** $[y, x]$ **c.** $[2x + 2y, 2x + 2y]$ **d.** $[3e^{3x-4y}, -4e^{3x-4y}]$

Oppgave 2 **a.** $[-1, 1]$, $\sqrt{2}$ **b.** $|\nabla f(1, -1)| = 0,330$ **c.** $|\nabla f(1, -1)| = 0$
d. $|\nabla f(1, -1)| = 2e\sqrt{5}$

Oppgave 3 $\nabla f \cdot \vec{v} = [1, 1] \cdot [1, -1] = 0$

Oppgave 4 **b.** $\nabla f = [2x, 2y]$. Sett inn for x og y.

Oppgave 5 **a.** $[-4, 1]$. **b.** $[-2, 1]$, $[2, -1]$

Oppgave 7 **a.** $[4x, 6y, -1]$ **b.** $[4x, 3, -1]$ **c.** $\nabla f = 2[x, y, z] = 2\vec{r}$
d. $[3x^2 - 4xy, -2x^2 + 6y, -1]$

Oppgave 8 $[3, 2, -1]$

Oppgave 9 1

Oppgave 10 **a.** $[2x + y, x + 2y]$ **b.** $\frac{1}{\sqrt{10}}[3, 1]$ **c.** $\frac{17}{\sqrt{10}}$

Oppgave 11 **a.** $[3x^2 - y^2, -2xy, -1]$ **b.** $\frac{4}{7}$

Oppgave 12 $\frac{4}{3}$

Oppgave 13 $[7, 2]$, $\alpha = \tan^{-1}(|[7, 2]|)$

Oppgave 14 a. $[2, -4]$ **b.** $\tan\alpha = 2\sqrt{5}$

Oppgave 15 a. $[2x+2y, 2x+2y, 2z]$ **b.** $\frac{16}{3}$

Oppgave 16 a. $[2x+2, 2y+2, 2z]$ **b.** $\frac{22}{\sqrt{14}}$

Oppgave 17 a. $f_x = 3x^2 + 2y^2 - 1,\ f_y = 4xy + 4y,\ f_{xx} = 6x,\ f_{yy} = 4x + 4,$ $f_{xy} = f_{yx} = 4y$ **b.** $[3x^2 - 4xy, -2x^2 + 2y - 2]$ **c.** 1,58

Avsnitt 1.7

Oppgave 1 a. $\alpha = \tan^{-1}(20)$ **b.** $\alpha = \tan^{-1}(12)$ **c.** $\alpha = \tan^{-1}\left(-\frac{84}{\sqrt{13}}\right)$ **d.** $\alpha = \tan^{-1}(\sqrt{544})$

Avsnitt 1.8

Oppgave 1 a. $(0, 0)$ **b.** $\left(-\frac{2}{3}, \frac{1}{6}\right)$ **c.** $(1, 1), (1, -1)$ **d.** $\left(-\frac{1}{3}, -\frac{2}{3}\right)$

Oppgave 3 $\left(-\frac{1}{2}, 1, \frac{1}{2}\right)$

Oppgave 4 b. $\nabla(P) = \vec{0}$

Oppgave 5 a. $(1, 2)$ er globalt min.pkt. **b.** Min: -2, maks 0. **c.** Maks. 3 i (0,0), min $-\frac{6}{5}$ i $\left(\frac{1}{5}, \frac{8}{5}\right)$.

Oppgave 7 Globalt maks. i $(2, 0)$. Globalt min. i $\left(-\frac{1}{4}, 0\right)$. Lokale min. i $\left(-\frac{1}{2}, \pm\sqrt{\frac{15}{4}}\right)$.

Oppgave 8 Minst overflate for $x = y = z = V^{\frac{1}{3}}$.

Oppgave 9 a. $|H| = -24x^2 - 16y^2 - 8x - 16y - 4$ **b.** $|H| = 0$

Oppgave 10 a. $(0, 0)$

Oppgave 11 $(1, 1)$ er et maksimalpunkt.

Oppgave 12 a. $(1, 2)$ er sadelpunkt. **b.** $(1, 1)$ er et minimalpunkt. **c.** $(0, 0)$ er et maskimalpunkt. **d.** $(1, 1)$ er et sadelpunkt.

Oppgave 13 a. Sirkler med sentrum i $(1, 2)$. **b.** $(1, 2)$ er et maksimalpunkt.

Avsnitt 1.9

Oppgave 1 a. $(1, -1)$ er et minimalpunkt. **b.** $\left(2, \frac{1}{2}\right)$ er et maksimalpunkt, $\left(-2, -\frac{1}{2}\right)$ er et minimalpunkt. **c.** $(1, 1)$ og $(1, -1)$ er maksimalpunkter, $(-1, 1)$ og $(-1, -1)$ er minimalpunkter. **d.** $(0, -2)$ er maksimalpunkt, $\left(\pm\sqrt{\frac{3}{2}}, -\frac{1}{2}\right)$ er minimalpunkter.

Oppgave 2 a. $\left(2\sqrt{\frac{1}{5}}, \sqrt{\frac{1}{5}}\right)$ er maksimalpunkt, $\left(-2\sqrt{\frac{1}{5}}, -\sqrt{\frac{1}{5}}\right)$ er minimalpunkt.
b. $\left(\frac{2}{5}\sqrt{5}, \frac{1}{10}\sqrt{5}\right)$ er maksimalpunkt, $\left(-\frac{2}{5}\sqrt{5}, -\frac{1}{10}\sqrt{5}\right)$ er minimalpunkt.
c. $(0, 2)$ og $(0, -2)$ er minimalpunkter, $(2, 0)$ og $(-2, 0)$ er maksimalpunkt.
d. $\left(\frac{12}{13}, \frac{18}{13}\right)$ er minimalpunkt.

Oppgave 3 Minimalpunkter: $(-0{,}48,\ -1{,}23)$ og $(-1{,}15,\ 0{,}92)$.
Maksimalpunkt: $(-1{,}81,\ -0{,}44)$.

Oppgave 4 Minst avstand $\frac{5}{\sqrt{6}} \approx 2,04$ for punktet $\left(\frac{5}{3}, \frac{5}{6}, -\frac{5}{6}\right)$.

Oppgave 6 $\nabla f = \lambda_1 \nabla g + \lambda_2 \nabla h,\ g = 0,\ h = 0$

Kapittel 2

Avsnitt 2.2

Oppgave 1 **a.** $(-1, 0), (0, 1)$ **b.** $(1, 0), (4, -1)$
c. $(1, 0, 0), (\sqrt{2}, 0, 4)$ **d.** $(1, 1, 4), (2, 2, 6)$

Oppgave 4 $x = t,\ y = t^2,\ 0 \leq t \leq 2$
$x = 2 - t,\ y = (2 - t)^2,\ 0 \leq t \leq 2$

Oppgave 5 **a.** $x = t,\ y = \frac{3}{2}t + \frac{1}{2},\ 1 \leq t \leq 3$
b. $\vec{r} = [1 + 2t,\ 2 + 3t,\ 2t],\ 0 \leq t \leq 1$
c. $x = t,\ y = t^2,\ 0 \leq t \leq 1$
d. $x = t,\ y = t + t^2 + \sin t,\ 0 \leq t \leq \pi$

Oppgave 6 **a.** $x = 3 - t,\ y = 5 - \frac{3}{2}t,\ 0 \leq t \leq 1$
b. $x = 3 - t,\ y = 5 - \frac{3}{2}t,\ z = -2t + 2,\ 0 \leq t \leq 2$
c. $x = 1 - t,\ y = (1 - t)^2,\ 0 \leq t \leq 1$
d. $x = \pi - t,\ y = \pi - t + (\pi - t)^2 + \sin(\pi - t),\ 0 \leq t \leq \pi$

Oppgave 7 **b.** $x = \cos(2\pi - t),\ y = \sin(2\pi - t)$,
$0 \leq t \leq 2\pi$ **c.** Heliks

Oppgave 8 $\vec{v} = [2t, 3t^2, 4t^3]\ \vec{a} = [2, 6t, 12t^2]$

Oppgave 9 **a.** $\vec{v} = [1, 2t, 3t^2]$ $\vec{a} = [0, 2, 6t]$ **b.** $[1, 6, 27]/\sqrt{766}$

Oppgave 10 **a.** Sirkel med radius 2, sentrum i origo. **b.** $\vec{v} = [-2\sin t, 2\cos t]\ \vec{a} = [-2\cos t, -2\sin t]$ **c.** Skruelinje. $\vec{v} = [-2\sin t, 2\cos t, 1]\ \vec{a} = [-2\cos t, -2\sin t, 0]$

Oppgave 11 **b.** $[1, 2]/\sqrt{5}$ **c.** 90°

Oppgave 12 **a.** Ellipse med sentrum i origo og halvakser 2 og 3.
b. $\vec{v} = [-2\sin t, 3\cos t]\ \vec{a} = [-2\cos t, -3\sin t]$
c. Ellipseformet skruelinje. $\vec{v} = [-2\sin t, 3\cos t, 1]\ \vec{a} = [-2\cos t, -3\sin t, 0]$

Oppgave 13 **a.** $\vec{v} = [6\cos 2, 4, 1]$ **b.** $[-0{,}518,\ 0{,}830,\ 0{,}207]$

Oppgave 14 **a.** 5 **b.** $\vec{v} = [-3\omega\sin\omega t, -4\omega\sin\omega t, 5\omega\cos\omega t]\ \vec{a} = -\omega^2\vec{r}$ **c.** $\vec{0}$

Oppgave 15 $[t^2, t^3]$

Oppgave 16 $[3t^2 + 1, 4t^3 + 2]$

Oppgave 17 $[t^3 + t + 1, t^4 + 2t + 1]$

Oppgave 18 **a.** $[1, 2t]$ **b.** $\left[\frac{1}{2}t^2 + 1, \frac{1}{3}t^3 + 2\right]$ **c.** $\left[\frac{27}{2}, \frac{131}{3}\right], [1, 10]$

Oppgave 19 **a.** $[1, 2]/\sqrt{5}$ **b.** $26, 6^\circ$ **c.** $\left[t+1, t^2+1\right]$

Oppgave 20 **a.** $\vec{v} = \left[2\sin t, -3\cos t, \frac{1}{2}t^2\right]$ **b.** $\vec{r} = \left[-2\cos t, -3\sin t, \frac{1}{6}t^3\right]$

Avsnitt 2.3

Oppgave 1 $\sqrt{17}$

Oppgave 2 2

Oppgave 3 $\int_2^5 \sqrt{4t^2+4}\,dt \approx 21, 89$

Oppgave 4 **a.** 2π **b.** $\int_0^{2\pi} \sqrt{t^2+1}\,dt \approx 21, 26$
c. $\int_0^{2\pi} \sqrt{\sin^2 t + 4\cos^2 t}dt \approx 9, 69$

Avsnitt 2.4

Oppgave 1 $\vec{N}(1) = \left[-\frac{2}{\sqrt{5}}, \frac{1}{\sqrt{5}}\right]$

Oppgave 2 $\vec{T}(1) = \left[\frac{1}{\sqrt{5}}, \frac{2}{\sqrt{5}}\right]$ $\vec{N}(1) = \left[-\frac{2}{\sqrt{5}}, \frac{1}{\sqrt{5}}\right]$

Oppgave 3 $\vec{N} = \left[-\frac{2}{3}, \frac{1}{3}, \frac{2}{3}\right]$

Oppgave 4 $\kappa = 1+t,\ \rho = \frac{1}{\kappa} = \frac{1}{1+t}$

Oppgave 5 Krumningsradien øker.

Oppgave 6 $\rho = 3$

Oppgave 7 $\kappa = 0$

Avsnitt 2.5

Oppgave 1 **a.** $(-1, 0)$ **b.** $(1, \sqrt{3})$ **c.** $(4, 0)$ **d.** (−1,248, 2,728)

Oppgave 2 **a.** $\left(1, \frac{\pi}{4}\right)$ **b.** $(2, 0)$ **c.** $\left(1, \frac{3\pi}{2}\right)$ **d.** (5, 0,927)

Oppgave 3 **a.** $r\cos\theta = 3$ **b.** $r\sin\theta = 3$ **c.** $\tan\theta = \frac{1}{2}$ **d.** $r = 2$

Oppgave 4 **a.** $x^2+y^2 = 1$ **b.** $y = x$ **c.** $\left(x-\frac{1}{2}\right)^2 + y^2 = \frac{1}{4}$
d. $x^2 + \left(y-\frac{1}{2}\right)^2 = 1$

Oppgave 5 **a.** $\frac{\pi}{2}$ **b.** $\frac{1}{6}\pi^3$ **c.** $\frac{1}{2}(\cos(0) - \cos(2)) \approx 0, 478$ **d.** $\frac{1}{4}\left(e^6 - e^2\right) \approx 99$

Oppgave 6 $\frac{3}{2}\pi$

Oppgave 7 $2\pi a$

Oppgave 8 $\int_0^{\pi} \sqrt{8\cos^2\theta + 8\cos\theta + 4}\,d\theta \approx 8, 21$

Kapittel 3

Avsnitt 3.2

Oppgave 1 **a.** Vektorer parallelle med x-aksen, lengde 1. **b.** Vektorer som peker radielt vekk fra origo, lengde 1. **c.** Vektorer tangent til enhetssirkelen, orientert med klokka, lengde 1.

Oppgave 2 Vektorer som peker radielt vekk fra origo.

Oppgave 3 **a.** Sirkler med sentrum i origo og radius $\sqrt{250-k}$, $k \leq 250$.
b. Radiell retning vekk fra origo.

Avsnitt 3.2

Oppgave 1 **a.** $[3y^2 + 3x^2y, 6xy + x^3]$ **b.** $[2, 3, 4]e^{2x+3y+4z}$

Oppgave 2 **a.** $[1, 1, 1]$ **b.** $[4x + 4y, 4x + 2yz, y^2]$
c. $[e^x, -e^y, e^z]$ **d.** $[yze^{xyz}, xze^{xyz}, xye^{xyz}]$
e. $[\cos(x + y + z) + yz, \cos(x + y + z) + xz, \cos(x + y + z) + xy]$
f. $[-yz \sin(xyz), -xz \sin(xyz), -xy \sin(xyz)]$

Oppgave 3 **a.** $14xy$ **b.** 9 **c.** 3 **d.** $y + z + x$
e. $2e^{2x} + 3e^{3y} + 4e^{4z}$ **f.** $2\cos(2x) + z - 2\pi \sin(2\pi y) + xye^{xyz}$

Oppgave 4 **a.** $[-1, -1, -1]$ **b.** $[4, 0, 6]$ **c.** $[-y, -z, -x]$ **d.** $[0, -1, 0]$
e. $[3xze^{3xyz}, 1 - 3yze^{3xyz}, \frac{1}{4}]$

Oppgave 5 a, d, f, h

Avsnitt 3.4

Oppgave 1 **a.** $x^2 + y^2 + c$ **b.** $x^2 - 2xy - y^2 + c$
c. $2x^3 - 3xy^2 - y + x + c$ **d.** $e^{x^2y} + c$

Oppgave 2 **a.** $x^2 + y^2 + z^2 + c$ **b.** $x^2 + xy^3 + yz^2 + c$
c. $x^2y + 2yz^2 - 3xy^2z + c$ **d.** $e^{x^2yz} + c$

Oppgave 3 $x^3 - 2xy^2 + xy + 4x + 1$

Oppgave 4 **a.** $x^3 + 2xy^2 + y^2 + x + 1$ **b.** $e^{x+y} + x + 2y$
c. $x - \cos(x + y) + 2yz + z^3 + \pi$

Avsnitt 3.5

Oppgave 1 Divergensen er forskjellig fra null, $\nabla \cdot \vec{v} \neq 0$.

Avsnitt 3.6

Oppgave 1 $\nabla \times \vec{v} = \vec{0}$

Avsnitt 3.7

Oppgave 1 $\nabla \times (\nabla f) = 0$

Kapittel 4

Avsnitt 4.3

Oppgave 1 **a.** $\sqrt{\frac{29}{4}}\,dt$ **b.** $\sqrt{4t^2 - 16t + 17}\,dt$
c. $\sqrt{5 - 4\sin t}\,dt$ **d.** $\sqrt{153t^4 - 96t^3 + 8t^2 + 4}\,dt$

Oppgave 2 $10\sqrt{5}$

Oppgave 3 $5\sqrt{13}$

Oppgave 4 $24\sqrt{2}$

Oppgave 5 **a.** $x = t,\ \ y = t,\ \ t \in \mathbb{R}$ **b.** $\sqrt{2}$ **c.** Areal av rektangel.

Oppgave 6 **a.** For eksempel: $x = a\cos t,\ y = a\sin t,$
$0 \leq t \leq \pi$ Eller: $\vec{r} = [-x, \sqrt{a^2 - x^2}],\ -a \leq x \leq a$ **b.** $2a^2$

Oppgave 7 **a.** 4 **b.** 8

Oppgave 9 0

Avsnitt 4.6

Oppgave 1 **a.** 6 **b.** 0 **c.** $\frac{3}{2}$ **d.** 4

Oppgave 2 **a.** $-\frac{5}{6}$ **b.** $\frac{66}{35}$

Oppgave 3 $\frac{51}{2}$

Oppgave 4 0

Oppgave 5 $-\frac{4}{3}$

Oppgave 6 **a.** $\frac{5}{6}$ **b.** π **c.** $8\pi + 10\pi^2$ **d.** 0

Avsnitt 4.8

Oppgave 1 **a.** $x^3y + x + K$ **b.** $x^2z - yz^2 + y + K$ **c.** $x^2\sin xy + K$

Oppgave 2 **a.** $\pi^3 - \pi$ **b.** 2 **c.** 0

Oppgave 3 **a.** Konservative felt. **b.** Se avsnitt 4.8.

Oppgave 4 **d.** 4 **e.** 4 **f.** 0

Oppgave 5 **a.** $[3x^2 + y, x + 3y^2]$ **b.** 0 **c.** 80

Oppgave 6 **a.** $\nabla \times \vec{F} = \vec{0}$ **b.** $xyz + K$ **c.** -13

Oppgave 7 **a.** Regn ut ∇f **b.** $\frac{9}{16}\sin\left(\frac{1}{2}\right)$

Oppgave 8 **b.** -2

Oppgave 9 **b.** 8

Oppgave 10 **b.** 13 **c.** 0

Oppgave 11 **b.** $\frac{87}{4}$ **d.** 0

Kapittel 5

Avsnitt 5.3

Oppgave 1 **a.** 1 **b.** $\frac{1}{4}$ **c.** $\frac{1}{4}$ **d.** $\frac{26}{3}$ **e.** e^2-2e+1 **f.** 0

Oppgave 2 **a.** 1 **b.** -2 **c.** $\frac{1}{3}\left(e^7-e^5-e^{-2}+e^{-4}\right)$ **d.** 0

Oppgave 4 **a.** $\int_{y=-2}^{2}\int_{x=1}^{3} f\,dx\,dy$, $\int_{x=1}^{3}\int_{y=-2}^{2} f\,dy\,dx$

b. $\int_{x=0}^{2}\int_{y=1}^{\frac{1}{2}x+1} f\,dy dx$, $\int_{y=1}^{2}\int_{x=2y-2}^{2} f\,dx\,dy$

c. $\int_{x=1}^{2}\int_{y=x-1}^{-2x+5} f\,dy\,dx$, $\int_{y=0}^{1}\int_{x=1}^{y+1} f\,dx\,dy + \int_{y=1}^{3}\int_{x=1}^{(-y+5)/2} f\,dx\,dy$

d. $\int_{x=0}^{1}\int_{y=x^3}^{x^2} f\,dy\,dx$, $\int_{y=0}^{1}\int_{x=\sqrt{y}}^{y^{\frac{1}{3}}} f\,dx\,dy$

e. $\int_{x=0}^{\pi/4}\int_{y=\sin x}^{\cos x} f\,dy\,dx$, $\int_{y=0}^{\sqrt{2}/2}\int_{x=0}^{\arcsin y} f\,dx\,dy + \int_{y=\sqrt{2}/2}^{1}\int_{x=0}^{\arccos y} f\,dx\,dy$

f. $\int_{x=0}^{1}\int_{y=e^{-x}}^{e^x} f\,dy\,dx$, $\int_{y=e^{-1}}^{1}\int_{x=-\ln y}^{1} f\,dx\,dy + \int_{y=1}^{e}\int_{x=\ln y}^{1} f\,dx\,dy$

Oppgave 6 **a.** $\frac{1}{8}$ **b.** $\frac{27}{8}$

Oppgave 7 **b.** 1

Avsnitt 5.4

Oppgave 1 Volumet rett over integrasjonsområdet, og under grafen til $z=2x+3xy$.

Oppgave 2 **a.** $\frac{1}{6}$ **b.** $\frac{5}{2}$

Oppgave 3 $\frac{36}{5}$

Oppgave 4 $\frac{1}{2}$

Oppgave 5 $\frac{1}{6}$

Avsnitt 5.5

Oppgave 2 **a.** 4π **b.** $\frac{2}{3}$

Oppgave 4 **a.** 2π **b.** $\frac{1}{3}\pi^3$

Oppgave 5 **a.** 8π **b.** π

Oppgave 6 **b.** $\frac{3}{2}\pi$ **c.** 0

Oppgave 7 **a.** $\pi a^2 h$ **b.** $\frac{1}{2}\pi$ **c.** π

Oppgave 8 **a.** $r = 2\cos\theta$ **c.** $\frac{1}{2}\pi$

Oppgave 9 $\frac{1}{6}\pi^3$

Oppgave 10 **a.** π **b.** $\frac{9\pi}{16} - \sqrt{2} + \frac{1}{8}$

Oppgave 11 8π

Oppgave 12 **a.** $\frac{4}{3}\pi a^3$ **b.** 24π **c.** $18\pi - 9\pi\sqrt{2}$

Oppgave 13 48π

Oppgave 14 $\frac{17\pi}{2}$

Oppgave 15 **a.** $\left(x + \frac{1}{2}\right)^2 + y^2 = \frac{25}{4}$ **b.** $\int_{\theta=0}^{2\pi} \int_{r=0}^{r_1(\theta)} \left(6r - r^2\cos\theta - r^3\right) dr d\theta$

Oppgave 16 **a.** $\frac{\pi}{4}(1 - \cos(1))$ **b.** $\frac{243\pi}{10}$ **c.** $\frac{\pi}{8}\left(e^2 - 1\right)$

Oppgave 17 **a.** r **b.** 7

Avsnitt 5.6

Oppgave 1 **a.** $\frac{3}{2}$ **b.** $\frac{1}{8}$ **c.** $\frac{39}{2}$ **d.** $\frac{9}{2}$ **e.** $\frac{41}{24}$

Oppgave 2 **a.** $\frac{9}{8}$ **b.** 0 **c.** $\frac{3}{2}$

Oppgave 3 24

Oppgave 5 **a.** $\int_{z=0}^{2} \int_{y=0}^{1} \int_{x=0}^{1} f\, dx dy dz$
b. $\int_{z=0}^{2} \int_{x=0}^{1} \int_{y=0}^{x} f\, dy dx dz$
c. $\int_{x=0}^{1} \int_{y=0}^{1} \int_{z=0}^{1-y} f\, dz dy dx$
d. $\int_{x=-2}^{2} \int_{y=-\sqrt{4-x^2}}^{\sqrt{4-x^2}} \int_{z=0}^{4-x^2-y^2} f\, dz dy dx$
e. $\int_{y=0}^{2} \int_{x=0}^{2} \int_{z=0}^{\sqrt{1-(x-1)^2}} f\, dz dx dy$
f. $\int_{x=-1}^{1} \int_{y=-\sqrt{1-x^2}}^{\sqrt{1-x^2}} \int_{z=0}^{\sqrt{1-x^2-y^2}} f\, dz dy dx$

Oppgave 6 d. 6

Oppgave 7 $\int_{x=0}^{1} \int_{y=0}^{-2x+2} \int_{z=0}^{(6-6x-3y)/2} f\, dz dy dx$
$\int_{z=0}^{3} \int_{x=0}^{-(z-3)/3} \int_{y=0}^{(6-6x-2z)/3} f\, dy dx dz$
$\int_{z=0}^{3} \int_{y=0}^{-2(z-3)/3} \int_{x=0}^{(6-3y-2z)/6} f\, dx dy dz$

Oppgave 8 6

Oppgave 9 $\frac{7}{2}$

Oppgave 10 $\frac{11}{2}$

Oppgave 11 **a.** $\frac{192}{5}$ **b.** $\frac{3968}{35}$

Avsnitt 5.9

Oppgave 1 **a.** $\left(\frac{1}{2}, \frac{1}{2}\sqrt{3}, 2\right)$ **b.** $\left(\frac{3}{2}, \frac{1}{2}\sqrt{3}, -1\right)$
c. $\left(\sqrt{2}, \frac{\pi}{4}, 1\right)$ **d.** $\left(\sqrt{3}, \arctan(\sqrt{2}), \frac{\pi}{4}\right)$

Oppgave 2 **a.** Sylinder med radius 1 og høyde 1, akse langs z-aksen. **b.** Området over sirkelen $x^2 + y^2 = 1$ og under paraboloiden $z = x^2 + y^2$. **c.** Halvkule med radius 1, sentrum i origo. **d.** En del av ei kule med radius 2, sentrum i origo. Kula er snittet av kjeglen $\theta = \pi/3$.

Oppgave 3 **a.** r **b.** r **c.** $\rho^2 \sin\phi$

Avsnitt 5.10

Oppgave 1 **a.** Området under paraboloiden $z = r^2$ og rett over sirkelen $r = 1$.
b. $\frac{\pi}{2}$

Oppgave 2 $\int_{\theta=0}^{\pi} \int_{r=0}^{2\sin\theta} \int_{z=0}^{r^2} f(r, \theta, z)\, r dz dr d\theta$

Oppgave 3 24π

Oppgave 4 **a.** Halvkule med radius a **b.** $\frac{2}{3}\pi a^3$

Oppgave 5 **a.** $\frac{\pi}{3}\left(2\sqrt{2}\right)$ **b.** 72π

Oppgave 6 **a.** $\pi a^2 h$ **b.** $\frac{4}{3}\pi a^3$

Kapittel 6

Avsnitt 6.2

Oppgave 1 2

Oppgave 2 **a.** 0 **b.** -4π **c.** $4\left(e - e^{-1}\right)$ **d.** $\frac{2124}{5}$

Oppgave 3 **b.** $-\frac{256}{15}$ **c.** $-\frac{256}{15}$

Oppgave 4 1

Oppgave 5 **a.** $\nabla \times \vec{F} = \vec{0}$ **b.** 0

Oppgave 7 **a.** 0 **b.** 0

Oppgave 8 $-\frac{4}{3}$

Oppgave 9 3

Avsnitt 6.3

Oppgave 1 **a.** 18 **b.** 27

Avsnitt 6.4

Oppgave 2 Masse som krysser ds per tid.

Oppgave 3 **a.** xds **b.** yds **c.** $\sqrt{2}yds$ **d.** $\sqrt{2}xds$

Avsnitt 6.5

Oppgave 2 **a.** 6 **b.** 0

Oppgave 3 **d.** $\frac{3}{2}$

Oppgave 4 **a.** π **b.** 0

Oppgave 5 2

Oppgave 6 Bruk divergenssetningen.

Oppgave 7 **a.** 0 **b.** 0 **c.** 0

Oppgave 8 **a.** 2π **b.** 2π

Oppgave 9 **a.** 0 **b.** 12 **c.** -2π **d.** $\frac{2}{3}$ **e.** 8π

Oppgave 10 0, A_R

Oppgave 11 **a.** $-\frac{4}{3}$ **b.** 4

Avsnitt 6.6

Oppgave 1 **a.** dA **b.** $\sqrt{2}dA$ **c.** $\sqrt{2}dA$

Oppgave 2 **b.** Arealet av flaten.

Oppgave 3 $\frac{8}{3}\sqrt{3}$

Oppgave 4 $\frac{\pi+6}{3}$

Oppgave 5 6

Oppgave 6 2

Oppgave 7 **a.** $4\sqrt{6}$ **b.** $\frac{1}{6}(3\sqrt{6}-\sqrt{2})$ **c.** 10

Oppgave 8 $2\pi a^2$

Oppgave 9 $\pi\sqrt{14}$

Oppgave 10 $4\pi(2-\sqrt{3})$

Avsnitt 6.7 og 6.8

Oppgave 2 **a.** -5π **b.** 0

Oppgave 3 0

Oppgave 4 64π

Oppgave 5 **a.** $\frac{[2x,2y,-1]}{\sqrt{4x^2+4y^2+1}}$ **b.** 36π c -36π

Oppgave 6 20

Oppgave 7 0

Oppgave 8 $\frac{3}{4}a^2b^2c^2$

Oppgave 9 $\frac{64\pi}{3}$

Oppgave 10 4π

Oppgave 11 1176π

Avsnitt 6.9

Oppgave 1 2π

Oppgave 2 36π

Indeks